DIYA GONGPEIDIAN SHIYONG JISHU

低压供配电实用技术

第二版

田宝森　史　芸　主　编
薛　彬　李　瑞　副主编
茌文清　马乳娜　王晓鹤　参　编
刘　峰　翟明戈　主　审

中国电力出版社
CHINA ELECTRIC POWER PRESS

内 容 提 要

本书是编者根据多年来在供配电技术领域的工程实践和教学经验编写而成的。在第一版的基础上，增加了许继高压设备和WCB－821站用变微机保护测控装置等相关内容。

全书共8章内容包括：供配电技术基础知识，供配电系统的负荷计算，供配电系统的常用电气设备，电力线路及变配电站的结构和电气主接线，供配电系统的继电保护，电气设备的防雷与接地，供配电系统的运行维护和检修，变电站设备实训项目等。

本书以培养工程应用型人才为目标，以培养应用能力为出发点，突出工程应用。内容深入浅出，便于读者自学。

本书可作为高职高专、成人教育相关专业类的教材，也可作为应用型本科教材和电气相关专业技术人员的参考书。

图书在版编目（CIP）数据

低压供配电实用技术/田宝森，史芸主编．—2版．—北京：中国电力出版社，2018.6（2025.1重印）
ISBN 978－7－5198－1855－5

Ⅰ．①低… Ⅱ．①田… ②史… Ⅲ．①低压电器－供电装置②低压电器－配电装置 Ⅳ．①TM726.2

中国版本图书馆CIP数据核字（2018）第051482号

出版发行：中国电力出版社
地　　址：北京市东城区北京站西街19号（邮政编码100005）
网　　址：http：//www.cepp.sgcc.com.cn
责任编辑：王杏芸（010－63412394）
责任校对：王小鹏
装帧设计：赵姗姗
责任印制：杨晓东

印　　刷：北京天泽润科贸有限公司
版　　次：2018年6月第二版
印　　次：2025年1月北京第十一次印刷
开　　本：787毫米×1092毫米　16开本
印　　张：14
字　　数：304千字
定　　价：45.00元

第二版前言

承蒙各位读者的厚爱，《低压供配电实用技术》第二版正式出版发行。第二版秉承了第一版的实用性风格，以实用、适用、够用为原则，力求使读者通过本书的学习，能够完成一般供配电系统的设计、安装和维护任务，具有一定的理论水平及应用能力。在内容上除介绍传统的继电保护，增加了许继全套高压设备和许继生产的站用变微机测控装置的相关内容，更加贴近现代工程应用的实际情况。

全书共 8 章，第 1 章供配电技术基础知识；第 2 章供配电系统的负荷计算；第 3 章供配电系统的常用电气设备，第 4 章电力线路及变配电站的结构和电气主接线；根据高压电气安装维护的工作需要，介绍了部分设备及元器件的检验调试内容；第 5 章供配电系统的继电保护，在第一版的基础上增加 5.3 节站用变微机测控装置；第 6 章电气设备的防雷与接地；第 7 章供配电系统的运行维护和检修；第 8 章变电站设备实训项目，增加了 8.10 节高压系统的认知与操作，重点介绍许继生产的高压电气设备，增加了 8.11 节介绍站用变微机测控装置实训内容。同时，每章后附有思考题，可供读者掌握本书内容时参考。

本书由青岛滨海学院田宝森高级工程师组织策划。参加编写工作的有青岛滨海学院教师田宝森、史芸、李瑞、薛彬、荏文清、马乳娜，青岛市技师学院教师王晓鹤，全书由史芸进行统稿。

青岛职业技术学院刘峰副教授和青岛滨海学院翟明戈副教授担任本书主审，他们对本书提出了许多宝贵建议。

本书在编写过程中，青岛滨海学院为编者们创造了良好的科研环境，青岛港湾学院井延波和刘揆为本书提供了部分技术资料，国家电网公司许继集团许昌中意电气科技有限公司提供了高低压电气设备技术资料。青岛滨海学院电气创新协会成员李明城、陈昌祥、国敬远、周家伟参与了部分项目的安装和调试工作并校对了部分资料。

在此，对上述单位和个人一并表示衷心的感谢。由于编者水平有限，书中难免有错误和疏漏之处，敬请广大读者批评指正。

编　者

2018 年 5 月

第一版前言

本书以培养高级应用型人才为目标，以工程应用能力为出发点，突出实际应用环节。

本书是编者根据多年来在供配电技术领域的工程实践和教学经验编写而成，编写原则是实用、适用、够用，目的是使学生经过70学时左右的学习，掌握一般供配电系统的设计，达到一定的实际应用操作能力。

本书主要内容包括：供配电一次设备、由一次设备组成的各类一次供配电线路，二次设备、由二次设备组成的二次控制线路，由一、二次电路组成的各类供配电系统。在计算环节上，主要介绍负荷计算、尖峰电流和短路电流的计算方法；在供配电技术运行维护环节，比较详细地介绍了供配电系统的维护内容和变电所倒闸操作方法。同时，根据毕业生上岗后的工作需要，书中还介绍了部分设备及元件的检验调试内容，包括变压器、隔离开关、断路器、电容器、继电器等。每章后附有思考题，可供学生分析和理解课本内容时参考。

本书可作为三年制高职高专、成人教育等电气工程及自动化相关专业类的教材，也可作为应用型本科、电气相关专业技术人员的工作参考书。

本书由刘峰和田宝森主编，刘峰编写第1、第2、第4章，田宝森编写第3、第5章，史芸和陈娜编写第6章，井延波编写第7章，刘撰编写第8章，郝兰英、高婷婷也参与了本书的部分编写工作。本书由许金海编审。

青岛滨海学院博士生导师熊光煜教授和中国洛阳浮法玻璃集团电气高级技师胡永华对本书初稿提出了很多宝贵意见，在此表示感谢。

由于编者水平有限，书中难免有疏漏和不当之处，期待使用本书的师生批评指正。

编　者

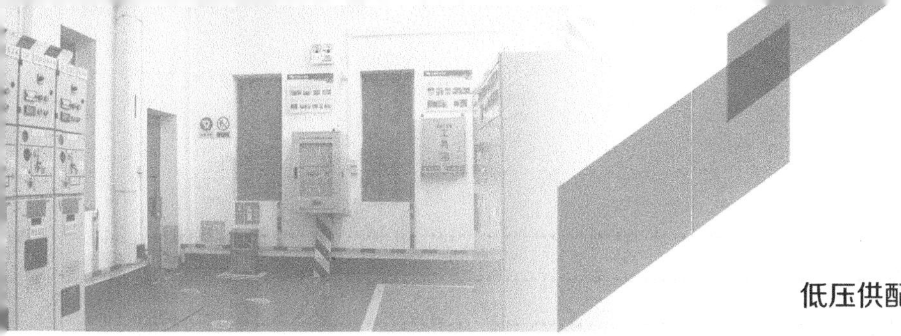

目　录

第1章

供配电技术基础知识

1.1　电力系统及发展历史

1. 电力系统

电力系统是由发电厂、变电站、输电线路和电能用户组成的一个整体。电能的生产、输送、分配和使用的整个过程几乎是在同一时间实现的，如图1-1所示为电力系统示意图。

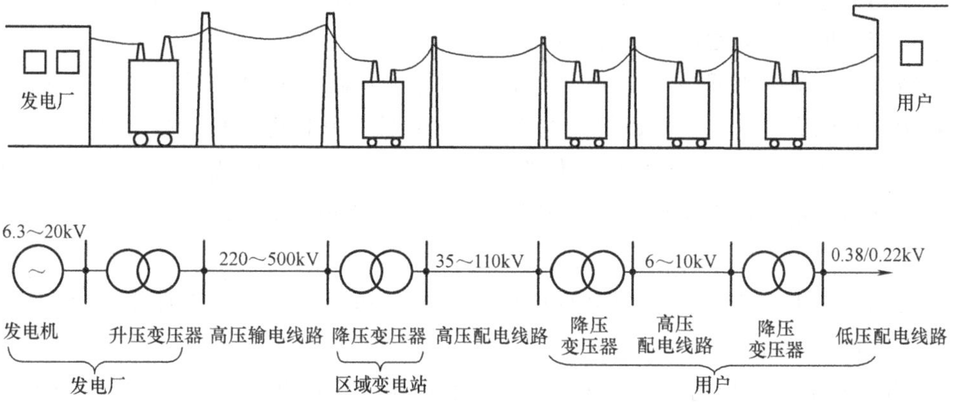

图1-1　电力系统示意图

为了充分利用动力资源，降低发电成本，发电厂往往远离城市和电能用户，例如，火力发电厂大都建在靠近一次能源的地区，水力发电厂建在水利资源丰富的远离城市的地方，核能发电厂厂址也受种种条件限制，设置在远离城市的地方。因此，这就需要输送和分配电能，将发电厂发出的电能经过升压、输送、降压和分配，最后送给用户使用。

2. 发电厂历史

电力系统是地球上最大的人造系统，有的是几个省连接的电力系统，有的要覆盖几个国家。电力系统越大，供电可靠性越高。1800年，意大利的伏特发明伏打电池，使化学能源源不断地转化为电能输出。1831年，英国的法拉第成功进行了电磁感应实验，发现了磁可以转化电的现象，创立了电磁理论。1832年，法国的皮克斯发明第一台实用的直流发电机。在此基础上，1866年，德国的西门子制作了第一台自励发电机，标志大容量发电机技术的突破。

发电厂的发展起始于直流发电站。1882年，美国的爱迪生在美国建成了世界上第一座发电厂，内装6台蒸汽发电机，通过110V地下电缆输送1mile（1mile＝1609.3m），供1000个爱迪生灯泡用电，整个系统装有开关、熔丝和电能表，电费为25美分/（kWh），形成了最简单的电力系统。

3. 电力传输的种类

在电力的生产和输送问题上，早期曾有过究竟是采用直流还是采用交流进行输送的长年激烈争论。爱迪生主张采用直流，人们也曾想过各种方法，扩大直流电的供电范围，使中、小城市的供电情况有了明显改善。但对大城市的供电，经过改进的直流电站仍然无能为力，代之而起的是交流电站的建立，因为要进行远程供电，就需增加电压以降低输电线路中的电能损耗，然后又必须降压才能送至用户。直流变压器十分复杂，而交流变压器比较简单，没有运动部件，维修也方便。美国威斯汀豪斯公司的工程师斯坦利研制出了性能优良的变压器，1886年该公司利用变压器进行交流供电试验获得成功，1893年威斯汀豪斯公司承接为尼亚加拉瀑布水力发电计划提供发电机的合同。事实证明，必须用高压交流电才可实现远距离电力输送，从而结束了长时间的交、直流供电系统之争，交流成为世界通用的供电系统。

1957年，美国人发明了电力电子器件晶闸管，开启了电力电子技术新时代。电力电子技术用在电力输送上，可以提高电力系统输送能力和输电质量。电力电子技术中的AC/DC、DC/AC变换技术，使电力传输发生了变化。直流输电线路造价低于交流输电线路，但换流站造价比交流变电站高很多。当架空线路超过600km，直流输送比交流更经济。

2012年12月12日，由我国自行设计具有独立知识产权特高压直流输电工程“锦苏”线正式商业运行。

“锦苏”线的全称是锦屏—苏南±800kV特高压直流输电工程，是国家“西电东送”重点工程，西起四川西昌锦屏换流站，东至江苏吴江市同里换流站，线路途经四川、云南、重庆、湖南、湖北、浙江、安徽、江苏八省市，全长2059km。锦苏工程是目前世界上输送电压最大、输送距离最远、输送容量最大的特高压直流输电工程，代表了世界直流输电技术的新高峰。

4. 电力系统的分类管理

(1) 在我国，发电和升压变电部分属于发电厂管理，高压输电线路、区域变电所和高压配电线路属于地区供电局管理，厂内总降压变压器、高压配电线路、车间降压变压器和低压配电线路属于用户管理。

(2) 总降变电站、高压配电所、配电线路、车间变电站和用电设备构成电力系统的电能用户，是电力系统的重要组成部分。图1－2是工厂供配电系统结构框图。

1) 总降变电站是企业电能供应的枢纽，它将35～110kV的外部供电电源电压降为6～10kV高压配电电压，供给高压配电所、车间变电站和高压用电设备。

2) 高压配电站集中接受6～10kV电压，再分配到附近各车间变电站或建筑物变电

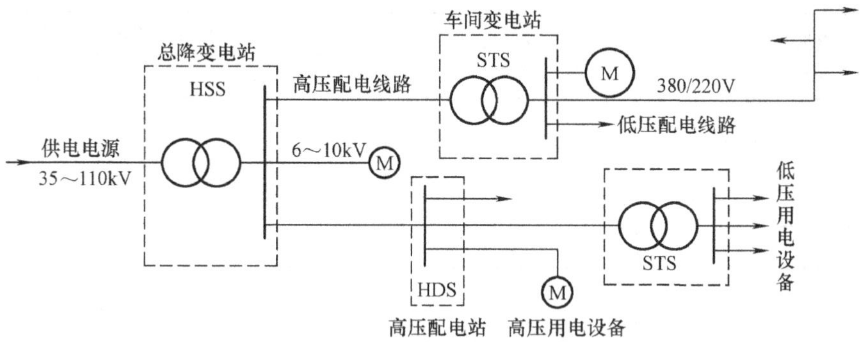

图 1－2　供配电系统结构框图

站和高压用电设备。一般负荷分散、厂区大的大型企业设置高压配电站。

3）配电线路分为 6～10kV 厂内高压配电线路和 380/220V 厂内低压配电线路。高压配电线路将总降变电站与高压配电站、车间变电站或建筑物变电站和高压用电设备连接起来，低压配电线路将车间变电站的 380/220V 电压送至各低压用电设备。

4）车间变电站或建筑物变电站将 6～10kV 电压降为 380/220V 电压，供低压用电设备用。

（3）用电设备按用途可分为动力用电设备、工艺用电设备、电热用电设备、试验用电设备和照明用电设备等。通常大型企业都设总降变电站，中小型企业仅设全厂 6～10kV 变电站或配电站，某些特别重要的企业还设自备发电机作为备用电源。

（4）对供配电的基本要求如下：

1）安全。在电能的供应、分配和使用中，不应发生人身事故和设备事故。

2）可靠。应满足用电设备对供电可靠性的要求。

3）优质。应满足用电设备对电压和频率等供电质量的要求。

4）经济。供配电应尽量做到投资省、年运行费低，尽可能减少有色金属消耗量和电能损耗，提高电能利用率。

应当指出，上述要求不但互相关联，而且往往互相制约和互相矛盾，因此考虑满足上述要求时，必须全面考虑，统筹兼顾。

1.2　电力系统的额定电压

电力系统的电压是有等级的，电力系统的额定电压包括电力系统中各种发电、供电、用电设备的额定电压。额定电压是能使电气设备长期运行在经济效果最好的电压值，它是国家根据国民经济发展的需要及电力工业的水平和发展趋势，经全面技术经济分析后确定的。

我国规定的三相交流电网和电气设备的额定电压见表 1－1。

表 1-1　　我国交流电网和电气设备的额定电压

分类	电网和用电设备额定电压（kV）	发电机额定电压（kV）	电力变压器额定电压（kV）	
			一次绕组	二次绕组
低压	0.38	0.4	0.38/0.22	0.4/0.23
	0.66	0.69	0.66/0.38	0.69/0.4
高压	3	3.15	3，3.15	3.15，3.3
	6	6.3	6，6.3	6.3，6.6
	10	10.5	10，10.5	10.5，11
	—	13.8，15.75，18，20，22，24，26	13.8，15.75，18.20，22，24，26	—
	35	—	35	38.5
	66	—	66	72.6
	110	—	110	121
	220	—	220	242
	330	—	330	363
	500	—	500	550

注　表中斜线“/”左边的数字为线电压，右边的数字为相电压。

1. 电网（线路）的额定电压

电网（线路）的额定电压只能选用国家规定的额定电压，它是确定各类电气设备额定电压的基本依据。

2. 用电设备的额定电压

线路输送电力负荷时要产生电压降，沿线路的电压分布通常是首端高于末端，如图 1-3 所示，因此，沿线各用电设备的端电压将不同，线路的额定电压实际上就是线路首末两端电压的平均值。为使各用电设备的电压偏移差异不大，用电设备的额定电压与同级电网（线路）的额定电压相同。

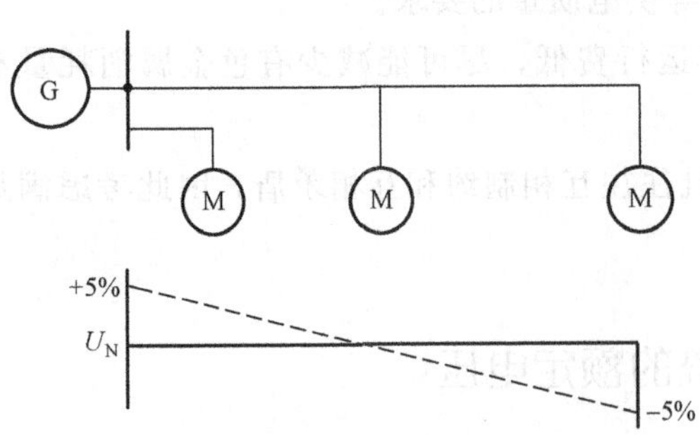

图 1-3　用电设备和发电机额定电压示意图

3. 发电机的额定电压

由于用电设备的电压偏移为±5%，而线路的允许电压降为10%，这就要求线路首端电压为额定电压的105%，末端电压为额定电压的95%。因此，发电机的额定电压为线路额定电压的105%。

4. 电力变压器的额定电压

(1) 变压器一次绕组的额定电压。变压器一次绕组接电源，相当于用电设备。与发电机直接相连接的升压变压器一次绕组的额定电压应与发电机额定电压相同。连接在线路上的降压变压器相当于用电设备，其一次绕组的额定电压应与线路的额定电压相同，如图 1-4 所示。

(2) 变压器二次绕组的额定电压。变压器的二次绕组向负荷供电，相当于发电机。二次绕组的额定电压应比线路的额定电压高 5%，而变压器二次绕组额定电压是指空载时的电压，但在额定负荷下，变压器的电压降为 5%。因此，为使正常运行时变压器二次绕组电压较线路的额定电压高 5%，当线路较长时（如 35kV 及以上高压线路），变压器二次绕组的额定电压应比相连接线路的额定电压高 10%；当线路较短时（直接向高低压用电设备供电，如 10kV 及以下线路），二次绕组的额定电压应比相连接线路的额定电压高 5%。

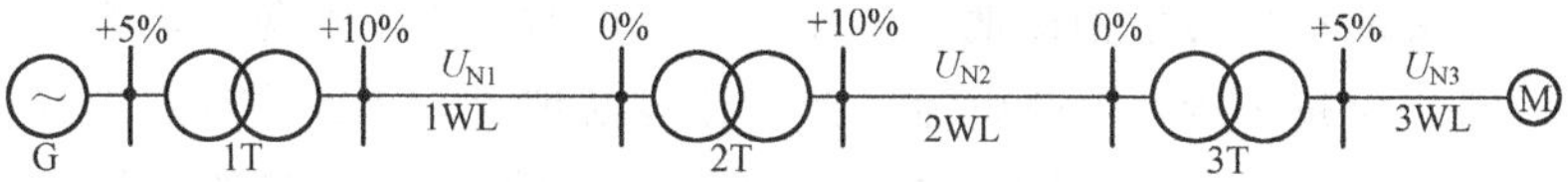

图 1-4 变压器额定电压示意图

【例 1-1】 已知图 1-5 所示系统中线路的额定电压，试求发电机和变压器的额定电压。

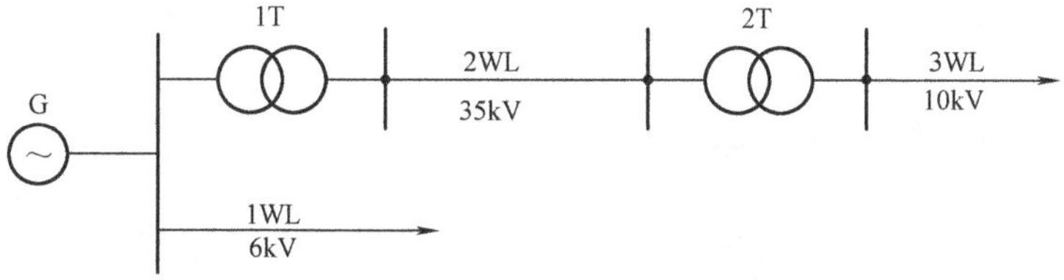

图 1-5 ［例 1-1］供电系统图

解 发电机 G 的额定电压

$$U_{N.G}=1.05U_{N.1WL}=1.05\times 6=6.3\ (kV)$$

变压器 1T 的额定电压

$$U_{1N.1T}=U_{N.G}=6.3\ (kV)$$

$$U_{2N.2T}=1.1U_{N.2WL}=1.1\times 35=38.5\ (kV)$$

因此，1T 额定电压为 6.3/38.5kV。

变压器 2T 的额定电压

$$U_{1N.1T}=U_{N.2WL}=35\ (kV)$$

$$U_{2N.2T}=1.05U_{N.3WL}=1.05\times 10=10.5\ (kV)$$

因此，2T 的额定电压为 35/10.5kV。

1.3 电力系统的中性点运行方式

电力系统的中性点是指星形连接的变压器或发电机的中性点。中性点的运行方式有三种：中性点不接地系统，中性点经消弧线圈接地系统和中性点直接接地系统。中性点的运行方式主要取决于单相接地时电气设备绝缘要求及对供电可靠性要求。

我国 3～63kV 系统，一般采用中性点不接地运行方式。当 3～10kV 系统接地电流大于 30A、20～63kV 系统接地电流大于 10A 时，应采用中性点经消弧线圈接地的运行方式。110kV 及以上系统和 1kV 以下低压系统，采用中性点直接接地运行方式。

1. 中性点不接地电力系统

中性点不接地电力系统发生单相接地时，单相接地电容电流为系统正常运行时每相对地电容电流的 3 倍，虽然各相对地电压发生变化，但各相间电压（线电压）仍然对称平衡，因此，三相用电设备仍可继续运行。但为了防止非接地相再有一相发生接地，造成两相短路，规定单相接地继续运行时间不得超过 2h。

2. 中性点经消弧线圈接地电力系统

当中性点不接地系统的单相接地电流超过规定值时，为了避免产生断续电弧引起过电压和造成短路，应减小接地电弧电流，使电弧容易熄灭，因此中性点应经消弧线圈接地。消弧线圈实际上就是电抗线圈。图 1－6 所示是中性点经消弧线圈接地电力系统的电路图和相量图。

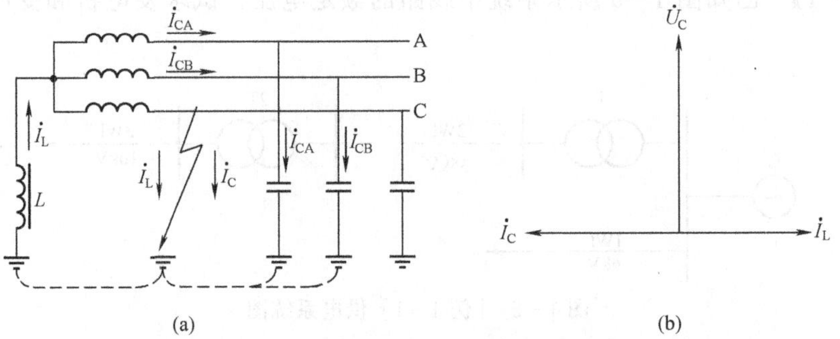

图 1－6　中性点经消弧线圈接地的电力系统电路图和相量图

（a）电路图；（b）相量图

当中性点经消弧线圈接地系统发生单相接地时，流过接地点的电流是接地电容电流和流过消弧线圈的电感电流的相量和。两电流相位相差 180°，相抵后使流过接地点的电流减小。

中性点经消弧线圈接地系统，发生单相接地时，各相对地电压和对地电容电流的变化情况与中性点不接地系统相同。

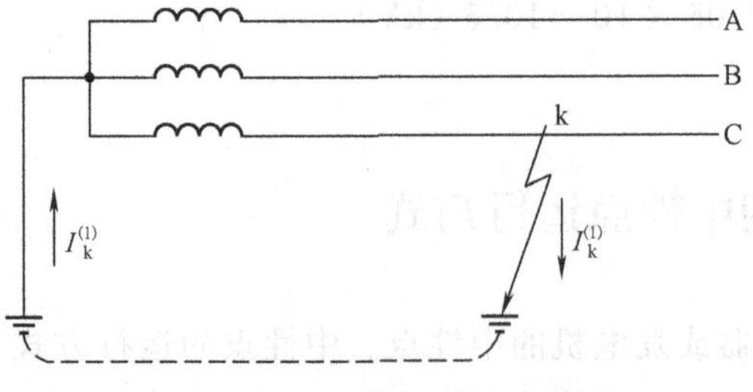

图 1－7　发生单相接地时的中性点直接接地电力系统电路图

3. 中性点直接接地的电力系统

中性点直接接地电力系统发生单相接地时，通过接地中性点形成单相短路，产生很大的短路电流，继电保护动作切除故障线路，使系统的其他部分恢复正常运行。图 1－7 所示是发生单相接地时的中性点直接接地电力系统电路图。

由于中性点直接接地，当发生单相接地时，中性点对地电压仍为零，非接地相对地电压不发生变化。

4. 低压配电系统接地表示方法

低压接地系统接地一般由两个字母和后续字母组成：第一个字母表示电源中性点与地的关系，T表示直接接地，I表示非直接接地；第二个字母表示外漏可导电部分与地的关系，T表示独立电源接地点的直接接地，N表示直接与电源系统接地点的导线相连；后续字母表示中性线N与保护线PE之间的关系，C表示N与PE线合并为PEN线，S表示N与PE线分开。我国现在实行TN—S系统，也是人们常说的三相五线制。

1.4 电能的质量指标

电力系统在运行中，时刻处在动态的相对稳定中，当发电厂发出的有功功率和用户消耗的有功功率相等时，电源频率为50Hz；当发电厂发出的有功功率多了，电源频率会增高，反之降低。

电能的质量指标包括电压质量、频率质量和供电可靠性三项指标。

电压质量以电压偏离额定电压的幅度、电压波动与闪变和电压波形来衡量。

1. 电压偏差

电压偏差是电压偏离额定电压的幅度，一般以百分数表示，即

$$\Delta U(\%)=\frac{U-U_N}{U_N}\times 100\% \qquad (1-1)$$

式中　$\Delta U(\%)$——电压偏差百分数；

U——实际电压值；

U_N——额定电压。

我国规定的供电电压允许偏差见表1-2，供电电压的电压偏差不应超过允许偏差。

表1-2　供电电压允许偏差

线路额定电压U_N	允许电压偏差	线路额定电压U_N	允许电压偏差
35kV及以上	±5%	220V	+7%、−10%
10kV及以下	±7%		

2. 电压波动和闪变

电压波动是指电压的急剧变化。电压变化的速率大于1%/s的即为电压急剧变化。电压波动程度以电压最大值与最小值之差或其百分数表示，即

$$\delta U=U_{max}-U_{min} \qquad (1-2)$$

$$\delta U(\%)=\frac{U_{max}-U_{min}}{U_N}\times 100\% \qquad (1-3)$$

式中　δU——电压波动；

$\delta U(\%)$——电压波动百分数；

U_{max}、U_{min}——电压波动的最大值和最小值，kV；

U_N——额定电压，kV。

电压波动的允许值见表 1-3。

表 1-3　电压波动允许值

额定电压（kV）	电压波动允许值 δU(%)	额定电压（kV）	电压波动允许值 δU(%)
10 及以下	2.5	220 及以上	1.6
35～110	2.0		

周期性电压急剧变化引起光源光通量急剧波动而造成人眼视觉不舒适的现象，称为闪变。通常用电压调幅波中不同频率的正弦波分量的均方根值等效为 10Hz 正弦电压波动值的 1min 平均值——等效闪变值 δU_{10} 来表示，其允许值见表 1-4。

表 1-4　等效闪变值 δU_{10} 允许值

应用场合	等效闪变值 δU_{10} 允许值
对照明要求较高的白炽灯负荷	0.4（推荐值）
一般性照明负荷	0.6（推荐值）

3. 电压波形

电压波形的质量以正弦电压波形畸变率来衡量。在理想情况下，电压波形为正弦波，但电力系统中有大量非线性负荷，可使电压波形发生畸变。因此，在电力系统中，除基波外，还有各项谐波。

我国规定的公用电网谐波电压限值见表 1-5。

表 1-5　公用电网谐波电压限值

电网额定电压（kV）	电压总谐波畸变率（%）	各项谐波电压含有率（%）	
		奇次	偶次
0.38	5.0	4.0	2.0
6			
10	4.0	3.2	1.6
35			
66	3.0	2.4	1.2
110	2.0	1.6	0.8

4. 电压频率

电压频率的质量是以频率偏差来衡量。我国采用的额定频率为 50Hz。在正常情况下，频率的允许偏差，根据电网的装机容量而定；事故情况下，频率允许偏差较大。

电力系统频率的允许偏差见表 1-6。

表 1-6　电力系统频率的允许偏差

运行情况		允许频率偏差（Hz）
正常运行	300 万 kW 及以上	±0.2
	300 万 kW 及以下	±0.5
非正常运行		±1.0

1.5 电力负荷分类

用户有各种用电设备，它们的工作特征和重要性各不相同，对供电的可靠性和供电的质量要求也不同，因此，应对用电设备或负荷进行分类，以满足负荷对供电可靠性的要求，保证供电质量，降低供电成本。

1.5.1　按对供电可靠性要求的负荷分类

我国将电力负荷按其对供电可靠性的要求及中断供电在政治上、经济上造成的损失或影响的程度划分为三级。

1. 一级负荷

一级负荷为中断供电将造成人身伤亡者；中断供电将在政治上、经济上造成重大损失者，如重大设备损坏、重大产品报废、用重要原料生产的产品大量报废，国民经济中重点企业的连续性生产过程被打乱而需要长时间恢复等；中断供电将对用电单位的正常工作产生重大政治、经济影响的负荷。

在一级负荷中，当中断供电将发生中毒、爆炸和火灾等情况的负荷，以及特别重要场所的不允许中断供电的负荷，称为特别重要的负荷。

一级负荷应由两个独立电源供电。独立电源，就是当一个电源发生故障时，另一个电源应不致同时受到损坏。在一级负荷中的特别重要负荷，除应具备上述两个独立电源外，还必须增设应急电源。并且，为保证对特别重要负荷的供电，严禁将其他负荷接入应急供电系统。应急电源一般有独立于正常电源的发电机组、干电池、蓄电池，以及供电网络中有效地独立于正常电源的专门馈电线路。

2. 二级负荷

二级负荷为中断供电将在政治上、经济上造成较大损失者，如主要设备损坏、大量产品报废，连续性生产过程被打乱需较长时间才能恢复，重点企业大量减产等；中断供电系统将影响重要用电单位正常工作的负荷者；中断供电将造成大型影剧院、大型商场等较多人员集中的重要公共场所秩序混乱者。

二级负荷应由两回线路供电，供电变压器也应有两台（两台变压器不一定在同一变电站）。当电力变压器发生故障或输电线路发生常见故障时，对二级负荷供电不致中断或中断后能迅速恢复。

3. 三级负荷

三级负荷为不属于一级负荷和二级负荷的其他负荷。对一些非连续性生产的中小型企业，停电仅影响产量或造成少量产品报废的用电设备，以及一般民用建筑的用电负荷等均属三级负荷。

三级负荷对供电电源没有特殊要求，一般由单回路电力线路供电。

1.5.2 按工作制的负荷分类

电力负荷按其工作制可分为三类。

1. 连续工作制负荷

连续工作制负荷是指长时间连续工作的用电设备，其特点是负荷比较稳定，连续工作发热使其达到热平衡状态，其温度达到稳定温度，用电设备大都属于这类设备，如泵类、通风机、压缩机、电炉、运输设备、照明设备等。

2. 短时工作制负荷

短时工作制负荷是指工作时间短、停歇时间长的用电设备。其运行特点为工作时其温度达不到稳定温度，停歇时其温度降到环境温度，此负荷在用电设备中所占比例很小，如机床的横梁升降、刀架快速移动电动机、闸门电动机等。

3. 反复短时工作制负荷

反复短时工作制负荷是指时而工作、时而停歇、反复运行的设备，其运行特点为工作时温度达不到稳定温度，停歇时也达不到环境温度，如起重机、电梯、电焊机等。

反复短时工作制负荷可用负荷持续率（或暂载率）ε 来表示，即

$$\varepsilon=\frac{t_w}{t_w+t_o}\times 100\%=\frac{t_w}{T}\times 100\% \tag{1-4}$$

式中 t_w——工作时间；

t_o——停歇时间；

T——工作周期。

思考题

1-1 供电系统包括哪些范围？变电站和配电站各自的任务是什么？

1-2 电力系统和电力网包括哪些环节？

1-3 电力系统中性点运行方式有哪几种？分别运行在什么场合？

1-4 我国规定的三相交流电网额定电压有哪些等级？电力变压器的额定一次电压为什么有的高于供电电网额定电压 5%，有的又等于供电电网额定电压？电力变压器的额定二次电压为什么有的高于其二次电网额定电压 10%，有的高于其二次电网额定电压 5%？

1-5 电源质量包括哪些内容？电压偏差对电气设备运行有什么影响？如何进行电压调整？

1-6 高低压配电电压如何选择？最常用的高压和低压配电电压各为多少？

1-7 电力负荷按工作制如何分类？负荷持续率怎样计算？

第2章

供配电系统的负荷计算

电力负荷在不同的场合可以有不同的含义，它可以指用电设备，也可以指用电设备或用电单位的功率或电流的大小。电力负荷计算主要指负荷的容量和电流的计算。

负荷计算是正确选择供配电系统中导线、电缆、开关电器、变压器等设备基础，也是保障供配电系统安全可靠运行必不可少的环节。

2.1 用电设备容量的确定

用电设备的铭牌上都有一个额定功率，但是由于各用电设备的额定工作条件不同，例如有的是长期工作制，有的是短时工作制，因此不能直接将这些铭牌上规定的额定功率相加来作为全厂的电力负荷，而必须换算成同一工作制下的额定功率，然后才能相加。经过换算至统一规定工作制下的额定功率称为设备容量，用 P_e 表示。

对于高压设备，除进行负荷计算外，还要进行短路电流计算，进行动稳定度和热稳定度校验。

2.1.1 需要短路电流计算的常用设备

（1）高压隔离开关。

（2）高压负荷开关、高压断路器。

（3）电流互感器、母线和套管绝缘子。

2.1.2 设备容量 P_e 的确定

1．长期工作制和短时工作制的设备容量的确定

长期工作制和短时工作制的设备容量就是设备的铭牌额定功率，即

$$P_e = P_N \tag{2-1}$$

2．断续周期工作制设备容量的确定

断续周期工作制设备容量是将某负荷持续率下的铭牌额定功率换算到统一的负荷持续率下的功率。常用设备的换算方法如下：

（1）电焊设备。要求统一换算到 $\varepsilon=100\%$ 时的功率，即

$$P_e = \sqrt{\frac{\varepsilon_N}{\varepsilon_{100\%}}} P_N = \sqrt{\varepsilon_N} S_N \cos\varphi_N \tag{2-2}$$

式中 P_N——电焊机的铭牌额定有功功率；

S_N——铭牌额定视在功率；

ε_N——与铭牌额定容量对应的负荷持续率（计算中用小数）；

$\varepsilon_{100\%}$——其值是100%的负荷持续率（计算中用1）；

$\cos\varphi_N$——铭牌规定的功率因数。

（2）起重机（吊车电动机）。要求统一换算到$\varepsilon=25\%$时的额定功率，即

$$P_e=\sqrt{\frac{\varepsilon_N}{\varepsilon_{25\%}}}P_N=2\sqrt{\varepsilon_N}P_N \tag{2-3}$$

式中 P_N——铭牌额定容量；

$\varepsilon_{25\%}$——其值是25%的负荷持续率（用0.25计算）。

（3）电炉变压器组。设备容量是指在额定功率下的有功功率，即

$$P_e=S_N\cos\varphi_N \tag{2-4}$$

式中 S_N——电炉变压器的额定容量；

$\cos\varphi_N$——电炉变压器的额定功率因数。

（4）照明设备。

1）不用镇流器的照明设备（如白炽灯、碘钨灯），其设备容量指灯头的额定功率，即

$$P_e=P_N \tag{2-5}$$

2）用镇流器的照明设备（如荧光灯、高压水银灯、金属卤化物灯），其设备容量要包括镇流器中的功率损失。

荧光灯

$$P_e=1.2P_N \tag{2-6}$$

高压水银灯、金属卤化物灯

$$P_e=1.1P_N \tag{2-7}$$

3）照明设备的设备容量还可按建筑物的单位面积容量法估算，即

$$P_e=\omega S/1000 \tag{2-8}$$

式中 ω——建筑物单位面积的照明容量，W/m^2；

S——建筑物的面积，m^2。

2.2 负荷曲线

2.2.1 负荷曲线的绘制

负荷曲线是表征电力负荷随时间变动情况的一种图形，可以直观地反映用户用电的特点和规律。负荷曲线绘制在直角坐标上，纵坐标表示负荷大小（有功功率、无功功率），横坐标表示对应的时间。

负荷曲线按负荷的功率性质不同，分为有功负荷曲线和无功负荷曲线；按时间单位的不同，分为日负荷曲线和年负荷曲线；按负荷对象不同，分为全厂的、车间的或某类

设备的负荷曲线；按绘制方式，可分为依点连成的负荷曲线和阶梯形负荷曲线。

1. 日有功负荷曲线

日有功负荷曲线代表负荷在一昼夜间（0～24h）的变化情况，如图 2-1 所示。

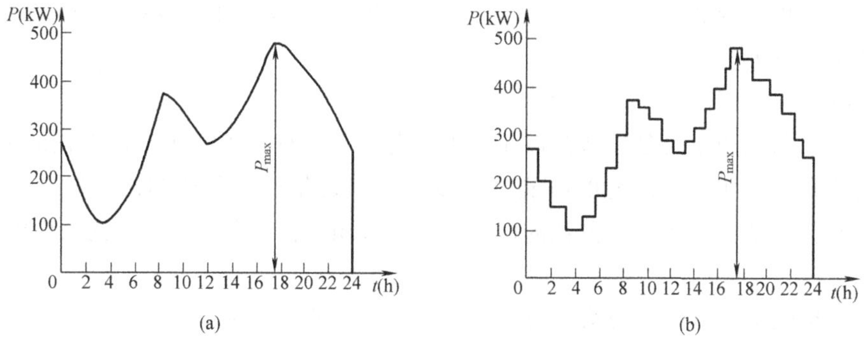

图 2-1　日有功负荷曲线

(a) 折线形负荷曲线；(b) 阶梯形负荷曲线

日有功负荷曲线可用测量的方法绘制。绘制的方法是：通过接在供电线路上的有功功率表，每隔一定的时间间隔（一般为 0.5h）将仪表读数的平均值记录下来，再依次将这些点描绘在坐标上。这些点连成折线形状的是折线形，如图 2-1（a）所示；连成阶梯状的是阶梯形，如图 2-1（b）所示。

2. 年负荷曲线

年负荷曲线反映负荷全年（8760h）的变动情况。其中夏季和冬季在全年中占的天数视地理位置和气温情况而定。一般在北方，近似认为冬季 200 天，夏季 165 天；在南方，近似认为冬季 165 天，夏季 200 天。图 2-2 是南方某厂的年负荷曲线，图 2-2（c）中 P_1 在年负荷曲线上所占的时间计算为 $T_1=200t_1+165t_2$。

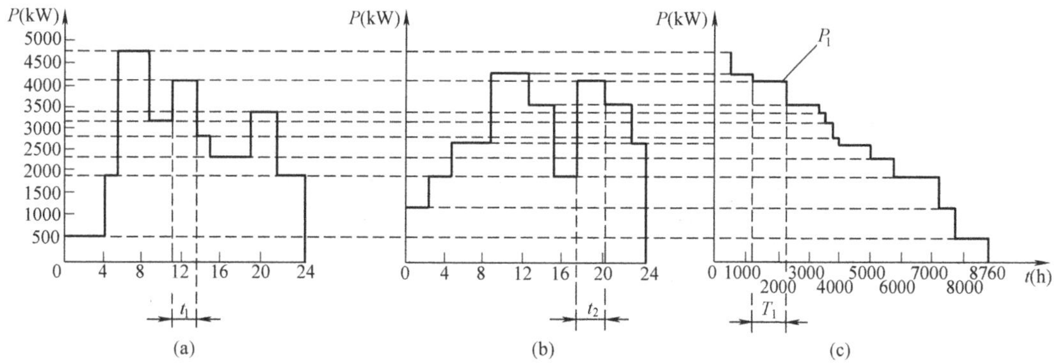

图 2-2　年负荷持续时间曲线

(a) 夏季日负荷曲线；(b) 冬季日负荷曲线；(c) 年负荷持续时间曲线

2.2.2　与负荷曲线有关的参数

分析负荷曲线可以了解负荷变动的规律，对工厂运行来说，可合理、有计划地安排车间、班次或大容量设备的用电时间，从而达到节电效果。

从负荷曲线上可求得以下一些参数。

1. 年最大负荷 P_{max}

年最大负荷是指全年中负荷最大的工作班内（为防偶然性，这样的工作班至少要在负荷最大的月份出现 2～3 次）30min 平均功率的最大值，因此年最大负荷有时也称为 30min 最大负荷 P_{30}。

2. 年最大负荷利用小时 T_{max}

年最大负荷利用小时是指负荷以年最大负荷持续运行一段时间后，消耗的电能恰好等于该电力负荷全年实际消耗的电能，这段时间就是年最大负荷利用小时。如图 2－3 所示，阴影部分即为全年实际消耗的电能，如果以 W_a 表示全年实际消耗的电能，则有

$$T_{max}=W_a/P_{max} \tag{2-9}$$

T_{max}是反映工厂负荷是否均匀的一个重要参数。该值越大，则负荷越平稳。如果年最大负荷利用小时数为 8760h，说明负荷常年不变（实际不太可能）。T_{max}与工厂的生产班制也有较大关系，例如一班制工厂 T_{max} 约为 1800～3000h，两班制工厂 T_{max} 约为 3500～4800h，三班制工厂 T_{max}约为 5000～7000h。

3. 平均负荷 P_{av}和年平均负荷

平均负荷就是指电力负荷在一定时间内消耗的功率的平均值。如果在 t 这段时间内消耗的电能为 W_t，则 t 时间的平均负荷

$$P_{av}=W_t/t \tag{2-10}$$

年平均负荷是指电力负荷在一年内消耗的功率的平均值。如果用 W_a 表示全年实际消耗的电能，则年平均负荷为

$$P_{av}=W_a/8760 \tag{2-11}$$

图 2－4 用以说明年平均负荷，阴影部分表示全年实际消耗的电能 W_a，而年平均负荷 P_{av}的横线与两坐标轴所包围的矩形面积恰好与之相等。

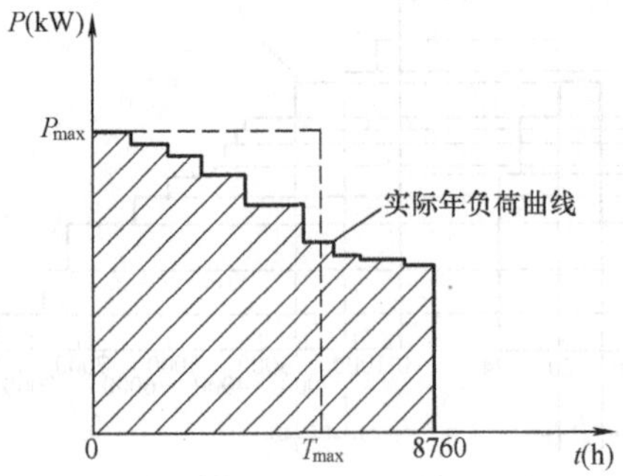

图 2－3　年最大负荷和年最大负荷利用小时

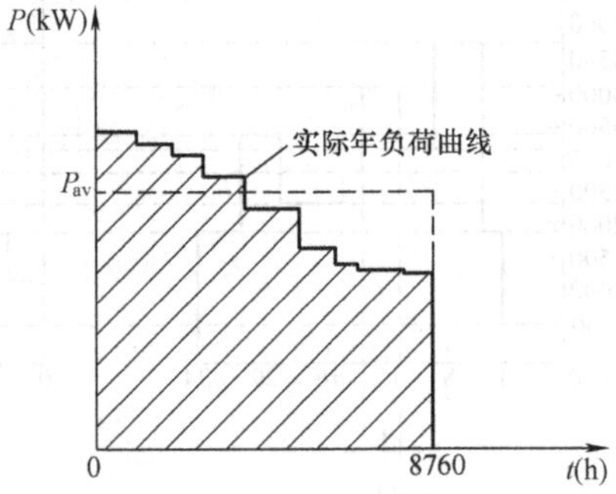

图 2－4　年平均负荷

4. 负荷系数 K_L

负荷系数是指平均负荷与最大负荷的比值，即

$$K_L=P_{av}/P_{max} \tag{2-12}$$

负荷系数又称负荷率或负荷填充系数，用来表征负荷曲线不平坦的程度。负荷系数越接近 1，负荷越平坦。所以对工厂来说，应尽量提高负荷系数，从而充分发挥供电设

备的供电能力，提高供电效率。有时也用α表示有功负荷系数，用β表示无功负荷系数，一般工厂$\alpha=0.7\sim0.75$，$\beta=0.76\sim0.82$。

对于单个用电设备或用电设备组，负荷系数是指设备的输出功率P和设备额定容量P_N之比值，即

$$K_L=P/P_N \tag{2-13}$$

负荷系数可以表征该设备或设备组的容量是否被充分利用。

2.3　负荷电流的计算

计算负荷是指导体中通过一个等效负荷时，导体的最高温升正好与通过实际变动负荷时其产生的最高温升相等，该等效负荷就称为计算负荷。

由于导体通过电流达到稳定温升的时间大约为（3～4）τ（τ为发热时间常数）。截面积在16mm²以上的导体，其τ约为10min，故载流导体约经30min后可达到稳定温升值。由此可见，计算负荷实际上与负荷曲线上查到的30min最大负荷P_{30}（也即年最大负荷）基本是相当的。所以，计算负荷也可以认为就是30min最大负荷。一般用30min最大负荷P_{30}来表示有功计算负荷，用Q_{30}、S_{30}和I_{30}分别表示无功计算负荷、视在计算负荷和计算电流。

2.3.1　三相单台用电设备的设备容量

对单台电动机，供电线路在30min内出现的最大平均负荷即计算负荷为

$$P_{30}=P_{N.M}/\eta_N\approx P_{N.M} \tag{2-14}$$

式中　$P_{N.M}$——电动机的额定功率；

η_N——电动机在额定负荷下的效率。

对单个白炽灯、单台电热设备、电炉变压器等设备，额定容量就作为其计算负荷，即

$$P_{30}=P_N \tag{2-15}$$

对单台反复短时工作制的设备，其设备容量均作为计算负荷。不过对于起重机类和电焊类设备，则应进行相应的换算。

2.3.2　用电设备组的负荷计算

用电设备组计算负荷的常用方法有需要系数法和二项式系数法。

1. 需要系数法

在所计算的范围内（如一条干线、一段母线或一台变压器），将用电设备按其设备性质不同分成若干组，对每一组选用合适的需要系数，算出每组用电设备的计算负荷，然后由各组计算负荷求总的计算负荷，这种方法称为需要系数法。需要系数法一般用来求多台三相用电设备的计算负荷。

在用电设备有功负荷计算时，用电设备的额定容量是指输出容量，它与输入容量之间有一个平均效率η_e；用电设备不一定满负荷运行，因此引入负荷系数K_L；用电设备本身以及配电线路有功率损耗，所以引入一个线路平均效率η_{WL}；用电设备组的所有设

备不一定同时运行，故引入一个同时系数 K_{Σ}。因此，用电设备组的有功负荷计算应为

$$P_{30}=K_{\Sigma}K_{L}/(\eta_{e}\eta_{WL})P_{e} \tag{2-16}$$

式中 P_{e}——设备容量。

令 $K_{\Sigma}K_{L}/(\eta_{e}\eta_{WL})=K_{d}$，$K_{d}$ 称为需要系数。实际上，需要系数还与操作人员的技能及生产等多种因素有关。附表 A 中列出了各种用电设备的需要系数值，供计算选用。

下面结合例题讲解如何按需要系数法确定三相用电设备组的计算负荷。

(1) 单组用电设备组的计算负荷确定。

$$P_{30}=K_{d}P_{e} \tag{2-17}$$

$$Q_{30}=P_{30}\tan\varphi \tag{2-18}$$

$$S_{30}=P_{30}/\cos\varphi \tag{2-19}$$

$$I_{30}=S_{30}/(\sqrt{3}U_{N}) \tag{2-20}$$

【例 2-1】 已知某机修车间的金属切削机床组，有电压为 380V 的电动机 30 台，其总的设备容量为 120kW。试求其计算负荷。

解 查附表 1 中的“小批生产的金属冷加工机床电动机”项，可得 $K_{d}=0.16\sim0.2$（取 0.2 计算），$\cos\varphi=0.5$，$\tan\varphi=1.73$。

$$P_{30}=K_{d}P_{e}=0.2\times120=24\ (\text{kW})$$

$$Q_{30}=P_{30}\tan\varphi=24\times1.73=41.52\ (\text{kvar})$$

$$S_{30}=P_{30}/\cos\varphi=24/0.5=48\ (\text{kVA})$$

$$I_{30}=S_{30}/(\sqrt{3}U_{N})=48/(\sqrt{3}\times0.38)=72.93\ (\text{A})$$

(2) 多组用电设备组的计算负荷确定。在计算多组用电设备的计算负荷时，应先分别求出各组用电设备的计算负荷，并且要考虑各用电设备组的最大负荷不一定同时出现的因素，计入一个同时系数 K_{Σ}，该系数的取值见表 2-1。

总的有功计算负荷为

$$P_{30}=K_{\Sigma P}\sum_{i=1}^{n}P_{30i} \tag{2-21}$$

总的无功计算负荷为

$$Q_{30}=K_{\Sigma Q}\sum_{i=1}^{n}Q_{30i} \tag{2-22}$$

总的视在计算负荷为

$$S_{30}=\sqrt{P_{30}^{2}+Q_{30}^{2}} \tag{2-23}$$

总的计算电流为

$$I_{30}=S_{30}/(\sqrt{3}U_{N}) \tag{2-24}$$

式中 i——用电设备组的组数；

K_{Σ}——同时系数，见表 2-1。

表 2-1 同时系数 K_{Σ}

应用范围		$K_{\Sigma P}$	$K_{\Sigma Q}$
车间干线		0.85～0.95	0.90～0.97
低压母线	由用电设备组 P_{30} 直接相加	0.80～0.90	0.85～0.95
	由车间干线 P_{30} 直接相加	0.90～0.95	0.93～0.97

【例 2-2】 一机修车间的 380V 线路上，接有金属切削机床电动机 20 台共 50kW（其中功率较大的有 5 台共 30kW），另接通风机 3 台（2kW 2 台、1kW 1 台）共 5kW，电葫芦 1 台 3.79kW（$\varepsilon=25\%$），试求计算负荷。

解

(1) 冷加工电动机组。

查附表 1 可得，$K_d=0.16\sim0.2$（取 0.2），$\cos\varphi=0.5$，$\tan\varphi=1.73$，因此

$$P_{30.1}=K_d\sum P_e=0.2\times50=10\ (\text{kW})$$

$$Q_{30.1}=P_{30.1}\tan\varphi\omega_m=10\times1.73=17.3\ (\text{kvar})$$

$$S_{30.1}=P_{30.1}/\cos\varphi\omega_m=10/0.5=20(\text{kVA})$$

(2) 通风机组。

查附表 1 可得，$K_d=0.7\sim0.8$（取 0.8），$\cos\varphi=0.8$，$\tan\varphi=0.75$，因此

$$P_{30.2}=K_d\sum P_e=0.8\times5=4\ (\text{kW})$$

$$Q_{30.2}=P_{30.2}\tan\varphi\omega_m=4\times0.75=3\ (\text{kvar})$$

$$S_{30.2}=P_{30.2}/\cos\varphi\omega_m=4/0.8=5(\text{kVA})$$

(3) 电葫芦。

由于是单台设备，可取 $K_d=1$，查附表 1 可得，$\cos\varphi=0.5$，$\tan\varphi=1.73$，因此

$$P_{30.3}=P_e=3.79=3.79\ (\text{kW})$$

$$Q_{30.3}=P_{30.3}\tan\varphi\omega_m=3.79\times1.73=6.56\ (\text{kvar})$$

$$S_{30.3}=P_{30.3}/\cos\varphi\omega_m=3.79/0.5=7.58(\text{kVA})$$

(4) 总计算负荷。

取同时系数 K_{Σ} 为 0.9，因此总计算负荷为

$$P_{30}(\Sigma)=K_{\Sigma}\sum P_{30}=0.9\times(10+4+3.79)=16.01\ (\text{kW})$$

$$Q_{30}(\Sigma)=K_{\Sigma}\sum Q_{30}=0.9\times(17.3+3+6.56)=24.17\ (\text{kW})$$

$$S_{30(\Sigma)}=\sqrt{P^2_{30(\Sigma)}+Q^2_{30(\Sigma)}}=\sqrt{16.01^2+24.17^2}=28.99\ (\text{kVA})$$

在确定设备台数较少，且容量差别很大的分支干线计算负荷时，我们将采用另一种方法——二项式法。

2. 二项式法

当设备台数较少且容量差别很大的分支干线的计算负荷时，可采用另一种方法——二项式法。

(1) 单组用电设备组的计算负荷为

$$P_{30}=bP_{e\Sigma}+cP_{x} \tag{2-25}$$

式中 b、c——二项式系数；

$bP_{e\Sigma}$——用电设备组的平均功率，其中 $P_{e\Sigma}$ 是该用电设备组的设备总容量；

cP_{x}——每组用电设备组中 x 台容量较大的设备投入运行时增加的附加负荷，其中 P_{x} 是 x 台容量最大设备的总容量。

式（2-25）中，b、c、x 的值可查附表 1。

(2) 多组用电设备组的计算负荷。有多组用电设备组时，要考虑各组用电设备的最大负荷不同时出现的因素，因此在确定总计算负荷时，只能在各组用电设备中取一组最大的附加负荷，再加上各组用电设备的平均负荷，即

$$P_{30}=\sum(bP_{e\Sigma})_i+(cP_{x})_{max} \tag{2-26}$$

$$Q_{30}=\sum(bP_{e\Sigma}\tan\varphi)_i+(cP_{x})_{max}\tan\varphi_{max} \tag{2-27}$$

式中 $(cP_{x})_{max}$——附加负荷最大的一组设备的附加负荷；

$\tan\varphi_{max}$——最大附加负荷设备组的平均功率因数角的正切值（可查附表 1）。

【例 2-3】 试用二项式法来确定［例 2-2］中的计算负荷。

解 先分别求出各组的平均功率 bP_{e} 和附加负荷 cP_{x}。

(1) 金属切削机床电动机组。

查附表 1，取 $b_1=0.14$，$c_1=0.4$，$x_1=5$，$\cos\varphi_1=0.5$，$\tan\varphi_1=1.73$，$x=5$，则

$$bP_{e\Sigma.1}=0.14\times50=7\ (\text{kW})$$

$$cP_{x.1}=0.4\times30=12\ (\text{kW})$$

(2) 通风机组。

查附表 1，取 $b_2=0.65$，$c_2=0.25$，$\cos\varphi_2=0.8$，$\tan\varphi_2=0.75$，$n=3<2x$，取 $x_2=n/2=2$（四舍五入）则

$$bP_{e\Sigma.2}=0.65\times5=3.25\ (\text{kW})$$

$$cP_{x.2}=0.25\times4=1\ (\text{kW})$$

(3) 电葫芦（见［例 2-2］）。

$$bP_{e\Sigma.3}=3.79\ (\text{kW})$$

$$cP_{x.3}=0\ (\text{kW})$$

显然，三组用电设备中，第一组的附加负荷 $(cP_{x})_1$ 最大，故总计算负荷为

$$P_{c}=\sum(bP_{e\Sigma})_i+(cP_{x})_{max}=(7+1+3.79)+12=23.79\ (\text{kW})$$

$$Q_{c}=\sum(bP_{e\Sigma}\tan\varphi)_i+(cP_{x})_{max}\times\tan\varphi_1$$

$$=(7\times1.73+1\times0.75+0)+12\times1.73=33.62(\text{kvar})$$

由［例 2-2］和［例 2-3］的计算结果可以看出，由于二项式系数法考虑了用电设备中几台功率较大的设备工作时对负荷影响的附加功率，计算的结果比按需要系数法计算的结果偏大。

2.3.3 单相用电设备计算负荷的确定

单相设备接于三相线路中，应尽可能地均衡分配，使三相负荷尽可能平衡。如果三

相线路中单相设备的总容量不超过三相设备总容量的15%，可将单相设备总容量等效为三相负荷平衡进行负荷计算。如果超过15%，则应将单项设备容量换算为等效三相设备容量，再进行负荷计算。

1. 单相设备接于相电压时

等效三相设备容量P_e按最大负荷相所接的单相设备容量$P_{e.m\varphi}$的3倍计算，即

$$P_e = 3P_{e.m\varphi} \tag{2-28}$$

等效单相负荷可按需要系数法计算。

2. 单相设备接于线电压时

容量为$P_{e.\varphi}$的单相设备接于线电压时，其等效三相设备容量P_e为

$$P_e = \sqrt{3}P_{e.\varphi} \tag{2-29}$$

等效三相负荷可按需要系数法计算。

2.4 变配电站总计算负荷的确定

2.4.1 线路功率损耗的计算

由于供配电线路存在电阻和电抗，所以线路上会产生有功功率损耗和无功功率损耗，其值分别按下式计算：

有功功率损耗

$$\Delta P_{WL} = 3I_{30}^2 R_{WL} \tag{2-30}$$

$$R_{WL} = R_0 l$$

式中 I_{30}——线路的计算电流；

R_{WL}——线路每相的电阻；

R_0——线路单位长度的电阻值；

l——线路长度。

无功功率损耗

$$\begin{aligned} \Delta Q_{WL} &= 3I_{30}^2 X_{WL} \\ X_{WL} &= X_0 l \end{aligned} \tag{2-31}$$

式中 X_{WL}——线路每相的电抗；

X_0——线路单位长度的电抗值，线路的电抗与电压和输送方式有关。

2.4.2 变压器功率损耗的计算

变压器功率损耗包括有功功率损耗和无功功率损耗两大部分。

1. 变压器的有功功率损耗

变压器的有功功率损耗由两部分组成：

(1) 铁芯中的有功功率损耗，即铁损ΔP_{Fe}。铁损在变压器一次绕组的外施电压和频率不变的条件下，是固定不变的，与负荷无关。

(2) 绕组的损耗，即铜损ΔP_{Cu}，铜损与绕组中通过的电流有关。

2. 变压器的无功功率损耗

变压器的无功功率损耗也由两部分组成：

(1) 用来产生主磁通即产生励磁电流的一部分无功功率，用 ΔQ_N 表示。它只与绕组电压有关，与负荷无关。它与励磁电流（或近似地与空载电流）成正比。

(2) 消耗在变压器一、二次绕组电抗上的无功功率。额定负荷下的这部分无功损耗用 ΔQ_N 表示。由于变压器绕组的电抗远大于电阻，因此 ΔQ_N 近似地与短路电压（即阻抗电压）成正比。

在负荷计算中，SL7、S7、S9 型的低损耗电力变压器的功率损耗可按下列简化公式近似计算：

有功损耗

$$\Delta P_T = 0.015 S_{30} \tag{2-32}$$

无功损耗

$$\Delta Q_T = 0.06 S_{30} \tag{2-33}$$

2.5 车间或全厂计算负荷的确定

1. 按逐级计算法确定工厂计算负荷

供电系统中各部分的负荷计算和有功功率损耗如图 2－5 所示。工厂的计算负荷（这里以有功负荷为例）$P_{30.1}$，应该是高压母线上所有高压配电线计算负荷之和，再乘上一个同时系数。高压配电线的计算负荷 $P_{30.2}$，应该是该线所供车间变电所低压侧的计算负荷 $P_{30.3}$，加上变压器的功率损耗 ΔP_T 和高压配电线的功率损耗 ΔP_{WL1}，如此逐级计算。但对一般工厂供电系统来说，由于线路一般不很长，因此在确定计算负荷时往往略去不计。

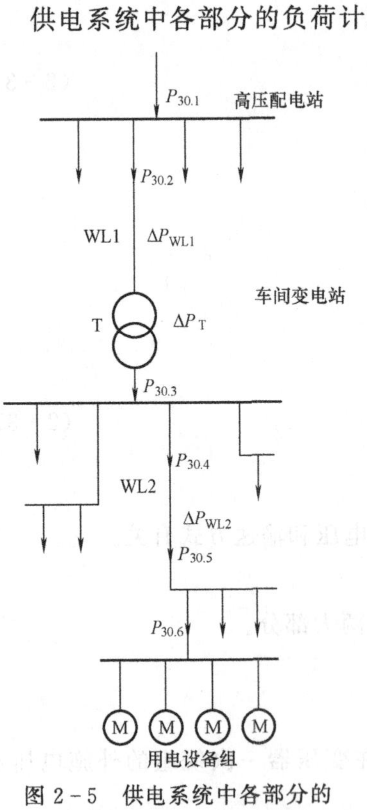

图 2－5 供电系统中各部分的负荷计算和有功功率损耗

计算工厂及变电站低压侧总的计算负荷 P_{30}、Q_{30}、S_{30} 和 I_{30} 时，$K_{\Sigma P} = 0.8 \sim 0.95$，$K_{\Sigma Q} = 0.85 \sim 0.97$。

2. 按需要系数法确定工厂计算负荷

将全厂用电设备的总容量 P_e（不含备用设备容量）乘上一个需要系数 K_d，即得到全厂的有功计算负荷，即

$$P_{30} = K_d P_e \tag{2-34}$$

附表 2 列出了部分工厂的需要系数值，供参考。

全厂的无功计算负荷、视在计算负荷和计算电流按式 (2－21)～式 (2－24) 计算。

2.6 无功功率补偿

2.6.1 工厂的功率因数

1. 瞬时功率因数

瞬时功率因数可由功率因数表（相位表）直接测量，也可由功率表、电流表和电压表的读数按下式求出（间接测量）

$$\cos\varphi = P/(\sqrt{3}IU) \tag{2-35}$$

式中 P——功率表测出的三相功率读数，kW；

I——电流表测出的线电流读数，A；

U——电压表测出的线电压读数，kV。

瞬时功率因数用来了解和分析工厂或设备在生产过程中无功功率的变化情况，以便采取适当的补偿措施。

2. 平均功率因数

平均功率因数也称加权平均功率因数，按下式计算

$$\cos\varphi = W_p/\sqrt{W_p^2+W_q^2} = 1/\sqrt{1+(W_q+W_p)^2} \tag{2-36}$$

式中 W_p——某一时间内消耗的有功电能，由有功电能表读出；

W_q——某一时间内消耗的无功电能，由无功电能表读出。

我国电业部门每月向工业用户收取电费，就规定电费要按月平均功率因数的高低来调整。

3. 最大负荷时的功率因数

最大负荷时功率因数指在年最大负荷（即计算负荷）时的功率因数，按下式计算

$$\cos\varphi = P_{30}/S_{30} \tag{2-37}$$

《供电营业规则》规定：“无功电力应就地平衡。用户应在提高用电自然功率因数的基础上，按有关标准设计和安装无功补偿设备，并做到随其负荷和电压变动及时投入或切除，防止无功电力倒送。除电网有特殊要求的用户外，用户在当地供电企业规定的电网高峰负荷时的功率因数，应达到下列规定：100kVA 及以上高压供电的用户功率因数为 0.90 以上。其他电力用户和大、中型电力排灌站，功率因数为 0.85 以上。农业用电，功率因数为 0.80 及以上。”这里所指的功率因数，即为最大负荷时功率因数。

2.6.2 无功功率补偿

电力系统在运行过程中，都存在大量感性负载，致使电网无功功率增加，使负载功率因数降低，供配电设备使用效能得不到充分发挥，设备的附加功耗增加。

当设备达不到规定的功率因数要求时，则需考虑人工无功功率补偿。无功功率补偿原理如图 2-6 所示。

从图 2-6 可以看出功率因数提高与无功功率和视在功率变化的关系。假设功率因数由 $\cos\varphi_1$ 提高到 $\cos\varphi_2$，这时在有功功率 P_{30} 不变的条件下，无功功率将由 $Q_{30.1}$ 减小

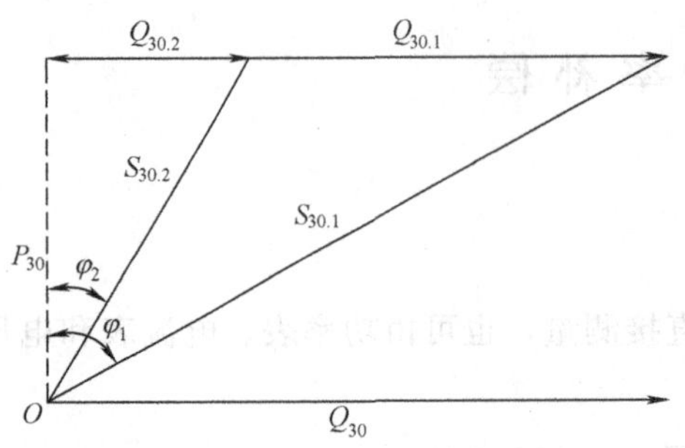

图 2-6　无功功率补偿原理图

到 $Q_{30.2}$，视在功率将由 $S_{30.1}$ 减小到 $S_{30.2}$，从而负荷电流 I_{30} 也得以减小，这将使系统的电能损耗和电压损耗相应降低，既节约了电能，又提高了电压质量，而且可选较小容量的供电设备和导线电缆，因此提高功率因数对电力系统大有好处。

由图 2-6 可知，要使功率因数由 $\cos\varphi_1$ 提高到 $\cos\varphi_2$，所需的无功补偿装置容量为

$$Q_C = Q_{30.1} - Q_{30.2} = P_{30}(\tan\varphi_1 - \tan\varphi_2) = \Delta q_C P_{30} \tag{2-38}$$

式中　Δq_C——无功补偿率，是表示要使 1kW 的有功功率由 $\cos\varphi_1$ 提高到 $\cos\varphi_2$ 所需要的无功补偿容量值。

附表 C 列出了并联电容器的无功补偿率，可利用补偿前后的功率因数直接查出。

在确定了总的补偿容量后，可根据所选并联电容器的单个容量 q_C 来确定所需的补偿电容器个数

$$n = Q_C / q_C \tag{2-39}$$

部分电容器的主要技术数据可参见附表 D。

对于单相电容器，由式（2-39）计算出的电容器个数 n，应取 3 的倍数，以便三相均衡分配。

2.6.3　无功补偿后的总计算负荷确定

供配电系统在装设了无功补偿装置后，在确定补偿装置装设地点的总计算负荷时，应先扣除无功补偿的容量，即补偿后的总的无功计算负荷为

$$Q'_{30} = Q_{30} - Q_C \tag{2-40}$$

补偿后的总的视在计算负荷应为

$$S''_{30} = \sqrt{P_{30}^2 + (Q_{30} - Q_C)^2} \tag{2-41}$$

由式（2-41）可以看出，在变电所低压侧装设了无功补偿装置以后，由于低压侧总的视在计算负荷减小，从而可使变电所主变压器的容量选得小一些。这不仅降低了变电所的初投资，而且可减少用户的电费开支。

对于低压配电网的无功补偿，通常采用负荷侧集中补偿方式，即在低压系统（如变压器的低压侧）利用自动功率因数调整装置，随着负荷的变化，自动地投入或切除电容器的部分或全部容量。

【例 2-4】 某工厂的计算负荷为 2400kW，平均功率因数为 0.67。根据规定，应将平均功率因数提高到 0.9（在 10kV 侧固定补偿），如果采用 BWF-10.5-40-1 型并联电容器，需装设多少个？并计算补偿后的实际平均功率因数。（取平均负荷系数 $\alpha = 0.75$）

解

$$\tan\varphi_1 = \tan(\arccos 0.67) = 1.108$$

$$\tan\varphi_2 = \tan(\arccos 0.9) = 0.484$$

$$Q_C = P_{av}(\tan\varphi_1 - \tan\varphi_2) = 0.75 \times 2400 \times (1.108 - 0.484) = 1122.66(\text{kvar})$$

$$n = Q_C / Q_{C1} = 1122.66/40 \approx 30 \text{（个）}$$

因此，每相装设 10 个。此时的实际补偿容量为

$$30 \times 40 = 1200 \text{ (kvar)}$$

所以补偿后实际平均功率因数为

$$\cos\varphi_{av} = \frac{P_{av}}{S_{av}} = \frac{\alpha P_{Ca}}{\sqrt{(\alpha P_{Ca})^2 + (\alpha P_{Ca}\tan\varphi_1 - Q_C)^2}}$$

$$= \frac{0.75 \times 2400}{\sqrt{(0.75 \times 2400)^2 + (0.75 \times 2400 \times 1.108 - 1200)^2}}$$

$$= 0.91$$

2.6.4　电力电容器在运行中应注意的问题

1. 环境温度

电容器周围环境的温度不可太高，也不可太低。如果环境温度太高，电容工作时所产生的热就散不出去；而如果环境温度太低，电容器内的油就可能会冻结，容易电击穿。按电容器有关技术条件规定，电容器的工作环境温度一般以 40℃为上限。我国大部分地区的气温都在这个温度以下，所以通常不必采用专门的降温设施。如果电容器附近存在着某种热源，有可能使室温上升到 40℃以上，这时就应采取通风降温措施，否则应立即切除电容器。电容器环境温度的下限应根据电容器中介质的种类和性质来决定。YY 型电容器中的介质是矿物油，即使是在－45℃以下，也不会冻结，所以规定－40℃为其环境温度的下限。而 YL 型电容器中的介质就比较容易冻结，所以环境温度必须高于－20℃，我国北方地区不宜在冬季使用这种电容器（除非把它安置在室内，并采取加温措施）。

2. 工作温度

电容器工作时，其内部介质的温度应低于 65℃，最高不得超过 70℃，否则会引起热击穿，或是引起鼓肚现象。电容器外壳的温度是在介质温度与环境温度之间，一般为 50～60℃，不得超过 60℃。为了监视电容器的温度，可用桐油石灰温度计的探头粘贴在电容器外壳大面中间三分之二高度处，或是使用熔点为 50～60℃的试温蜡片。

3. 工作电压

电容器对电压十分敏感，因电容器的损耗与电压二次方成正比，过电压会使电容器发热严重，电容器绝缘会加速老化，寿命缩短，甚至电击穿。电网电压一般应低于电容器本身的额定电压，最高不得超过其额定电压 10%，但应注意，最高工作电压和最高工作温度不可同时出现。因此，当工作电压为 1.1 倍额定电压时，必须采取降温措施。

4. 工作电流与谐波问题

当电容器安装工作于含有磁饱和稳压器、大型整流器和电弧炉等“谐波源”的电网上时，交流电中就会出现高次谐波。对于 n 次谐波而言，电容器的电抗将是基波时的 $1/n$，因此，谐波对电流的影响是很厉害的。谐波的这种电流对电容器非常有害，极容易使电容器击穿引起相间短路。考虑谐波的存在，故规定电容器的工作电流不得超过额

定电流的1.3倍。必要时，应在电容器上串联适当的感性电抗，以限制谐波电流。

5. 合闸时的弧光问题

某些电容器组特别是高压电容器在合闸并网时，因合闸涌流很大，在开关上或变流器上会出现弧光。碰到这种情形时，应调整电容器组的电容值或更换变流器，对高压电容器可采用串电抗器加以消除。

6. 爆炸问题

多组电容器并联运行时，只要其中有一台发生了击穿，其余各台就会同时通过这一台放电。放电能量很大，脉冲功率很高，使电容器油迅速汽化，引起爆炸，甚至起火，严重时有可能使建筑物也遭到破坏。为防止这种事故，可在每台电容器上串联适当的电抗器或熔丝，然后并联使用。另外，电力系统中并联补偿的电容器采用△接线虽有较多优点，但电容器采用△接线时，任一电容器击穿短路时，将造成三相线路的两相短路，短路电流很大，有可能引起电容器爆炸。这对高压电容器特别危险。因此高压电容器组宜接成中性点不接地星形（Y形），容量较小时（450kvar及以下）宜接成△。低压电容器组应接成△。

2.6.5 电力电容器实验内容

(1) 测量电容器两极间的绝缘电阻。对于高压电容器，使用2500V绝缘电阻表测量，其值不做规定，可相互进行比较，相差不能太大。

(2) 测量电容器的电容。测量电容值不能超过铭牌的10%。

(3) 电容器引出线对外壳的耐压试验。0.38kV电容器交流实验电压为2.5kV，10.5kV电容器实验电压为30kV，

(4) 冲击合闸试验。在额定电压下，进行三次冲击合闸，每次合闸，熔断器不能熔断，电容器各相电流相差小于5%。

2.7 尖峰电流的计算

尖峰电流是指持续时间1～2s的短时最大负荷电流。

计算尖峰电流主要用来选择熔断器和低压断路器，整定继电保护装置及检验电动机自起动条件等。

2.7.1 单台用电设备尖峰电流的计算

单台用电设备的尖峰电流就是其起动电流，因此尖峰电流 I_{pk} 为

$$I_{pk}=I_{st}=K_{st}I_N \tag{2-42}$$

式中 I_N——用电设备的额定电流；

I_{st}——用电设备的起动电流；

K_{st}——用电设备的起动电流倍数，笼型电动机为5～7，绕线型电动机为2～3，直流电动机为1.7，电焊变压器为3或稍大。

2.7.2 多台用电设备尖峰电流的计算

引至多台用电设备的线路上的尖峰电流按下式计算

$$I_{pk}=K_{\Sigma}\sum_{i=1}^{n-1}I_{Ni}+I_{stmax} \tag{2-43}$$

$$I_{pk}=I_{30}+(I_{st}-I_{N})_{max} \tag{2-44}$$

式中 I_{stmax}——用电设备中起动电流与额定电流之差为最大的设备的起动电流；

$(I_{st}-I_{N})_{max}$——用电设备中起动电流与额定电流之差为最大的设备的起动电流与额定电流之差；

$\sum_{i=1}^{n-1}I_{Ni}$——将起动电流与额定电流之差为最大的设备除外的其他 $n-1$ 台设备的额定电流之和；

K_{Σ}——$n-1$ 台的同时系数，按台数多少选取，一般为 0.7～1；

I_{30}——全部投入运行时线路的计算电流。

【例 2-5】 有一 380V 三相线路，供电给表 2-2 所示 4 台电动机。试计算该线路的尖峰电流。

表 2-2　　［例 2-5］的负荷资料

参　数	电　动　机			
	M1	M2	M3	M4
额定电流 I_N（A）	5	5	35	27
起动电流 I_{st}（A）	40	35	197	193

解 由表 2-2 可知，电动机 M4 启动电流与额定电流差值最大，即

$$I_{st}-I_{N}=193-27=166\ (A)$$

取 $K_{\Sigma}=0.9$，根据式（2-43），则该线路的尖峰电流为

$$I_{pk}=0.9\times(5+5+35)+193=233.5\ (A)$$

根据该计算的尖峰电流，可以作为保护装置的动作选择依据。

2.8 短路电流计算

在供配电系统的设计和运行中，不仅要考虑系统的正常运行状态，还要考虑系统的不正常运行状态和故障情况，最严重的故障是短路故障。短路是指不同相之间、相对中线或地线之间的直接金属性连接或经小阻抗连接。本节讨论和计算供配电系统在短路故障情况下的电流（简称短路电流），短路电流计算的目的主要是供母线、电缆、设备的选择和继电保护整定计算之用。

2.8.1 电气短路的基本知识

1. 短路的种类

三相交流系统的短路种类主要有三相短路、两相短路、单相短路和两相接地短路。

三相短路是指供配电系统三相导体间的短路，用 $k^{(3)}$ 表示，如图 2-7（a）所示。

两相短路是指三相供配电系统中任意两相导体间的短路，用 $k^{(2)}$ 表示，如图 2-7

(b) 表示。

单相短路是指供配电系统中任一相经大地与中性点或与中线发生的短路，用 $k^{(1)}$ 表示，如图 2－7（c）所示。

两相接地短路是指中性点不接地系统中任意两相发生单相接地而产生的短路，用 $k^{(1,1)}$ 表示，如图 2－7（d）所示。

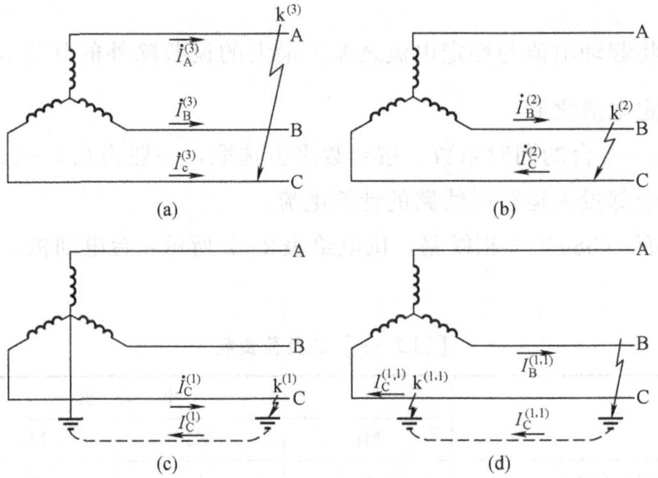

图 2－7 短路的种类

（a）三相短路；（b）两相短路；（c）单相短路；（d）两相接地短路

上述各种短路中，三相短路属对称短路，其他短路属不对称短路。因此，三相短路可用对称三相电路分析，不对称短路采用对称分量法分析，即把一组不对称的三相量分解成三组对称的正序、负序和零序分量来分析研究。

在电力系统中，发生单相短路的可能性最大，发生三相短路的可能性最小，但通常三相短路的短路电流最大，危害也最严重，所以短路电流计算的重点是三相短路电流计算。

2. 短路的原因

短路发生的主要原因是电力系统中电气设备载流导体的绝缘损坏。造成绝缘损坏的原因主要有设备长期运行绝缘自然老化、操作过电压、雷击过电压、绝缘受到机械损伤等。

运行人员不遵守操作规程发生的误操作，如带负荷拉、合隔离开关，检修后忘拆除地线合闸等，或鸟兽跨越在裸露导体上都是引起短路的原因。

3. 短路的危害

发生短路时，由于短路回路的阻抗很小，产生的短路电流较正常电流大数十倍，可能高达数万甚至数十万安。同时，系统电压降低，离短路点越近电压降低越大，三相短路时，短路点的电压可能降到零。因此，短路将造成严重危害。

2.8.2 无限大容量供电系统三相短路电流的计算

供配电系统通常具有多个电压等级。用常规的有名值计算短路电流时，必须将所有元件的阻抗归算到同一电压级才能进行计算，不方便，因此，通常采用标幺值计算，以简化计算，便于比较分析。

1. 标幺制

用相对值表示元件的物理量，称为标幺制。任意一个物理量的有名值与基准值的比值称为标幺值，标幺值没有单位，即

$$\text{标幺值}=\frac{\text{物理量的有名值(MVA、kV、kA、}\Omega)}{\text{物理量的基准值(MVA、kV、kA、}\Omega)} \tag{2-45}$$

容量、电压、电流、阻抗的标幺值分别为

$$S^*=\frac{S}{S_d}$$
$$U^*=\frac{U}{U_d}$$
$$I^*=\frac{I}{I_d}$$
$$Z^*=\frac{Z}{Z_d} \tag{2-46}$$

基准容量 S_d、基准电压 U_d、基准电流 I_d 和基准阻抗 Z_d 也应遵守功率方程 $S_d=\sqrt{3}U_dI_d$ 和电压方程 $U_d=\sqrt{3}I_dZ_d$，因此，四个基准值中只有两个基准值是独立的，通常选定基准容量和基准电压，按下式求出基准电流和基准阻抗

$$I_d=\frac{S_d}{\sqrt{3}U_d} \tag{2-47}$$

$$Z_d=\frac{U_d^2}{S_d} \tag{2-48}$$

基准值的选取是任意的，但为了计算方便，通常取 100MVA 为基准容量，取线路平均额定电压为基准电压。线路的额定电压和基准电压对照值见表 2-3。

表 2-3　　线路的额定电压和基准电压　　kV

额定电压	0.38	6	10	35	110	220	500
基准电压	0.4	6.3	10.5	37	115	230	550

由于基准容量从一个电压等级换算到另一个电压等级时，其数值不变，而基准电压从一个电压等级换算到另一个电压等级时，其数值就是另一个电压等级的基准电压。

多级电压的供电系统示意图如图 2-8 所示，对于该多级电压的供电系统，如短路发生在 4WL，选基准容量为 S_d，各级基准电压分别为 $U_{d1}=U_{av1}$、$U_{d2}=U_{av2}$、$U_{d3}=U_{av3}$、$U_{d4}=U_{av4}$，则线路 1WL 的电抗 X_{1WL} 归算到短路点所在电压等级的电抗 X'_{1WL} 为

$$X'_{1WL}=X_{1WL}\left(\frac{U_{av2}}{U_{av1}}\right)^2\left(\frac{U_{av3}}{U_{av2}}\right)^2\left(\frac{U_{av4}}{U_{av3}}\right)^2$$

1WL 的标幺值电抗为

$$X^*_{1WL}=\frac{X'_{1WL}}{Z_d}=X'_{1WL}\frac{S_d}{U_{d4}^2}=X_{1WL}\left(\frac{U_{av2}}{U_{av1}}\right)^2\left(\frac{U_{av3}}{U_{av2}}\right)^2\left(\frac{U_{av4}}{U_{av3}}\right)^2\frac{S_d}{U_{av4}^2}$$

$$=X_{1WL}\frac{S_d}{U_{av1}^2}$$

即

$$X_{1WL}^*=X_{1WL}\frac{S_d}{U_{d1}^2}$$

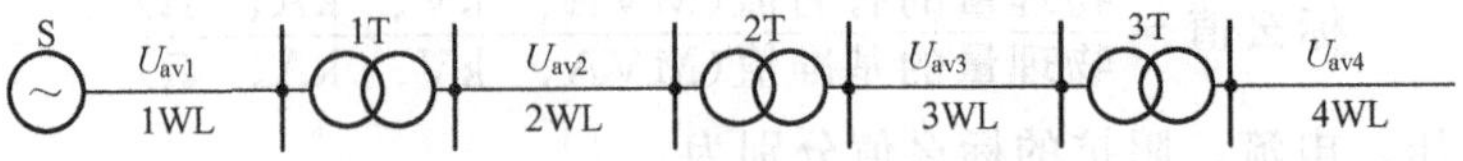

图 2-8　多级电压的供电系统示意图

以上分析表明，用基准容量和元器件所在电压等级的基准电压计算的阻抗标幺值，和将元器件的阻抗换算到短路点所在的电压等级，再用基准容量和短路点所在电压等级的基准电压计算的阻抗标幺值相同，即变压器的变比标幺值等于 1，从而避免了多级电压系统中阻抗的换算。短路回路总电抗的标幺值可直接由各元件的电抗标幺值相加而得。这也是采用标幺制计算短路电流具有的计算简单、结果清晰的优点。

2. 短路回路元件的标幺值阻抗

短路电流计算时，需要计算短路回路中各个电气元件的阻抗及短路回路总阻抗。

(1) 线路的电阻标幺值和电抗标幺值。线路的长度为 l（km）、单位长度的电阻为 R_0、电抗为 x_0（Ω/km），则其电阻标幺值和电抗标幺值分别为

$$R_{WL}^*=\frac{R_{WL}}{Z_d}=R_0 l\frac{S_d}{U_d^2} \tag{2-49}$$

$$X_{WL}^*=\frac{X_{WL}}{Z_d}=x_0 l\frac{S_d}{U_d^2} \tag{2-50}$$

式中　S_d——基准容量，MVA；

　　　U_d——线路所在电压等级的基准电压，kV。

线路的 R_0、x_0 可查阅有关手册，表 2-4 列出了部分电力线路单位长度的电抗平均值。

表 2-4　电力线路单位长度电抗平均值

线路名称	x_0(Ω/km)	线路名称	x_0(Ω/km)
35～220kV 架空线路	0.4	35kV 电缆线路	0.12
3～10kV 架空线路	0.38	3～10kV 电缆线路	0.08
0.38/0.22kV 架空线路	0.36	1kV 及以下电缆线路	0.06

(2) 变压器的电抗标幺值。变压器给出的参数是额定容量 S_N（MVA）和阻抗电压百分数 U_K(%)，由于变压器绕组的电阻 R_T 较电抗 X_T 小得多，可忽略不计在变压器绕组电阻上的压降，从而，其电抗标幺值为

$$X_T^*=\frac{X_T}{Z_d}=\frac{U_k(\%)}{100}\cdot\frac{U_d^2}{S_N}\Big/\frac{U_d^2}{S_d}=\frac{U_k(\%)}{100}\cdot\frac{S_d}{S_N} \tag{2-51}$$

(3) 电抗器的电抗标幺值。电抗器给出的参数是电抗器的额定电压 $U_{L.N}$、额定电流 $I_{L.N}$和电抗百分数 $X_L(\%)$，其电抗标幺值为

$$X_L^* = \frac{X_L}{Z_d} = \frac{X_L(\%)}{100} \cdot \frac{U_{L.N}}{\sqrt{3} I_{L.N}} \Big/ \frac{U_d^2}{S_d} = \frac{X_L(\%)}{100} \cdot \frac{U_{L.N}}{\sqrt{3} I_{L.N}} \cdot \frac{S_d}{U_N} \qquad (2-52)$$

式中 U_d——电抗器安装处的基准电压。

(4) 电力系统的电抗标幺值。电力系统的电抗相对很小，一般不予考虑，看作无限大容量系统。但若供电部门提供电力系统的电抗参数、常数及其电抗，再将系统看作无限大容量系统，这样计算的短路电流更为精确。

1) 已知电力系统电抗有名值 X_S，系统电抗标幺值为

$$X_S^* = X_S \cdot \frac{S_d}{U_d^2} \qquad (2-53)$$

2) 已知电力系统出口断路器的断流容量 S_{oc}，将系统变电站高压馈线出口断路器的断流容量看作系统短路容量来估算系统电抗，即

$$X_S^* = X_S \cdot \frac{S_d}{U_d^2} = \frac{U_d^2}{S_{oc}} \cdot \frac{S_d}{U_d^2} = \frac{S_d}{S_{oc}} \qquad (2-54)$$

3) 已知电力系统出口处的短路容量 S_k，系统的电抗标幺值由下式决定

$$X_S^* = \frac{S_d}{S_k} \qquad (2-55)$$

4) 短路回路总阻抗。短路回路的总阻抗标幺值 Z_k^* 由短路回路总电阻标幺值 R_k^* 和总电抗标幺值 X_k^* 决定，即

$$Z_k^* = \sqrt{R_k^{*2} + X_k^{*2}} \qquad (2-56)$$

若 $R_k^* < \frac{1}{3} X_k^*$ 时，可略去电阻，即 $Z_k^* = X_k^*$。通常高压系统的短路计算中，由于总电抗远大于总电阻，可只计电抗，不计及电阻；在计算低压系统短路时往往需计算电阻。

2.8.3 三相短路电流计算

无限大容量系统发生三相短路时，短路电流的周期分量的幅值和有效值保持不变，短路电流的有关物理量 I''、I_{sh}、i_{sh}、I_∞和 S_k 都与短路电流周期分量有关。因此，只要算出短路电流周期分量的有效值，短路其他各量按前述公式很容易求得。

1. 三相短路电流周期分量有效值

$$I_k = \frac{U_{av}}{\sqrt{3} Z_k} = \frac{U_d}{\sqrt{3} Z_k^* Z_d} = \frac{U_d}{\sqrt{3} Z_k^*} \cdot \frac{S_d}{U_d^2} = \frac{S_d}{\sqrt{3} U_d} \cdot \frac{1}{Z_k^*} \qquad (2-57)$$

由于 $I_d = S_d/\sqrt{3} U_d$，$I_k = I_k^* I_d$，式 (2-57) 即

$$I_k = I_d / Z_k^* = I_d I_k^* \qquad (2-58)$$

$$I_k^* = \frac{1}{Z_k^*} \qquad (2-59)$$

式 (2-59) 表示，短路电流周期分量有效值的标幺值等于短路回路总阻抗标幺值

的倒数。实际计算中，由短路回路总阻抗标幺值，求出短路电流周期分量有效值的标幺值（简称短路电流标幺值），再计算短路电流的有效值。

2. 冲击短路电流

冲击短路电流瞬时值和冲击短路电流有效值为

$$i_{sh}=\sqrt{2}K_{sh}I_k \tag{2-60}$$

$$I_{sh}=\sqrt{1+2(K_{sh}-1)^2}\,I_k \tag{2-61}$$

高压系统中

$$i_{sh}=2.55I_k \quad I_{sh}=1.52I_k \tag{2-62}$$

低压系统中

$$i_{sh}=1.84I_k \quad I_{sh}=1.09I_k \tag{2-63}$$

3. 三相短路容量

三相短路容量计算如下

$$S_k=\sqrt{3}U_{av}I_k=\sqrt{3}U_d\frac{I_d}{Z_k^*}=S_dI_k^*=S_dS_k^* \tag{2-64}$$

或

$$S_k=\frac{S_d}{Z_k^*} \tag{2-65}$$

式（2-65）表示，三相短路容量数值上等于基准容量与三相短路电流标幺值或与三相短路容量标幺值的乘积，三相短路容量的标幺值等于三相短路电流的标幺值。

在短路电流具体计算中，首先应根据短路计算要求画出短路电流计算系统图，该系统图应包含所有与短路计算有关的元件，并标出各元器件的参数和短路点。其次，画出计算短路电流的等效电路图，每个元器件用一个阻抗表示，电源用一个小圆表示，并标出短路点，同时标出元件的序号和阻抗值，一般分子标序号，分母标阻抗值。

然后选取基准容量和基准电压，计算各元器件的阻抗标幺值，再将等效电路化简，求出短路回路总阻抗的标幺值，简化时电路的各种简化方法都可以使用，如串联、并联、△—Y变换、等电位法等。

最后按前述公式由短路回路总阻抗标幺值计算短路电流标幺值，再计算短路各量，即短路电流、冲击短路电流和三相短路容量。

4. 标幺制法计算步骤

(1) 画出计算电路图，并标明各元件的参数（与计算无关的原始数据一概除去）。

(2) 画出相应的等效电路图（采用电抗的形式），并注明短路计算点，对各元器件进行编号$\left(\text{采用分数符号：}\dfrac{\text{元件编号}}{\text{标幺电抗}}\right)$。

(3) 选取基准容量，一般取 $S_d=100\text{MVA}$，$U_d=U_c$。

(4) 计算各元器件的电抗标幺值 X^*，并标于等效电路图上。

(5) 从电源到短路点，化简等值电路，依次求出各短路点的总电抗标幺值 X_{Σ}^{*}。

(6) 根据题目要求，计算各短路点所需的短路参数，如 I_k、$I_k^{(2)}$、I_∞、$I_\infty^{(2)}$、S_k'、i_{sh}、I_{sh}、I''等。

(7) 将计算结果列成表格形式表示。

【例 2-6】 某供电系统如图 2-9 所示，已知电力系统出口断路器的断开容量为 500MVA，试求变电所高压 10kV 母线上 k1 点短路和低压 0.38kV 母线上 k2 点短路的三相短路电流和短路容量。

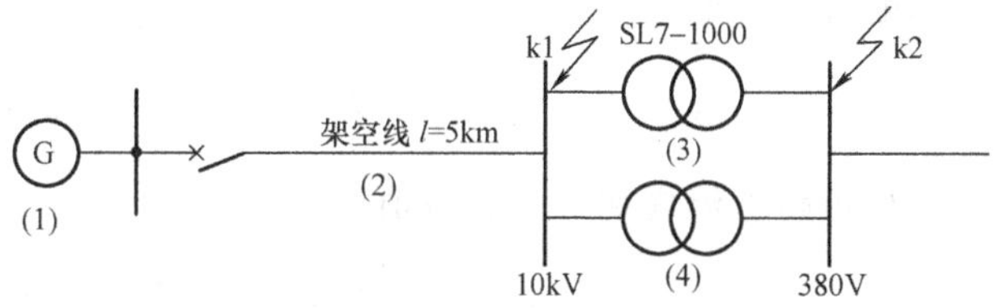

图 2-9 ［例 2-6］的短路计算电路图

解 (1) 画出相应的等值电路，如图 2-10 所示。

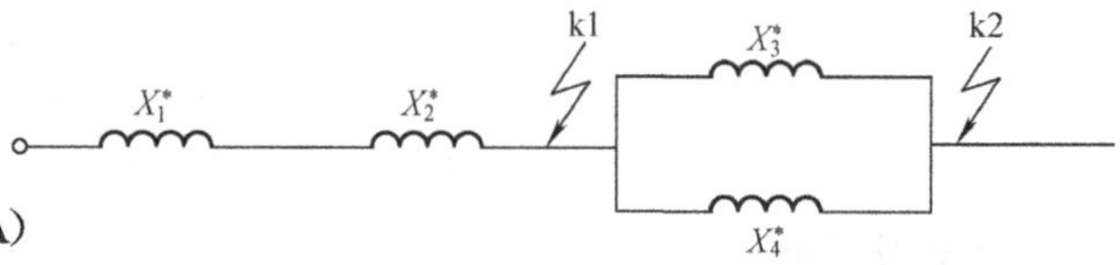

图 2-10 ［例 2-6］的短路等效电路图

(2) 选取基准容量，一般取 $S_d=100$MVA，由 $U_d=U_c$，得 $U_{c1}=10.5$kV，$U_{c2}=0.4$kV，则

$$I_{d1}=\frac{S_d}{\sqrt{3}U_{c1}}=\frac{100}{\sqrt{3}\times 10.5}=5.50\ (\text{kA})$$

$$I_{d2}=\frac{S_d}{\sqrt{3}U_{c2}}=\frac{100}{\sqrt{3}\times 0.4}=144\ (\text{kA})$$

(3) 计算各元件的电抗标幺值。

电力系统的电抗标幺值

$$X_s^*=\frac{S_d}{S_{oc}}=\frac{100}{500}=0.2$$

电力线路的电抗标幺值

$$X_{WL}^*=X_0 l\frac{S_d}{U_C^2}=0.38\times 5\frac{100}{10.5^2}=1.72$$

电力变压器的电抗标幺值

$$X_T^*=\frac{U_k(\%)S_d}{100S_N}=\frac{4.5\times 100\times 1000}{100\times 1000}=4.5$$

(4) 求 k1 点的总电抗标幺值和短路电流和短路容量。

总电抗标幺值

$$X_{\Sigma(k1)}^*=X_1^*+X_2^*=0.2+1.72=1.92$$

三相短路电流周期分量有效值

$$l_{k1}=\frac{I_{d1}}{X_{\Sigma(k1)}^*}=\frac{5.5}{1.92}=2.86\ (\text{kA})$$

各三相短路电流

$$I''=I_\infty=I_{k1}=2.86\ (\text{kA})$$

$$I_{sh}=1.51\times 2.86=4.32\ (\text{kA})$$

$$i_{sh}=2.55\times 2.86=7.29\ (kA)$$

三相短路容量

$$S_{k1}^{(3)}=\frac{S_d}{X_{\Sigma(k1)}^*}=\frac{100}{1.92}=52.08\ (MVA)$$

(5) 求k2点的总电抗标幺值和短路电流和短路容量。

总电抗标幺值

$$X_{\Sigma(k2)}^*=X_1^*+X_2^*+X_3^*\ /\!/\ X_4^*=0.2+1.72+\frac{4.5}{2}=4.17$$

三相短路电流周期分量有效值

$$I_{k2}=\frac{I_{d2}}{X_{\Sigma(k2)}^*}=\frac{144}{4.17}=34.53\ (kA)$$

各三相短路电流

$$I''=I_\infty=I_{k1}=34.53\ (kA)$$
$$I_{sh}=1.09\times 34.53=37.6\ (kA)$$
$$i_{sh}=1.84\times 34.53=63.5\ (kA)$$

三相短路容量

$$S_{k2}^{(3)}=\frac{S_d}{X_{\Sigma(k2)}^*}=\frac{100}{4.17}=23.98\ (MVA)$$

(6) 将计算结果列成表格形式，见表2-5。

表2-5　［例2-6］的短路计算结果

短路计算点	三相短路电流（kA）					三相短路容量（MVA）
	I_k	I''	I_∞	I_{sh}	i_{sh}	S_k
k1点	2.86	2.86	2.86	4.32	7.29	52.08
k2点	34.53	34.53	34.53	37.6	63.5	23.98

思考题

2-1　如何确定三相设备设备容量？

2-2　如何确定照明设备容量？

2-3　什么叫年最大负荷利用小时？什么叫年最大负荷和年平均负荷？什么叫负荷系数？

2-4　什么叫计算负荷？为什么计算负荷通常采用半小时最大负荷？

2-5　需要系数法和二项式法各有什么特点？各适用哪些场合？

2-6　在确定多组用电设备总的视在计算负荷和计算电流时，可否将各组的视在计算负荷和计算电流分别直接相加？

2-7　单相设备计算负荷的方法？变压器损耗包含哪些？

2－8　什么叫平均功率因数和最大负荷时功率因数？各如何计算？各有何用途？

2－9　进行无功功率补偿，提高功率因数，有什么意义？如何确定无功补偿容量？

2－10　什么叫尖峰电流？尖峰电流的计算有哪些用处？

2－11　什么叫短路？短路故障产生的原因有哪些？短路对电力系统有哪些危害？

2－12　短路有哪些形式？哪种形式短路发生的可能性最大？哪种形式短路的危害最严重？

2－13　短路电流标幺制法的计算步骤分哪几步？

第3章

供配电系统的常用电气设备

3.1 一次电路设备基本知识

3.1.1 供配电系统电气设备的定义

供配电系统中实现输送、变换和分配电能任务的电路称为一次电路，一次电路所用的电气设备称为一次设备。一次设备主要包括变压器、断路器、互感器等。

3.1.2 电气设备的分类

(1) 按电压等级来分，通常交流 50Hz、额定电压 1200V 以上或直流、额定电压 1500V 以上的称为高压设备；交流 50Hz、额定电压 1200V 及以下或直流、额定电压 1500V 及以下的为低压设备。

(2) 按设备所属回路分类如下：

1) 一次回路及一次设备。一次回路是指供配电系统中用于传输、变换和分配电力电能的主电路，其中的电气设备就称为一次设备或一次电器。

2) 二次回路及二次设备。二次回路是指用来控制、指示、监测和保护一次回路运行的电路，其中的电气设备就称为二次设备或二次电器。通常二次设备和二次回路通过电流互感器和电压互感器与一次电路相联系。

(3) 一次设备按其在一次电路中的功能又可分为：

1) 变换设备。用于按电力系统工作要求变换电压或电流的电气设备，如变压器、互感器等。

2) 控制设备。用于按电力系统的工作要求控制一次电路通、断的电气设备，如高（低）压断路器、开关等。

3) 保护设备。用来对电力系统进行过电流和过电压等的保护用电气设备，如熔断器、避雷器等。

4) 补偿设备。用来补偿电力系统中无功功率以提高功率因数的设备，如并联电容器等。

5) 成套设备（装置）按一次电路接线方案的要求，将有关的一次设备及其相关的二次设备组合为一体的电气装置，如高低压开关柜、低压配电屏、动力和照明配电箱等。

电气设备文字符号应符合国家规定，见附表 17。

3.2 电力变压器

电力变压器的文字符号为 T 或 TM，根据国际电工委员会（IEC）的界定，凡是三相变压器额定容量在 5kVA 及以上、单相的在 1kVA 及以上的输变电用变压器，均称为电力变压器。它是供配电系统中最关键的一次设备，主要用于公用电网和工业电网中，将某一给定电压值的电能转变为所要求的另一电压值的电能，以利于电能的合理输送、分配和使用。

3.2.1 电力变压器的分类

变压器的分类方法比较多，常用的如下：

(1) 按功能分，有升压变压器和降压变压器。在远距离输配电系统中，为了把发电机发出的较低电压升高为较高的电压级，需升压型变压器；而对于直接供电给各类用户的终端变电站，则采用降压变压器。

(2) 按相数分，有单相和三相两类。其中，三相变压器广泛用于供配电系统的变电站中，而单相变压器一般供小容量的单相设备专用。

3.2.2 变压器的基本结构

电力变压器是利用电磁感应原理进行工作的，因此其最基本的结构组成是电路和磁路部分。变压器的电路部分就是它的绕组，对于降压变压器，与系统电路和电源连接的称为一次绕组，与负载连接的称为二次绕组；变压器的铁心构成了它的磁路，铁心由铁轭和铁心柱组成，绕组套在铁心柱上；为了减少变压器的涡流和磁滞损耗，采用表面涂有绝缘漆膜的硅钢片交错叠成铁心。

常用三相油浸式电力变压器结构如图 3-1 所示。

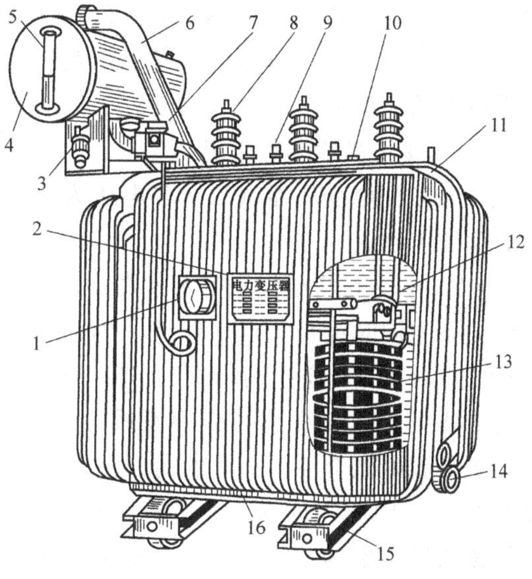

图 3-1　三相油浸式电力变压器的结构

1—信号温度计；2—铭牌；3—吸湿器；4—储油柜（油枕）；5—油位指示器；6—防爆管；7—气体继电器；8—高压套管；9—低压套管；10—分接开关；11—油箱及散热油管；12—铁心；13—绕组及绝缘；14—放油阀；15—小车；16—接地端子

(1) 油箱。油箱由箱体、箱盖、散热装置、放油阀组成，其主要作用是把变压器连成一个整体并进行散热。其内部是绕组、铁心和变压器的油。变压器油既有循环冷却和散热作用，又有绝缘作用。绕组与箱体（箱壁、箱底）有一定的距离，由油箱内的油绝缘。油箱的结构一般有四种：

1) 散热管油箱。散热管的管内两端与箱体内相通，油受热后，经散热管上端口流入管体，冷却后经下端口又流回箱内，形成循环，用于

1600kVA 及以下的变压器。

2）带有散热器的油箱，用于 2000kVA 以上的变压器。

3）平顶油箱。

4）波纹油箱（瓦楞型油箱）。

(2) 高、低压套管。套管为瓷质绝缘管，内有导体，用于变压器一、二次绕组接入和引出端的固定和绝缘。

(3) 气体继电器。容量在 800kVA 及以上的油浸式变压器（户内式的变压器容量在 400kVA 及以上）才安装，用于在变压器油箱内部发生故障时进行瓦斯继电保护。

(4) 储油柜。储油柜又叫油枕，内储有一定的油，它的作用如下：①补充变压器因油箱渗油和油温变化造成的油量下降；②当变压器油发生热胀冷缩时保持与周围大气压力的平衡。其附件吸湿器与储油柜内油面上方空间相连通，能够吸收进入变压器的空气中的水分，以保证油的绝缘强度。

(5) 防爆管。其作用是防止油箱发生爆炸事故。当油箱内部发生严重的短路故障，变压器油箱内的油急剧分解成大量的瓦斯气体，使油箱内部压力剧增，这时，防爆管的出口处玻璃会自行破裂，释放压力，并使油流向一定方向喷出。

(6) 分接开关。用于改变变压器的绕组匝数以调节变压器的输出电压。

3.2.3 三相电力变压器的联结组别

电力变压器的连接组别是指变压器一、二次绕组所采用的连接方式的类型及相应的一、二次侧对应线电压的相位关系。我国规定的五种联结组别有 Y，yn－0、YN，y－0、Y，Y－0、Y，d－11、YN，d－11。其中，Y，yn－0 用于低压侧为 400V 的配电系统；Y，d－11 用于高压侧为 35kV 低压侧为 6000V 的配电变压器；YN，d－11 用于高压侧需接地的大型变压器。

1. 配电变压器的联结组别

6～10kV 配电变压器（二次侧电压为 220/380V）有 Y，yn－0 和 D，yn－11 两种常用的联结组别。

(1) Y，yn－0 联结组别的示意图如图 3－2 所示，其一次线电压和对应二次线电压的相位关系如同时钟在零点（12 点）时时针与分针的位置一样。（图中一、二次绕组上标“·”的端子为对应“同名端”，即“同极性端”）。Y，yn－0 联结组别的一次绕组采用星形联结，二次绕组为带中性线的星形联结，其线路中可能有的 $3n$（$n=1, 2, 3, \cdots$）次谐波电流会注入公共的高压电网中。而且，其中性线的电流规定不能超过相线电流的 25%。因此，负荷严重不平衡或 $3n$ 次谐波比较突出的场合不宜采用这种联结组别，但该联结组别的变压器一次绕组的绝缘强度要求较低（与 D，yn－11 比较），因而造价比 D，yn－11 型的稍低。在 TN 和 TT 系统中，由单相不平衡电流引起的中性线电流不超过二次绕组额定电流的 25%，且任一相的电流在满载都不超过额定电流时可选用 Y，yn－0 联结组别的变压器。

(2) D，yn－11 联结组别的示意图如图 3－3 所示，其一次线电压和对应二次线电压的相位关系如同时钟在 11 点时时针与分针的位置一样。其一次绕组为三角形联结，$3n$

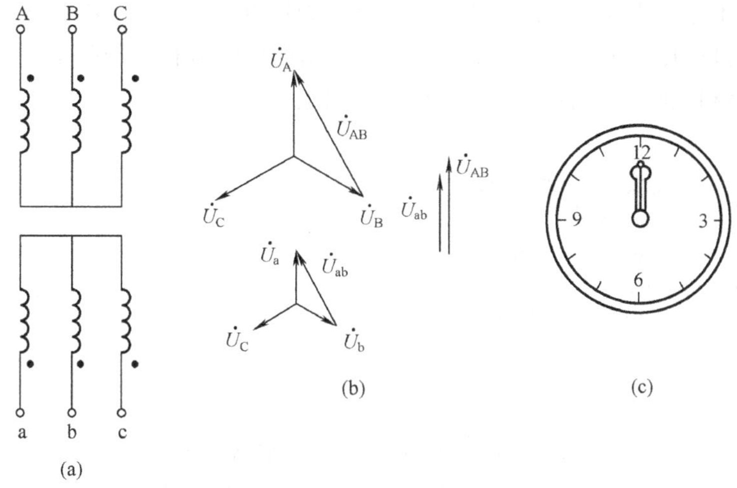

图 3-2 变压器 Y，yn-0 联结组别

(a) 一、二次绕组接线；(b) 一、二次电压相量；(c) 钟表表示

次谐波电流在其三角形的一次绕组中形成环流，不致注入公共电网，有抑制高次谐波的作用；其二次绕组为带中性线的星形联结，按规定，中性线电流容许达到相电流的75%，因此其承受单相不平衡电流的能力远远大于 Y，yn-0 联结组别的变压器。对于现代供电系统中单相负荷急剧增加的情况，尤其在 TN 和 TT 系统中，D，yn-11 联结的变压器得到大力推广和应用。

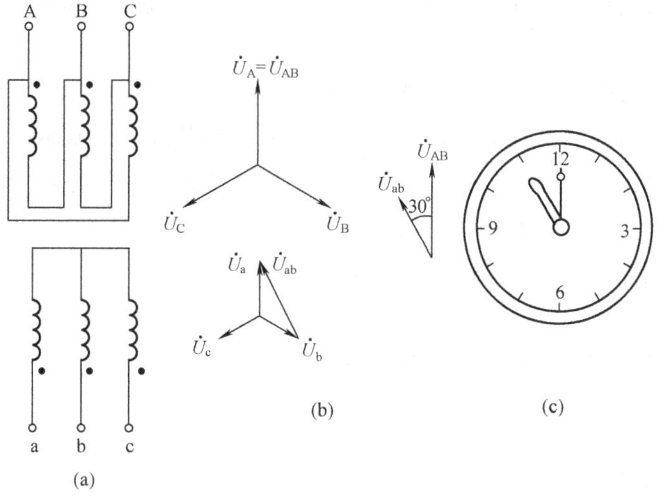

图 3-3 变压器 D，yn-11 联结组别

(a) 一、二次绕组接线；(b) 一、二次电压相量；(c) 钟表表示

2. 防雷变压器的联结组别

防雷变压器通常采用 Y，zn-11 联结组别，如图 3-4 所示。其一次绕组采用星形联结，二次绕组分成两个匝数相同的绕组，并采用曲折形（Z）联结，在同一铁心柱上的两半个绕组的电流正好相反，使磁动势相互抵消。如果雷电过电压沿二次侧线路侵入

时，此过电压不会感应到一次侧线路上；反之，如雷电过电压沿二次侧线路侵入，二次侧也不会出现过电压。由此可见，Y，zn－11 联结的变压器有利于防雷，但这种变压器二次绕组的用材量比 Y，yn－0 形的增加 15％以上。

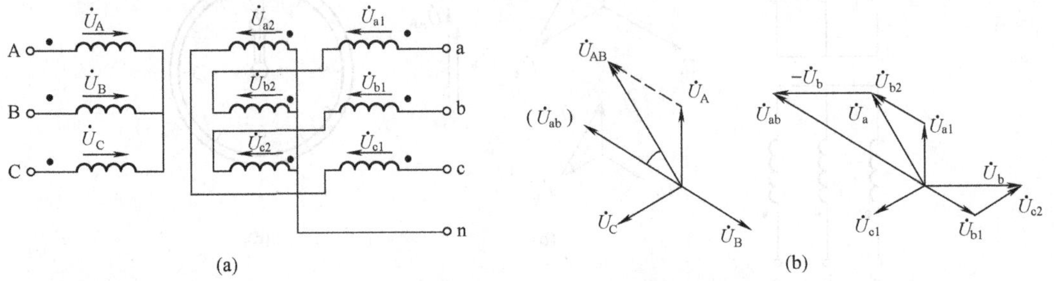

图 3－4　变压器 Y，zn－11 联结组别

(a) 一、二次绕组接线；(b) 一、二次电压相量

3.2.4 三相电力变压器的检测项目

1. 检测项目

(1) 测量变压器绕组的直流电阻。

(2) 检查所有分接头的变压比。

(3) 检查三相变压器的联结组别和单相变压器引出线的极性。

(4) 测量绕组的绝缘电阻和吸收比。

(5) 对变压器进行潮湿程度的判断，按照交流耐压试验结果和电阻绝缘检测两项内容进行综合判断。

(6) 电压为 35kV 及以下的变压器连同套管在一起进行主绝缘的交流工频耐压试验。

(7) 抽心检查时，测量穿心螺栓对轭铁的绝缘电阻及进行交流耐压试验。

(8) 测量主绕组连同套管的介质损耗角正切值（纯瓷套管除外）。

(9) 测量主绕组连同套管在一起的泄漏电流。

(10) 测量额定电压时的空载电流（对容量为 3150kV 及以上的变压器，有条件时进行）。

(11) 测量额定电压时的空载损失（对容量为 3150kV 及以上的变压器，有条件时进行）。

(12) 检查电压切换器的解除及动作情况。

(13) 通风冷却及油水冷却装置的检查和试验。

(14) 额定电压的冲击合闸试验。

(15) 检查相位和定相。

(16) 油箱和套管中变压器油的化学分析和击穿强度试验。

2. 注意事项

(1) 变压器油的化学分析，除特殊情况外，一般只做简化试验。

(2) 对于容量为 630kVA 及以下和电压为 35kV 及以下的变压器，无需进行检测项目中（5）、（8）、（9）、（10）及（11）项的试验。

(3) 干式变压器可按检测项目中（1）、（2）、（3）、（4）、（5）、（6）、（7）和（15）

项进行。

(4) 第 (8) 项仅对容量为1250kVA及以上的变压器进行。

常用变压器技术数据见附表14。

3.2.5 变压器并联运行

变压器广泛采用并联运行供电方式，是将两台以上的变压器一、二次同标号的出线端连接在一起，直接连接到母线上的一种运行方式。

1. 变压器并联运行优点

(1) 提高供电可靠性。

(2) 提高变压器利用率。

(3) 减少备用变压器容量。

2. 变压器并联运行条件

(1) 变压器一、二次电压一致，变比相同。

(2) 接线组别必须一致。

(3) 变压器短路阻抗一样，容许10%的误差。

3.3 互 感 器

互感器是电流互感器和电压互感器的统称。它们实质上是一种特殊的变压器，又可称为仪用变压器或测量互感器。互感器是根据变压器的变压、变流原理将一次电量（电压、电流）转变为同类型的二次电量的电器，该二次电量可作为二次回路中测量仪表、保护继电器等设备的电源或信号源。

电流互感器，文字符号为TA，是变换电流的设备。

3.3.1 基本结构

电流互感器由一次绕组、铁芯、二次绕组组成。其结构特点是：

(1) 一次绕组匝数少，二次绕组匝数多。芯柱式电流互感器的一次绕组为一个穿过铁心的直导线；母线式的电流互感器本身没有一次绕组，利用穿过其铁芯的一次电路作为一次绕组（相当于1匝）。

(2) 一次绕组导体较粗，二次绕组导体细。二次绕组的额定电流一般为5A或1A。

(3) 电流互感器的一次绕组串接在一次电路中，二次绕组与仪表、继电器电流线圈串联，形成闭合回路。由于这些电流线圈阻抗很小，工作时电流互感器的二次回路接近短路状态。电流互感器的变流比用 K_i 表示，则

$$K_i = I_{1N}/I_{2N} \approx N_2/N_1 \tag{3-1}$$

式中 I_{1N}、I_{2N}——电流互感器一次侧和二次侧的额定电流值；

N_1、N_2——电流互感器一次和二次绕组匝数。

变流比一般表示成如 $I_x/5A$ 的形式（I_x 为一次电流值）。

3.3.2 接线方式

电流互感器在三相电路中的常用四种接线方式如图3-5所示。

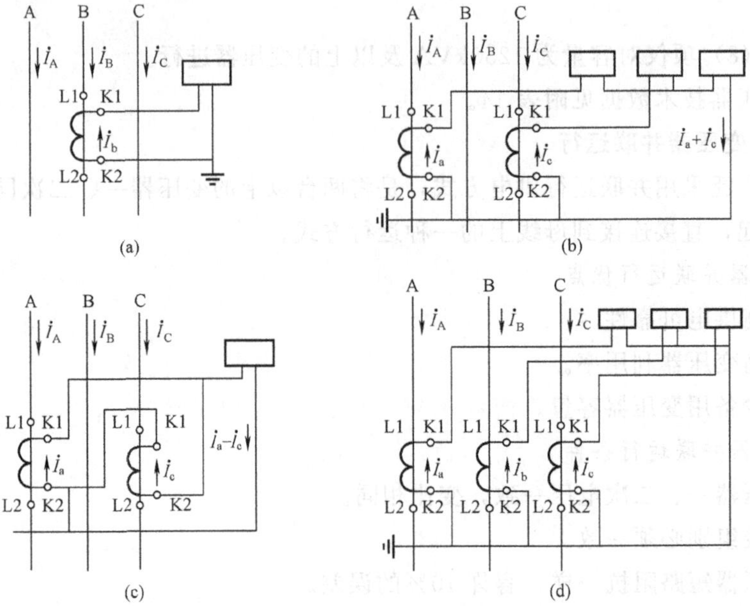

图 3-5　电流互感器接线方式

(a) 一相式；(b) 两相式；(c) 两相电流差；(d) 三相星形

(1) 一相式接线。如图 3-5 (a) 所示，互感器通常接在 B 相，电流互感器二次绕组中流过的是对应相一次电流的二次电流值，反应的是该相的电流。这种接线通常用于三相负荷平衡的系统中，供测量电流或过负荷保护装置用。

(2) 两相 V 形接线。如图 3-5 (b) 所示，这种接线也叫两相不完全星形接线，电流互感器通常接在 A、C 相上，在中性点不接地的三相三线制系统中，广泛用于测量三相电流、电能及作过电流继电保护之用（称为两相两继电器式接线）。两相 V 形接线的电流互感器一、二次侧的电流相量图 3-6可知，公共线上的电流为 $\dot{I}_a+\dot{I}_c=-\dot{I}_b$，反应的正是未接互感器的那一相的电流。

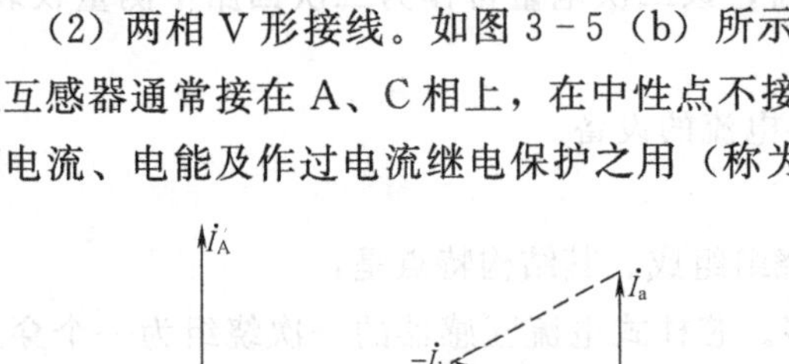

图 3-6　两相 V 形接线的电流互感器一、二次侧的电流相量图

(3) 两相电流差式接线。如图 3-5 (c) 所示，这种接线又叫两相一继电器式接线，流过电流继电器线圈的电流为 $\dot{I}_a-\dot{I}_c$，其值是相电流的$\sqrt{3}$倍。这种接线适用于中性点不接地的三相三线制系统中，作过电流继电保护之用。

(4) 三相星形接线。如图 3-5 (d) 所示，这种接线中的三个电流线圈正好反应各相电流，因此被广泛用于三相负荷不平衡的三相四线制系统中，也用在负荷可能不平衡的三相三线制系统中作三相电流、电能测量及过电流继电保护之用。

3.3.3　电流互感器的类型和型号

(1) 电流互感器的类型如下：

1）按一次电压分，有高压和低压两大类。

2）按一次绕组匝数分，有单匝式（包括母线式、芯柱式、套管式）和多匝式（包括线圈式、线环式、串级式）。

3）按用途分，有测量用和保护用两大类。

4）按准确度级分，测量用电流互感器有 0.1、0.2、0.5、1、3、5 等级，保护用电流互感器一般为 5P 和 10P 两级。

（2）电流互感器的型号及表示如下：

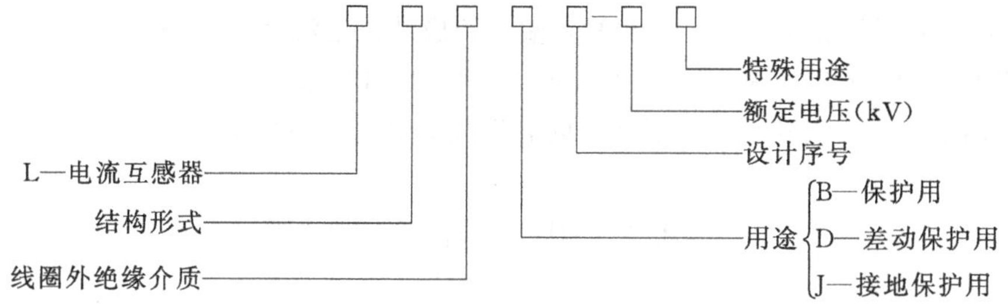

1）结构形式的字母含义如下：R—套管式，Z—支柱式，Q—线圈式，F—贯穿式（复匝），D—贯穿式（单匝），M—母线式，K—开合式，V—倒立式，A—链式。

2）线圈外绝缘介质的字母含义如下：J—变压器油（不表示），G—空气（干式），C—瓷（主绝缘），Q—气体，Z—浇注成型固体，K—绝缘壳。

LMZJ1－0.5 型和 LQZ－10 型电流互感器的外形结构如图 3－7 和图 3－8 所示。LQZ－10 是目前常用于 10kV 高压开关柜中的户内线圈式环氧树脂浇注绝缘加强型电流互感器，有两个铁芯和两个二次绕组，分别为 0.5 级和 3 级，0.5 级用于测量、3 级用于继电保护。LMZJ1－0.5 是广泛用于低压配电屏和其他低压电路中的户内母线式环氧树脂浇注绝缘加大容量的电流互感器，它本身无一次绕组，穿过其铁芯的母线就是其一次绕组。

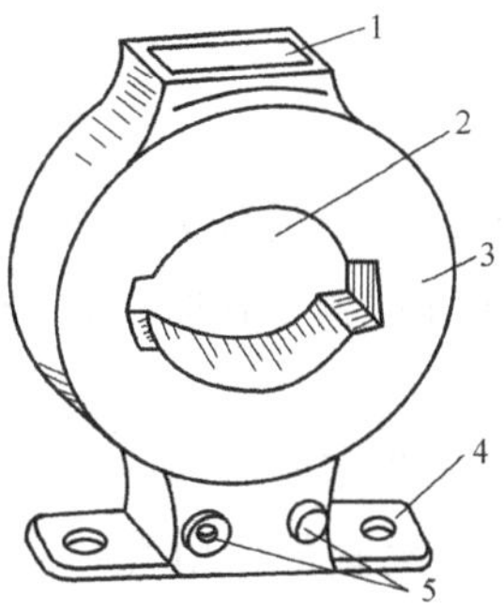

图 3－7　LMZJ1－0.5 型电流互感器外形结构

1—铭牌；2—一次母线穿孔；3—铁芯（外绕二次绕组，树脂浇注）；4—安装板；5—二次接线端子

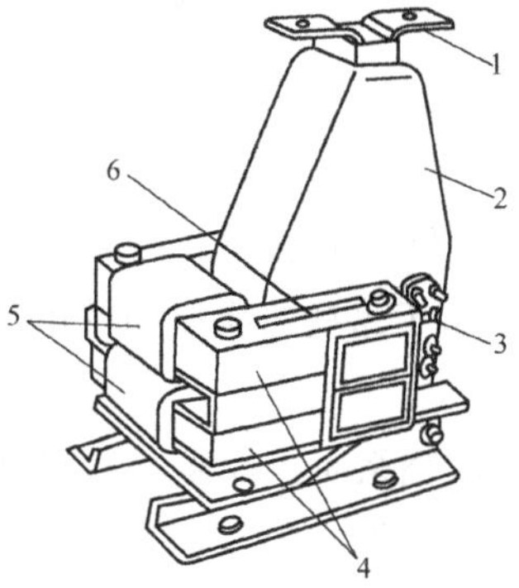

图 3－8　LQZ－10 型电流互感器外形结构

1—一次接线端子；2—一次绕组（树脂浇注）；3—二次接线端子；4—铁芯；5—二次绕组；6—警告牌（上写有“二次侧不得开路”等字样）

3.3.4 电流互感器的使用注意事项

(1) 电流互感器在工作时二次侧不得开路。如果开路，二次侧可能会感应出危险的高电压，危及人身和设备安全；同时，互感器铁芯会由于磁通剧增而过热，产生剩磁，导致互感器准确度的降低。因此，要求在安装时，二次接线必须可靠、牢固，决不允许在二次回路中接入开关或熔断器。

(2) 电流互感器二次侧有一端必须接地。这是为了防止一、二次绕组间绝缘击穿时，一次侧高电压窜入二次侧，危及设备和人身安全。

(3) 电流互感器在接线时，要注意其端子的极性。电流互感器的一、二次侧绕组端子分别用 P1、P2 和 S1、S2 表示，对应的 P1 和 S1、P2 和 S2 为用减极性法规定的同名端，又称同极性端（因其在同一瞬间，同名端同为高电平或低电平）。

3.4 电压互感器

电压互感器文字符号为 TV。它是变换电压的设备。

3.4.1 基本原理和结构

电压互感器的基本结构和接线图如图 3－9 所示，它由一次绕组、二次绕组和铁芯组成。其结构特点为：

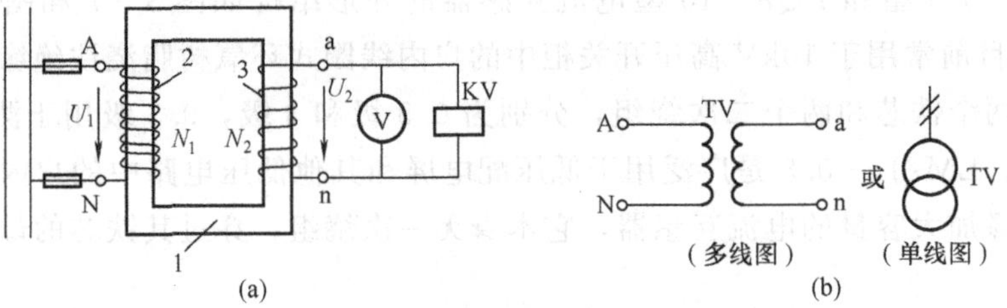

图 3－9　电压互感器的基本结构和接线图

(a) 结构；(b) 接线图

1—铁芯；2—一次绕组；3—二次绕组

(1) 一次绕组并联在主回路中，二次绕组并联在二次回路中的仪表、继电器等的电压线圈上，由于这些二次绕组的电压线圈阻抗很大，电压互感器工作时二次绕组接近于开路状态。

(2) 一次绕组匝数较多，二次绕组的匝数较少，相当于降压变压器。

(3) 一次绕组的导线较细，二次绕组的导线较粗，二次侧额定电压一般为 100V，用于接地保护的电压互感器二次侧额定电压为 $100/\sqrt{3}$ V，辅助二次绕组则为 100/3V。

电压互感器的变压比用 K_u 表示

$$K_u = U_{1N}/U_{2N} \approx N_1/N_2 \tag{3-2}$$

式中　U_{1N}、U_{2N}——电压互感器一次绕组和二次绕组额定电压；

N_1、N_2——一次绕组和二次绕组的匝数。

变压比通常表示成如 10/0.1kV 的形式。电压互感器有单相和三相两类，在成套装置内，采用单相电压互感器较为常见。

3.4.2 电压互感器的接线方式

电压互感器在三相电路中有四种常见的接线方式，如图 3－10 所示。

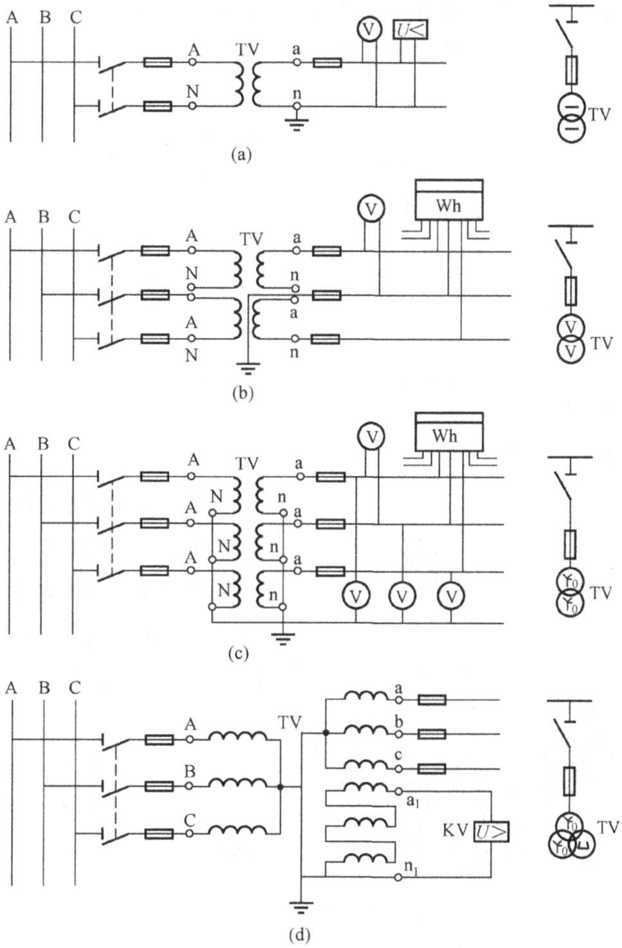

图 3－10 电压互感器的接线方式

(a) 一个单相电压互感器；(b) 两个单相电压互感器接成 V/v；(c) 三个单相电压互感器接成 Y0/y0；(d) 三个单相三绕组电压互感器或一个三相五心柱式三绕组电压互感器接成 Y0/y0/△

(1) 一个单相电压互感器的接线如图 3－10 (a) 所示，供仪表和继电器接一个线电压，适用于电压对称的三相线路，如用作备用线路的电压监视。

(2) 两个单相电压互感器接成 V/v 接线，如图 3－10 (b) 所示，仪表和继电器接于各个线电压，适用于三相三线制系统。

(3) 三个单相电压互感器接成 Y0/y0 形，如图 3－10 (c) 所示。供电给要求线电压的仪表和继电器。在小接地电流系统中，供电给接相电压的绝缘监视电压表，在这种接线方式中电压表应按线电压选择。YNyn 接线常用于三相三线和三相四线制线路。

(4) 三个单相三绕组电压互感器或一个三相五心柱式三绕组电压互感器接成 Y0/y0/△，如图 3－10 (d) 所示。其中一组二次绕组接成 y0 的二次绕组供电给需线电压的仪表、继电器和绝缘监视用电压表；另一组绕组（辅助二次绕组）接成开口三角形，接作绝缘监视用的电压继电器（KV）。当线路正常工作时，开口三角两端的零序电压接近于零；而当线路上发生单相接地故障时，开口三角两端的零序电压接近 100V，使电压继电器 KV 动作，发出故障信号。此辅助二次绕组又称剩余电压绕组，适用于三相三线制系统。

3.4.3 电压互感器的类型和型号

(1) 分类。电压互感器按绝缘介质分，有油浸式、干式（含环氧树脂浇注式）；按使用场所分，有户内式和户外式；按相数来分，有三相式、单相式；按电压分，有高压

（1kV 以上）和低压（0.5kV 及以下）；按绕组分，有三绕组、双绕组；按用途分，测量用的准确度要求较高，规定为 0.1、0.2、0.5、1、3 级，保护用的准确度较低，一般有 3P 级和 6P 级，其中用于小接地系统电压互感器（如三相五心柱式）的辅助二次绕组准确度级规定为 6P 级；按结构原理分，有电容分压式、电磁感应式。另外，还有气体电压互感器、电流电压组合互感器等高压类型。

（2）电压互感器型号表示如下：

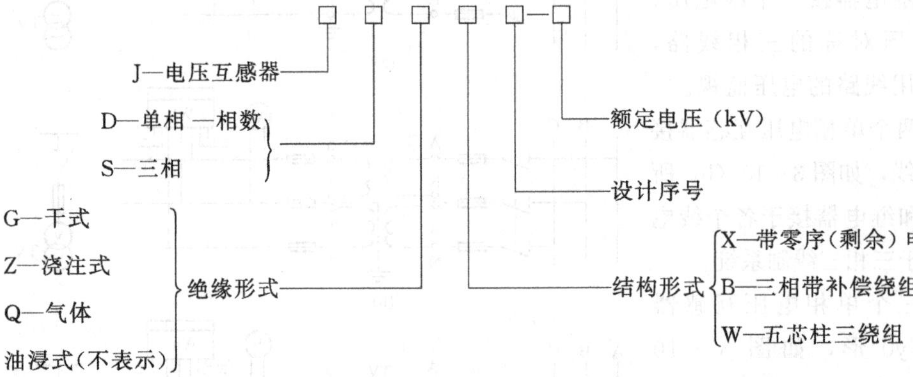

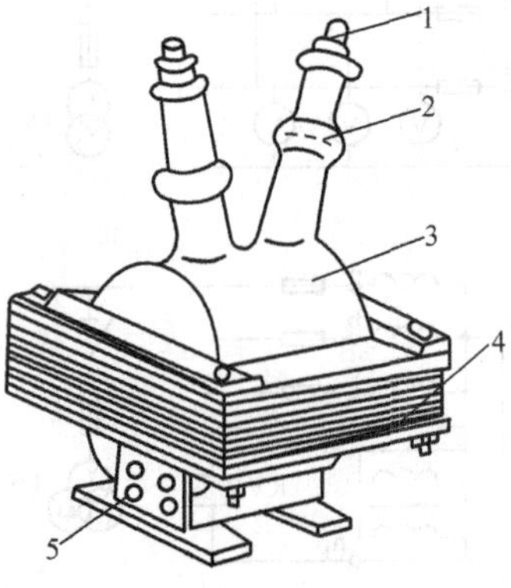

图 3-11　JDZJ-3/6/10 型电压互感器外形结构

1—一次接线端子；2—高压绝缘套管；3—一、二次绕组（环氧树脂浇注）；4—铁心（壳式）；5—二次接线端子

（3）电压互感器结构。JDZJ-3/6/10 型电压互感器的外形结构如图 3-11 所示。JDZJ-10/3/6 为单相双绕组环氧树脂浇注的户内型电压互感器，适用于 10kV 及以下的线路中供测量电压、电能、功率和继电保护、自动装置用，准确度级有 0.5、1、3 级，采用三台可接成图 3-10（d）所示的 Y0/y0/△接线。

在中性点非有效接地的系统中，电压互感器常因铁磁谐振而大量烧毁。为了消除铁磁谐振，某些新产品如 JSXH-35 型、JDX-6/10 型及 JSZX-6/10 型在结构上都进行了一些改进。

3.4.4　电压互感器使用注意事项

（1）电压互感器在工作时，其一、二次侧不得短路。由于电压互感器二次回路中的负载阻抗较大，其运行状态近于开路，当发生短路时，将产生很大的短路电流，有可能造成电压互感器烧毁。其一次侧并联在主回路中，若发生短路会影响主电路的安全运行。因此，电压互感器一、二次侧都必须装设熔断器进行短路保护。

（2）电压互感器二次侧有一端必须接地。这样做的目的是为了防止一、二次绕组间的绝缘击穿时，一次侧的高压窜入二次侧，危及设备及人身安全。通常将电压互感器公共端接地。

（3）电压互感器在接线时，必须注意其端子的极性。三相电压互感器一次绕组两端标成 A、B、C、N，对应的二次绕组同名端标为 a、b、c、n；单相电压互感器的对应同名端分别标为 A、N 和 a、n。在接线时，若将其中的一相绕组接反，二次回路中的线电压将发生变化，会造成测量误差和保护误动作（或误信号），甚至可能对仪表造成损害。因此，必须注意互感器一、二次极性的一致性。

3.4.5　互感器检测项目

(1) 测量电压互感器一次绕组的直流电阻。

(2) 测量绕组的绝缘电阻。

(3) 绕组对外壳的交流耐压试验。

(4) 测量 20kV 以及以上互感器的一次绕组和套管的介质损失角的正切值。

(5) 电压互感器的交流耐压试验。

(6) 测量 1000V 以上电压互感器的空载电流。

(7) 根据继电保护的要求测量与绘制电流互感器的励磁特性曲线。

(8) 检查三相互感器的联结组别和单相互感器引出线的极性。

(9) 测量互感器各抽头的变比和角差。

(10) 油箱和套管内变压器油的击穿试验。

(11) 抽芯检查时，对击穿心螺栓进行绝缘检查。

注：电压为 500V 以及以下的电流互感器，只做上述的 (2)、(9) 两项检测；第 (7) 项检测仅对继电保护有要求者进行。

常用电流互感器主要技术参数见附表 8，常用电压互感器主要技术参数见附表 9。

3.5　高压熔断器

熔断器（文字符号 FU）是用于过电流保护的最为简单和常用的电器，它是在通过的电流超过规定值并经过一定的时间后熔体（熔丝或熔片）熔化而分断电流，断开电路来完成短路保护的主要功能，有的也具有过负荷保护能力。

在输配电系统中，对容量小且不太重要的负荷，广泛采用高压熔断器作为高压输配电线路、电力变压器、电压互感器和电力电容器等电气设备的短路和过负荷保护。户内广泛采用 RN 系列的高压管式限流熔断器，户外则广泛使用 RW4、RW10F 等型号的高压跌开式熔断器或 RW10－35 型的高压限流熔断器。

高压熔断器型号表示如下：

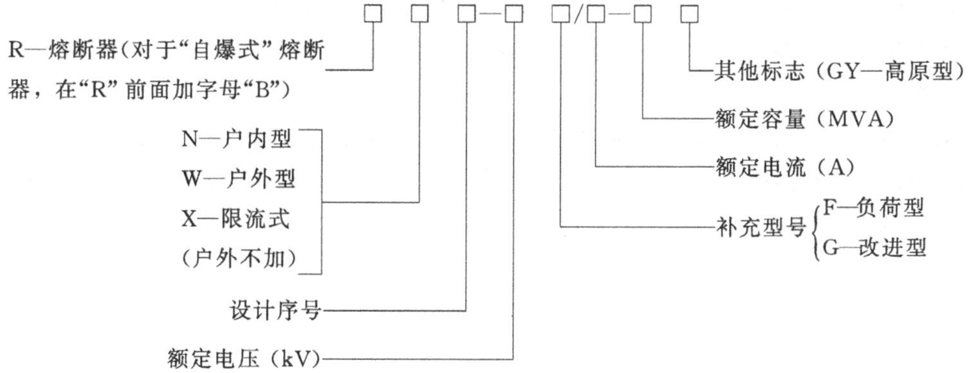

3.5.1 RN系列户内高压管式熔断器

RN系列户内高压熔断器有RN1、RN2、RN3、RN4、RN5及RN6等，主要用于3～35kV配电系统中做短路保护和过负荷保护用。其中RN1型用于高压电力线路及其设备和电力变压器的短路保护，也能做过负荷保护；RN2、RN4、RN5则用于电压互感器的短路保护；RN6型主要用于高压电动机的短路保护。RN3和RN1相似、RN4和RN2相似，只是技术数据有所差别；RN5和RN6是以RN1和RN2为基础的改进型，具有体积小、质量轻、防尘性能好、维修和更换方便等特点。当过电流通过熔体时，工作熔体熔断后，指示熔体也相继熔断，其熔断指示器弹出，给出熔体熔断的指示信号。

3.5.2 RW系列户外高压跌开式熔断器

RW系列跌开式熔断器又称跌落式熔断器，广泛用于环境正常的户外场所，做高压线路和设备的短路保护用。有一般跌开式熔断器（如RW4、RW7型等）、负荷型跌开式熔断器（如RW10-10F型）、限流型户外熔断器（如RW10-35、RW11型等）及RW-B系列的爆炸式跌开式熔断器。

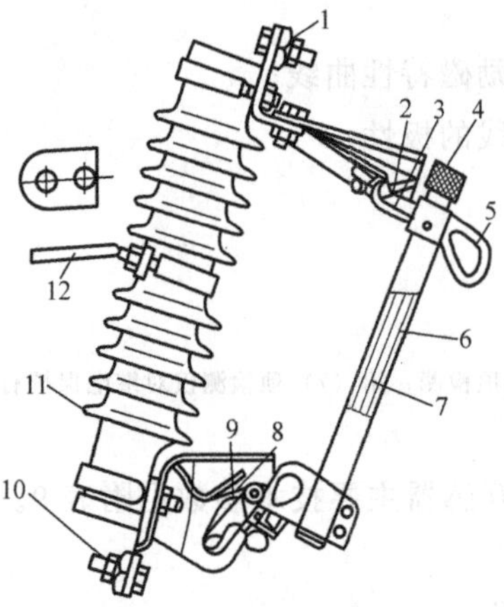

图3-12 RW4-10（G）型跌落式熔断器

1—上接线端子；2—上静触头；3—上动触头；4—管帽（带薄膜）；5—操作环；6—熔管；7—铜熔丝；8—下动触头；9—下静触头；10—下接线端子；11—绝缘子；12—固定安装板

RW4-10（G）型跌落式熔断器结构如图3-12所示。它串接在线路中，可利用绝缘钩棒（俗称令克棒）直接操作熔管（含熔体）的分、合，此功能相当于隔离开关。

RW4型熔断器没有带负荷灭弧装置，因此不允许带负荷操作。同时，它的灭弧能力不强，速度不快，不能在短路电流达到冲击电流（i_{sh}）前熄灭电弧，属于非限流式熔断器。常用于额定电压10kV、额定容量315kVA及以下的电力变压器的过电流保护，尤其以居民区，街道等场合居多。

3.6 低压熔断器

低压熔断器主要具有低压配电系统的短路保护功能，有的也能实现过负荷保护。它们的主要缺点是：熔体熔断后须更换，引起短时停电；保护特性和可靠性相对较差；在一般情况下，须与其他电器配合使用。

低压熔断器的种类很多，有插入式（RC型）、螺旋式（RL型）、无填料密闭管式（RM型）、有填料封闭管式（RT型）及引进技术生产的有填料管式gF、aM系列和高分断能力的NT型等。

国产低压熔断器型号表示如下：

□ □ □ □—□/□

R—熔断器—产品名称

结构形式：
C—插入式
L—螺旋式
M—密闭管式
S—快速式
T—有填料管式
Z—自复式

设计序号

其他标志（A—改进型）

熔断器额定电流（A）

熔体额定电流（A）

注：上述型号不适用于引进技术生产的熔断器，如 NT、gF、aM 等。

下面介绍几种常用的低压熔断器。

3.6.1 RT 式熔断器

有填料密闭管式熔断器，熔管内装有石英沙作填料，用来冷却和熄灭电弧，因此有较强的分断电流能力。常用的有 RT12、RT14、RT15、RT17、RT18 等系列。RT12、RT15 系列带有熔断指示器，RT14 系列熔断器带有撞击器，熔断时撞击器弹出，既可作熔断信号指示，也可触动微动开关以切断接触器线圈电路，使接触器断电，实现三相电动机的断相保护。有填料密闭管式熔断器常用于大容量的电力网和配电设备中。

RT 式熔断器外形如图 3-13 所示。

3.6.2 RL1 系列螺旋式熔断器

RL 系列熔断器的结构如图 3-14 所示。其瓷质熔体装在瓷帽和瓷底座间，内装熔丝和熔断指示器（红色色点），并充填石英砂，具有较高的分断能力和稳定的电流特性，广泛用于 500V 以下的低压动力干线和支线上做短路保护用。

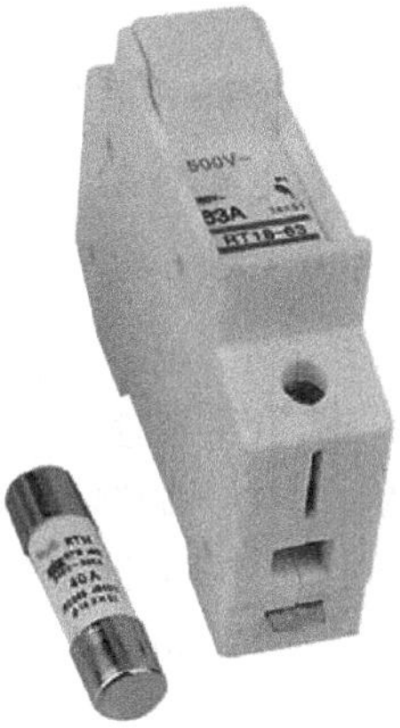

图 3-13 RT 式熔断器

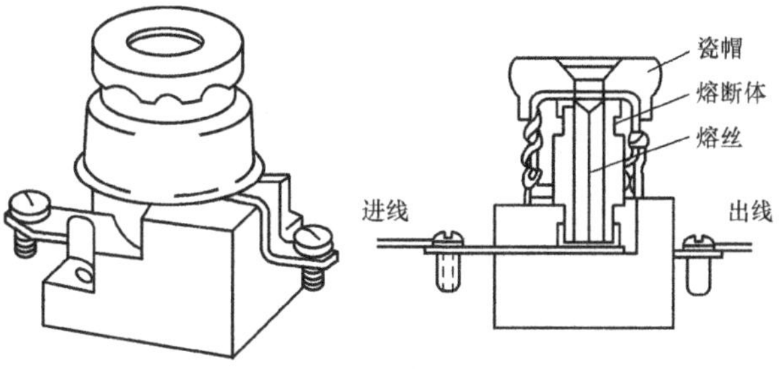

图 3-14 RL 系列熔断器的结构

3.6.3 RM10 型无填料密闭管式熔断器

RM10 系列熔断器由纤维熔管、变截面锌片和触刀、管帽、管夹等组成，如图 3-15所示。

RT0、RM10 型熔断器主要技术数据见附表 L 和附表 M。

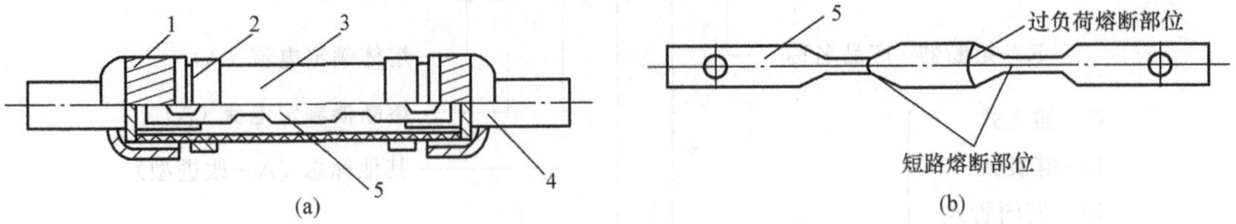

图 3－15　RM10 型无填料密闭管式熔断器

(a) 外形；(b) 熔体

1—管帽；2—管夹；3—纤维熔管；4—触刀；5—变截面锌片

3.7　高压隔离开关

高压隔离开关（文字符号为 QS）的主要功能是隔离高压电源，以保证对其他电气设备及线路的安全检修及人身安全。因此其结构特点是断开后具有明显可见的断开间隙，且断开间隙的绝缘及相间绝缘都是足够可靠的。隔离开关没有灭弧装置，不允许带负荷操作，但可允许通断一定的小电流，如励磁电流不超过 2A 的 35kV、1000kVA 及以下的空载变压器电路，电容电流不超过 5A 的 10kV 及以下、长 5km 的空载输电线路，以及电压互感器和避雷器回路等。

高压隔离开关按安装地点，分为户内式和户外式两大类；按有无接地开关可分为不接地、单接地、双接地三类。

高压隔离开关型号含义如下：

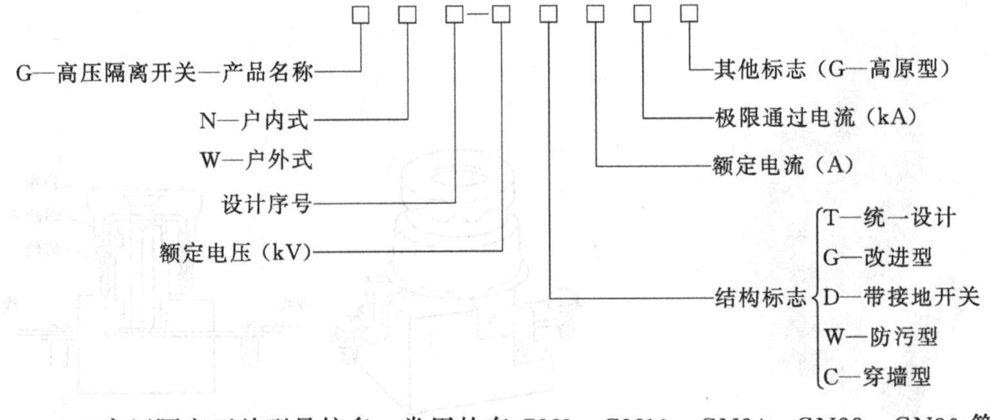

10kV 高压隔离开关型号较多，常用的有 GN8、GN19、GN24、GN28、GN30 等户内式系列。GN8－10 高压隔离开关的外形结构图如图 3－16 所示，它的三相闸刀安装在同一底座上，闸刀均采用垂直回转运动方式。GN 型高压隔离开关一般采用手动操作机构进行操作。

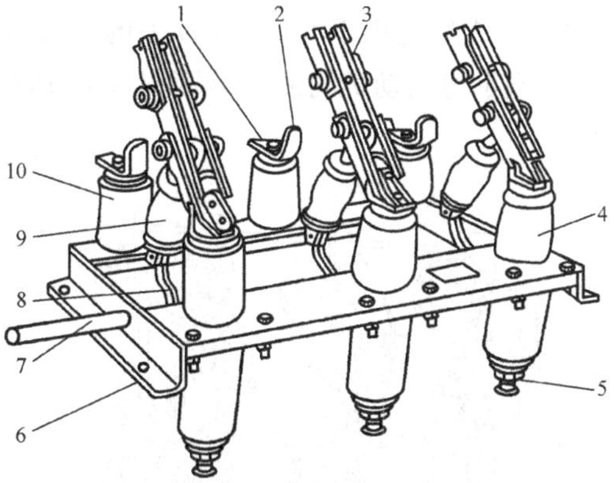

图 3-16 GN8-10 型高压隔离开关外形

1—上接线端子；2—静触头；3—隔离开关；4—套管绝缘子；5—下接线端子；
6—框架；7—转轴；8—拐臂；9—升降绝缘子；10—支柱绝缘子

3.8 高压负荷开关

高压负荷开关（文字符号为 QL）具有简单的灭弧装置，能通断一定的负荷电流和过负荷电流，但是不能用它来断开短路电流，必须借助熔断器来切断短路电流，故负荷开关常与熔断器一起使用。高压负荷开关大多还具有隔离高压电源，保证其后的电气设备和线路安全检修的功能，因为它断开后通常有明显的断开间隙，与高压隔离开关一样，所以这种负荷开关有功率隔离开关之称。

高压负荷开关根据所采用的灭弧介质不同，可分为固体产气式、压气式、油浸式、真空式和六氟化硫（SF_6）式等；按安装场所分，有户内式和户外式两种。

高压负荷开关型号含义如下：

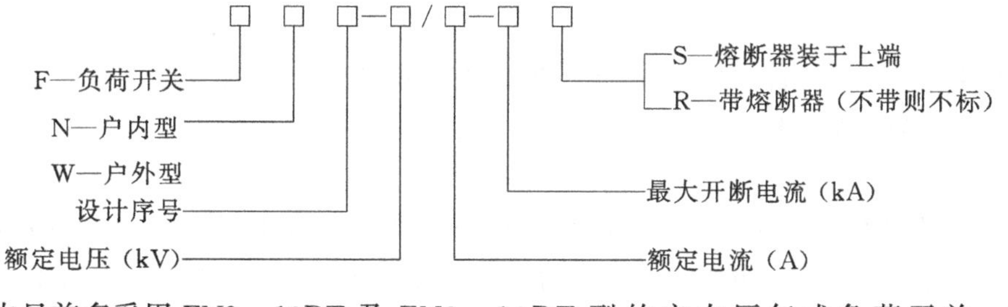

户内目前多采用 FN2-10RT 及 FN3-10RT 型的户内压气式负荷开关。FN3-10RT 户内压气式负荷开关外形结构如图 3-17 所示。负荷开关上端的绝缘子是一个简单的灭弧室，它不仅起到支持绝缘子的作用，而且其内部是一个气缸，从喷嘴向外吹弧，使电弧迅速熄灭。同时，其外形与户内式隔离开关相似，也具有明显的断开间隙，因此，它同时具有隔离开关的作用。

FN1、FN5 和 FW5 型等为固体产气式负荷开关，它们主要是利用开断电弧的能量使灭弧室内的产气材料分解所产生的气体进行吹弧灭弧。和户内压气式负荷开关一样，它们的灭弧能力较小，可开断负荷电流、电容电流、环流和过负荷电流，但必须与熔断器串联，借助熔断器断开短路电流。它们适用于35kV及以下的电力系统，尤其是城市电网改造和农村电网。一般配用CS型手力操动机构或CJ系列电动操动机构，如果配装了接地开关，只能用手力操动机构。

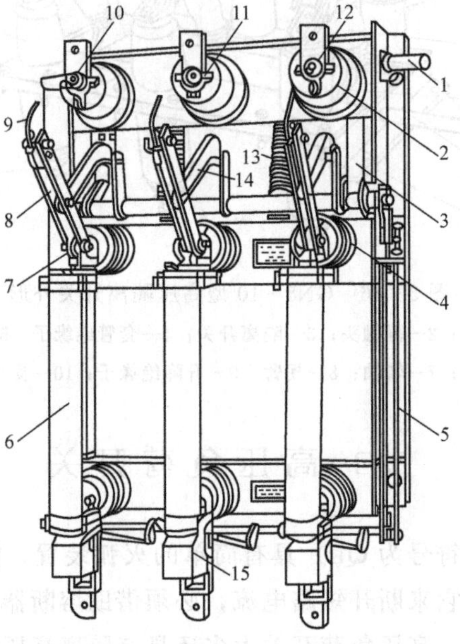

图3-17　FN3-10RT户内压气式负荷开关外形结构

1—主轴；2—上绝缘子兼气缸；3—连杆；4—下绝缘子；5—框架；6—RN1型熔断器；7—下触座；8—闸刀；9—弧动触头；10—绝缘喷嘴（内有弧静触头）；11—主静触头；12—上触座；13—断路弹簧；14—绝缘拉杆；15—热脱扣器

3.9　高压断路器

高压断路器（文字符号为QF）具有完善的灭弧装置，不仅能通断正常的负荷电流和过负荷电流，而且能通断一定的短路电流，并能在保护装置作用下自动跳闸，切断短路电流。

高压断路器按其采用的灭弧介质分，有油断路器、六氟化硫（SF_6）断路器、真空断路器、压缩空气断路器和磁吹断路器等，其中油断路器按油量多少又分为少油和多油两类。多油断路器的油量多，油兼有灭弧和绝缘的双重功能；少油断路器的油量少，油只作灭弧介质用。真空断路器目前应用较广。

高压断路器按使用场合可分为户内型和户外型。

按分断速度分，高压断路器有高速（<0.01s）、中速（0.1～0.2s）、低速（>0.2s）等类型，现采用高速较多。

高压断路器的型号含义如下：

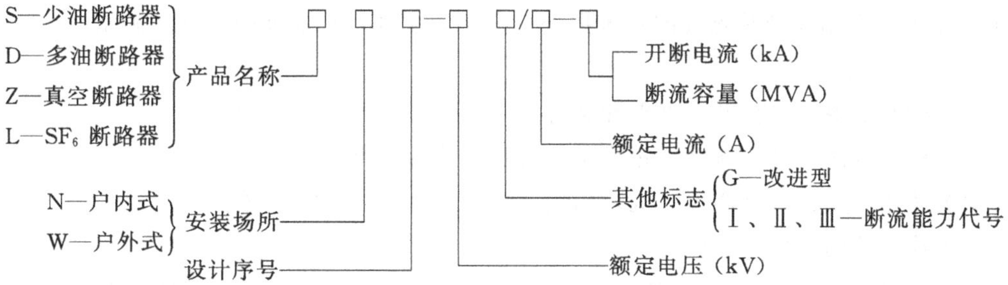

3.9.1　高压真空断路器

真空断路器根据其结构分为落地式、悬挂式、手车式三种形式，按使用场合分有户内式和户外式，它是实现无油化改造的理想设备。下面重点介绍 ZN3－10 型真空断路器。

ZN3－10 真空断路器主要由真空灭弧室、操动机构（配电磁或弹簧操动机构）、底座等组成，其外形结构如图 3－18 所示。真空断路器灭弧室由圆盘状的动、静触头，屏蔽罩，波纹管屏蔽罩，绝缘外壳（陶瓷或玻璃制成外壳）等组成，其结构如图 3－19 所示。

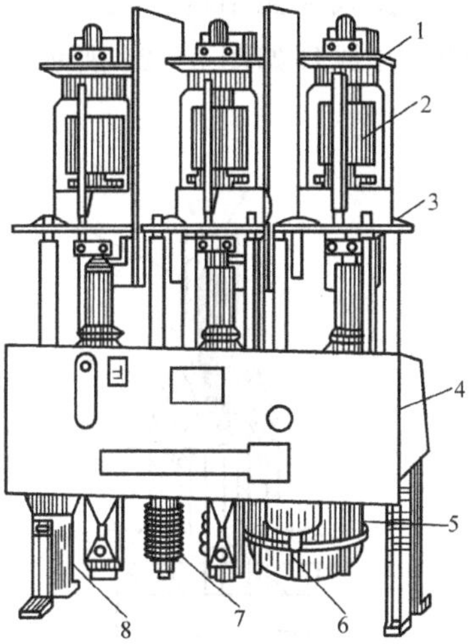

图 3－18　ZN3－10 型真空断路器外形

1—上接线端子（后出线）；2—真空灭弧室；3—下接线端子（后出线）；4—操动机构箱；5—合闸电磁铁；6—分闸电磁铁；7—断路弹簧；8—底座

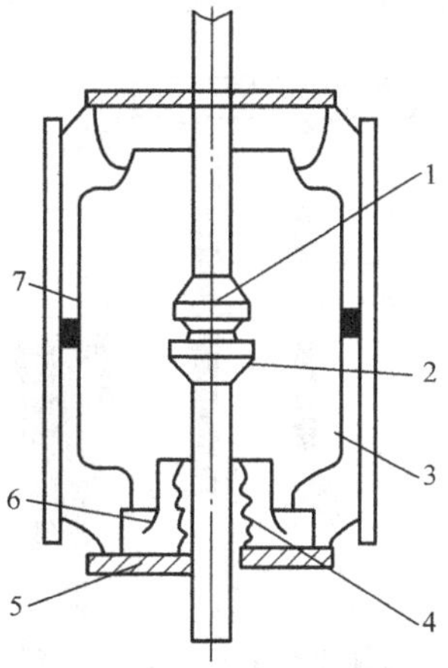

图 3－19　真空断路器灭弧室结构

1—静触头；2—动触头；3—屏蔽罩；4—波纹管；5—与外壳封接的金属法兰盘；6—波纹管屏蔽罩；7—绝缘外壳

ZN3－10 型系列真空断路器可配用 CD 系列电磁操动机构或 CT 系列弹簧操动机构。

3.9.2　NXZD－Ⅳ型真空开关真空度测试仪

在真空断路器检修中，判断真空管真空度劣化与否的常用方法是工频耐压法，这种方法只是能判断真空度严重劣化的灭弧室。而当真空度劣化到 10^{-2}～10^{-1}Pa 时，虽然击穿电压没有降低，但灭弧室已不合格。NXZD－Ⅳ型真空开关真空度测试仪采用新型励磁线圈，运用磁控放电法测试灭弧室的真空度，不必拆卸灭弧室。同时采用微机进行同步控制与数据采集处理，使灭弧室真空度的现场测试灵敏度达到了 10^{-4}Pa。仪器最突出的特点是采用新型励磁线圈及数据处理方法，实现了真空度的不拆卸测量。

技术指标如下：

(1) 检测对象：各种型号真空开关管。

(2) 检测方法：采用新型励磁线圈进行真空管的不拆卸测量。

(3) 适用范围：本仪器为一机多用型，可测多种型号真空开磁。

(4) 检测范围：$10^{-4}\sim10^{-1}$Pa。

(5) 测量精度：$10^{-4}\sim10^{-3}$Pa，25%，$10^{-3}\sim10^{-2}$Pa，20%，$10^{-2}\sim10^{-1}$Pa，15%。

(6) 测试真空度时开关管开距：正常使用开距。

(7) 使用环境：－20～40℃。

(8) 主机重量：12kg。

(9) 外形尺寸：420mm×320mm×280mm。

3.9.3 六氟化硫（SF_6）断路器

六氟化硫（SF_6）断路器是利用 SF_6 气体作灭弧和绝缘介质的断路器。SF_6 是一种无色、无味、无毒且不易燃的惰性气体，在150℃以下时，其化学性能相当稳定。我国生产的LN1、LN2型为压气式，LW3型户外式采用旋弧式灭弧结构。LN2－10型高压 SF_6 断路器的外形结构如图3－20所示，其灭弧室的工作原理如图3－21所示。

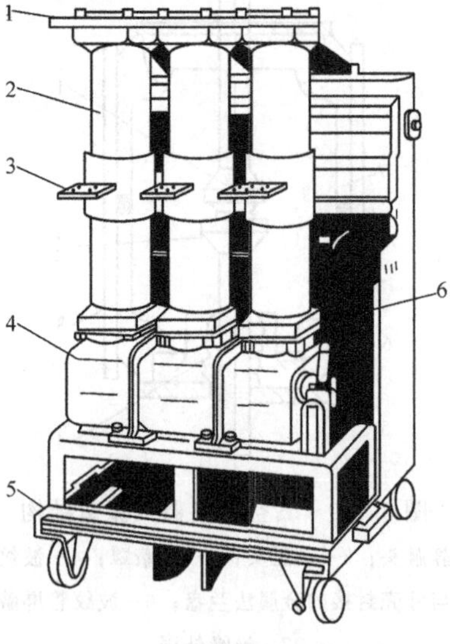

图3－20 LN2－10型高压 SF_6 断路器结构

1—上接线端子；2—绝缘筒；3—下接线端子；4—操动机构箱；5—小车；6—断路弹簧

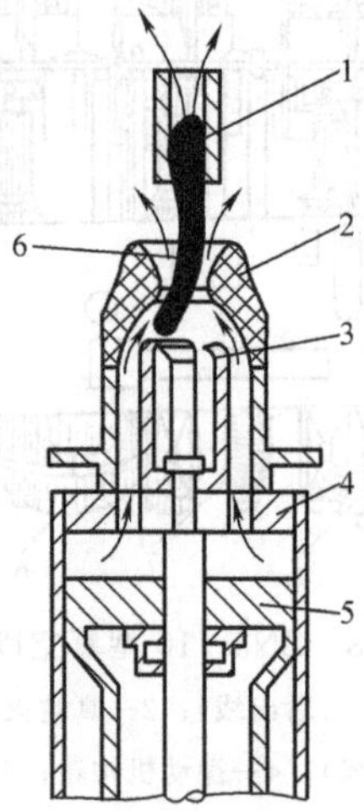

图3－21 SF_6 高压断路器灭弧室工作原理

1—静触头；2—绝缘喷嘴；3—动触头；4—气缸；5—压气活塞；6—电弧

SF_6 断路器的操动机构主要采用弹簧、液压操动机构。

3.9.4 高压开关设备的常用操动机构介绍

操动机构是供高压断路器、高压负荷开关和高压隔离开关进行分、合闸及自动跳闸的设备。一般常用的有手动操动机构、电磁操动机构和弹簧储能操动机构。

操动机构的型号含义如下：

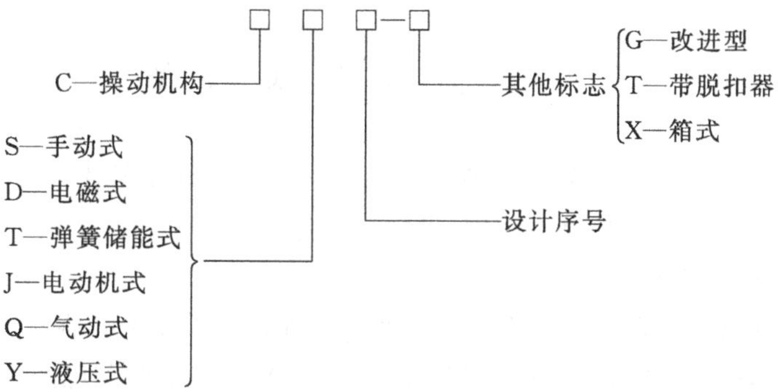

(1) CS 系列手动操动机构。CS 系列的手动操动机构可手动和远距离跳闸，但只能手动合闸，采用交流操作电源，无自动重合闸功能，且操作速度有限，其所操作的断路器开断的短路容量不宜超过 100MVA。但是其结构简单，价格低廉，使用交流电源简便，一般用于操作容量 630kVA 以下的变电所中的隔离开关和负荷开关。

(2) CD 系列电磁操动机构。电磁操动机构能手动和远距离跳、合闸（通过其跳、合闸线圈），也可进行自动重合闸，且合闸功率大，但需直流操作电源。操作 SN10－10 型高压少油断路器的 CD10 型电磁操动机构根据断路器的断流容量不同，分别有三种 CD10－10Ⅰ、CD10－10Ⅱ和 CD10－10Ⅲ型来配合使用。它们的分、合闸操作简便，动作可靠，但结构较复杂，需专门的直流操作电源，一般在变压器容量 630kVA 以上、可靠性要求高的高压开关上使用。

3.9.5　断路器和隔离开关检测项目

(1) 测量 35kV 及以上断路器绝缘非纯瓷套管的介质损失角正切值。

(2) 测量用有机物制成的可动部分的绝缘电阻。

(3) 交流耐压试验。

(4) 测量触头的接触电阻。

(5) 测量断路器的合闸和分闸时间。

(6) 测量断路器横梁移动的全部时间。

(7) 测量断路器横梁的移动速度。

(8) 测量各相触头开合的同时性。

(9) 检查合闸接触器和分闸电磁铁线圈的最低动作电压。

(10) 检查操动机构的动作情况。

(11) 测量合闸接触器、合闸电磁铁线圈及分闸电磁铁线圈的绝缘电阻和直流电阻。

(12) 变压器油的击穿试验。

(13) 测量 35kV 及以上少油断路器的泄漏电流。

(14) 测量灭弧室的并联电阻及并联电容。

注：35kV 及以下的断路器一般不作其中第 (6)、(7) 项；对于 35kV 以上解体运输的断路器，在安装之前应配合检修安装人员对各个套管与消弧室等进行单个检查。

3.10 低压开关设备

供配电系统中的低压开关设备种类繁多，本节重点介绍常用的刀开关、刀熔开关、负荷开关、低压断路器等的基本结构、用途和特性。

3.10.1 低压刀开关

低压刀开关（文字符号为 QK）是一种最普通的低压开关电器，适用于交流 50Hz，额定电压交流 380V、直流 440V，额定电流 1500A 及以下的配电系统中，做不频繁手动接通和分断电路或做隔离电源以保证安全检修之用。

低压刀开关的型号含义如下：

□ □ □—□/□ □

- H—低压刀开关 — 产品名称
- 结构形式：D—单头；S—双头
- 机构特征：11—中央手柄式；12—侧方正面杠杆操作；13—中央正面杠杆操作；14—侧面手柄式
- 额定电流（A）
- 极数：1—单极；2—双极；3—三极
- 其他特征：0—无灭弧罩；1—有灭弧罩；8—板前接线；9—板后接线

常用的带灭弧罩的单头刀开关 HD13 由绝缘材料压制成型的底座、铜闸刀、铜静触头及用于操作闸刀通断动作的操动机构等组成，其基本结构如图 3-22 所示。

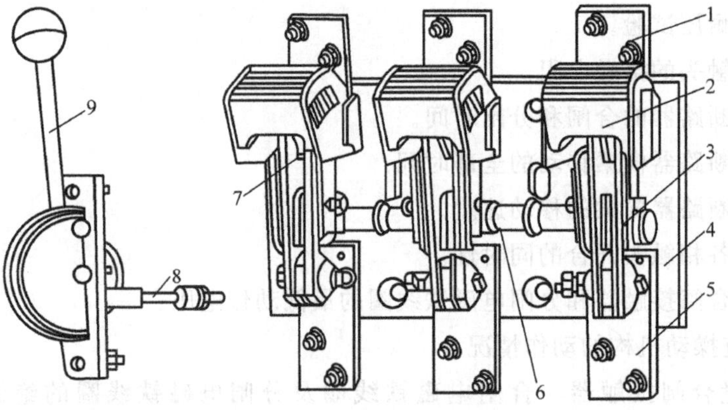

图 3-22 HD13 型低压刀开关基本结构

1—上接线端子；2—铜栅灭弧罩；3—闸刀；4—底座；5—下接线端子；6—主轴；7—静触头；8—连杆；9—操作手柄

3.10.2 刀熔开关

刀熔开关（文字符号为 QKF 或 FU-QK）又称熔断器式刀开关，是一种由低压刀开关和低压熔断器组合而成的低压电器，通常是把刀开关的闸刀换成熔断器的熔管。它具有刀开关和熔断器的双重功能。刀熔开关结构紧凑简化，能对线路实现控制和保护的双重功能，广泛应用于低压配电网络中。

最常见的 HR3 型刀熔开关的结构如图3-23所示，它是将 HD 型刀开关的闸刀换成 RT0 型熔断器的具有刀形触头的熔管。

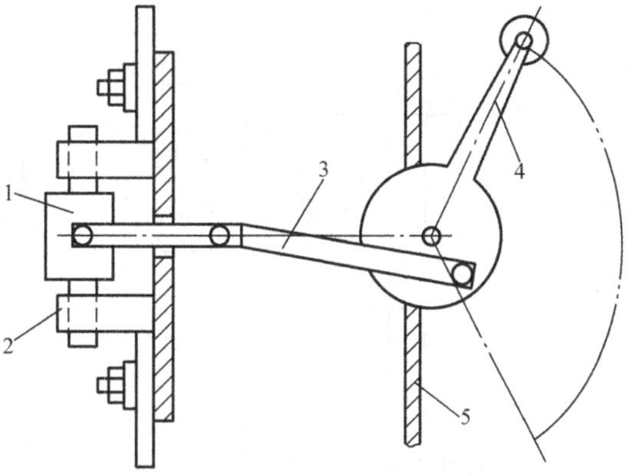

图 3-23　刀熔开关的结构示意图

1—RT0 型熔断器的熔体；2—弹性触座；3—连杆；4—操作手柄；5—配电屏面板

此外，目前越来越多采用一种新式刀熔开关——HR5 型系列，它与 HR3 型的主要区别是用 NT 型低压高分断熔断器取代了 RT0 型熔断器做短路保护用，在各项电气技术指标上更加完好。同时，它也具有结构紧凑、使用维护方便、操作安全可靠等优点，而且还能进行单相熔断的监测，从而能有效防止熔断器单相熔断所造成的电动机缺相运行故障。

低压刀熔开关型号含义如下：

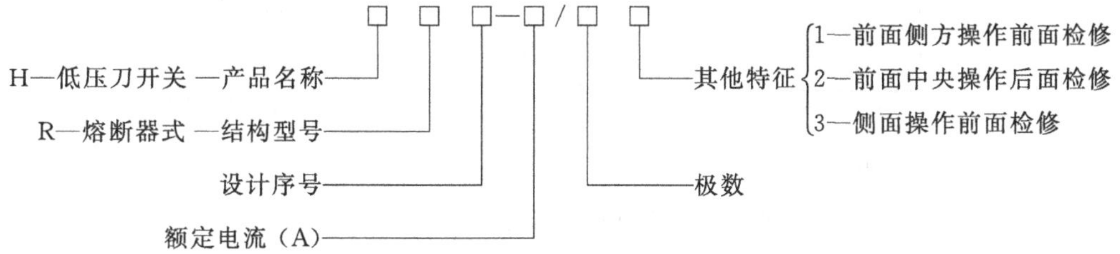

3.10.3　低压负荷开关

低压负荷开关（文字符号为 QL）由带灭弧装置的刀开关与熔断器串联而成，外装封闭式铁壳或开启式胶盖的开关电器，又称开关熔断器组。

低压负荷开关具有带灭弧罩的刀开关和熔断器的双重功能，既可带负荷操作，也能进行短路保护，但一般不能频繁操作。低压负荷开关短路熔断后需重新更换熔体才能恢复正常供电。

3.10.4　低压断路器

低压断路器（文字符号为 QF），俗称低压自动开关、自动空气开关或空气开关等，它是低压供配电系统中最主要的电气元件。它不仅能带负荷通断电路，而且能在短路、过负荷、欠电压或失电压的情况下自动跳闸，断开故障电路。

低压断路器的原理结构接线示意图如图 3-24 所示。主触头用于通断主电路，它由带弹簧的跳钩控制通断动作，而跳钩由锁扣锁住或释放。当线路出现短路故障时，其过电流脱扣器动作，将锁扣顶开，从而释放跳钩使主触头断开。同理，如果线路出现过负荷或失电压情况，通过热脱扣器或失电压脱扣器的动作，也使主触头断开。如果按下脱

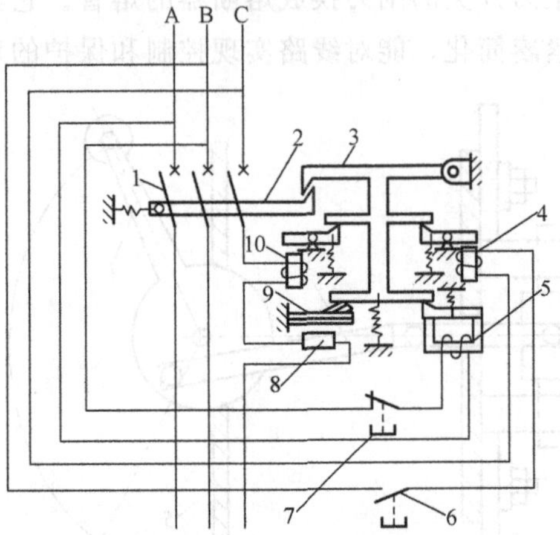

图 3-24 低压断路器原理结构接线示意图

1—主触头；2—跳钩；3—锁扣；4—分励脱扣器；5—失压脱扣器；6、7—脱扣按钮；8—加热电阻丝；9—热脱扣器；10—过流脱扣器

扣按钮 6 或 7，使失电压脱扣器或者分励脱扣器动作，则可以实现开关的远距离跳闸。

配电用断路器按保护性能分，有非选择型、选择型和智能型。非选择型断路器一般为瞬时动作，只做短路保护用；也有长延时动作，只做过负荷保护用。选择型断路器有两段保护和三段保护两种动作特性组合：两段保护有瞬时和长延时的两段组合或瞬时和短延时的两段组合两种，三段保护有瞬时、短延时和长延时的三段组合。智能型断路器的脱扣器动作由微机控制，保护功能更多，选择性更好。

图 3-25 所示为低压断路器保护特性曲线。

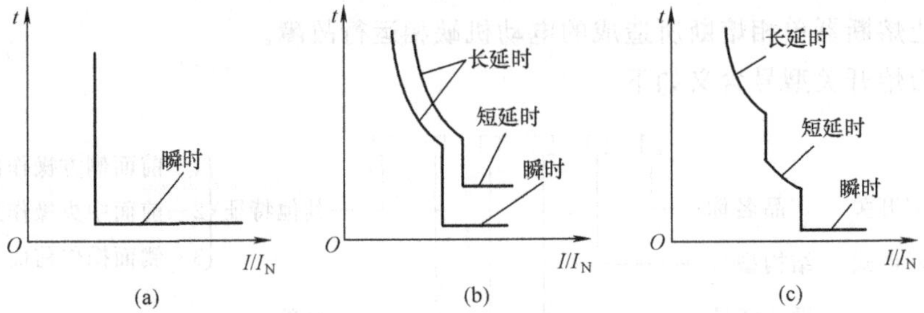

图 3-25 低压断路器的保护特性曲线

(a) 瞬时动作特性；(b) 两段保护特性；(c) 三段保护特性

断路器中安装的脱扣器种类有：

(1) 分励脱扣器。用于远距离跳闸（远距离合闸操作可采用电磁铁或电动储能合闸）。

(2) 欠电压或失电压脱扣器。用于欠压或失压（零压）保护，当电源电压低于定值时，自动断开断路器。

(3) 热脱扣器。用于线路或设备长时间过负荷保护，当线路电流出现较长时间过载时，金属片受热变形，使断路器跳闸。

(4) 过电流脱扣器。用于短路、过负荷保护，当电流大于动作电流时，自动断开断路器，分为瞬时短路脱扣器和过电流脱扣器（又分长延时和短延时两种）。

(5) 复式脱扣器。既有过电流脱扣器又有热脱扣器的功能。

国产低压断路器型号表示和含义如下：

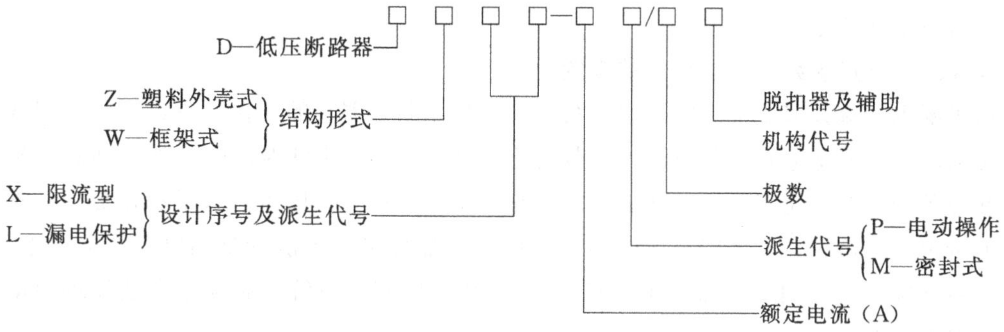

1. 塑料外壳式低压断路器

塑料外壳式低压断路器，又称装置式自动开关，其所有机构及导电部分都装在塑料壳内，仅在塑壳正面中央有外露的操作手柄供手动操作用。目前常用的塑料外壳式低压断路器主要有 DZ20、DZ15、DZX10 系列及引进国外技术生产的 H 系列、S 系列、3VL 系列、TO 和 TG 系列等。

塑料外壳式低压断路器的保护方案少（主要保护方案有热脱扣器保护和过电流脱扣器保护两种）、操作方法少（手柄操作和电动操作）。其电流容量和断流容量较小，但分断速度较快（断路时间一般不大于 0.02s）、结构紧凑、体积小、重量轻、操作简便，且封闭式外壳的安全性好，广泛用作容量较小的配电支线的负荷端开关、不频繁起动的电动机开关、照明控制开关和漏电保护开关等。

2. 框架式低压断路器

框架式低压断路器又叫万能式低压断路器，安装在金属或塑料的框架上，目前，主要有 DW15，DW18、DW40、CB11（DW48）、DW914 等系列及引进国外技术生产的 ME 系列、AH 系列等。其中 DW40、CB11 系列采用智能型脱扣器，可实现微机保护。

框架式低压断路器的保护方案和操作方式较多，既有手柄操作，又有杠杆操作、电磁操作和电动操作等。框架式低压断路器主要用于配电变压器低压侧的总断路器、低压母线的分段断路器和低压出线的主断路器。

3. 其他常用低压断路器

(1) H 系列塑料外壳式低压断路器。该系列产品是引进美国西屋电气公司技术制造的，适用于低压交流 380V、直流 250V 及以下的线路中，做电能分配和电源设备的过负荷、短路、欠电压保护，在正常条件下作线路的不频繁转换用。

(2) AH 系列框架式低压断路器。该系列产品是引进日本技术制造的产品，适用于交流电压 660V、直流电压 440V 及以下的电力系统中做过负荷、短路、欠电压保护用，以及在正常条件下进行线路的不频繁转换。

(3) ME 系列框架式低压断路器是引进德国 AEG 技术制造的产品，其使用的场合与 AH 型相似。

(4) 3VL 系列塑料外壳式低压断路器。它是德国西门子公司的新产品，运用七巧板原理来组成数以千计的组合，每部装置仅用了最少的零件，却可提供最多的功能，符合并超出所有主要的国际标准。而且，即使在安装以后，每台 3VL 断路器均可改变元件配置以适应新的任务。

3.10.5 常用剩余电流动作保护装置

由于漏电电流大多小于过电流保护装置（如低压断路器）的动作电流，因此当因线路绝缘损坏等造成漏电时，过电流保护装置不会动作，从而无法及时断开故障回路保护人身和设备的安全。尤其是目前随着国家经济的不断发展，人民生活水平日益提高，家庭用电量也不断增大，过去用户配电箱采用的熔断器保护已不能满足用电安全的要求，因此，对 TN－C（三相四线制）和 TN－S（三相五线制）系统，必须考虑装设剩余电流动作保护装置。

1. 剩余电流动作保护器的工作原理

剩余电流动作保护器是在漏电电流达到或超过其规定的动作电流值时能自动断开电路的一种开关电器。

它的结构可分为三个功能组：①故障检测用的零序电流互感器；②将测得的电参量变换机械脱扣的漏电脱扣器；③包括触头的操动机构。

当电气线路正常工作时，通过零序电流互感器一次侧的三相电流相量和或瞬时值的代数和为零，因此其二次侧无电流。在出现绝缘故障时，漏电电流或触电电流通过大地与电源中性点形成回路，这时，零序电流互感器一次侧的三相电流之和不再是零，从而在二次绕组中产生感应电流，并通过漏电脱扣器和操动机构的动作来断开带有绝缘故障的回路。

剩余电流动作保护器根据其脱扣器的不同有电磁式和电子式两类。其中，电磁式剩余电流动作保护器由零序电流互感器检测到的信号直接作用于释放式漏电脱扣器，使剩余电流动作保护器动作；而电子式剩余电流动作保护器是利用零序电流互感器检测到的信号通过电子放大线路放大后，触发晶闸管或晶体管开关电路来接通漏电脱扣器线圈，使剩余电流动作保护器动作。这两类剩余电流动作保护器的工作原理如图 3－26 和图 3－27 所示。

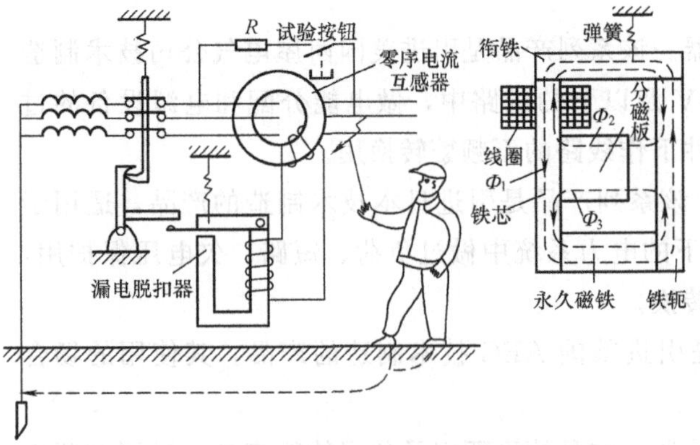

图 3－26 电磁式剩余电流动作保护器工作原理

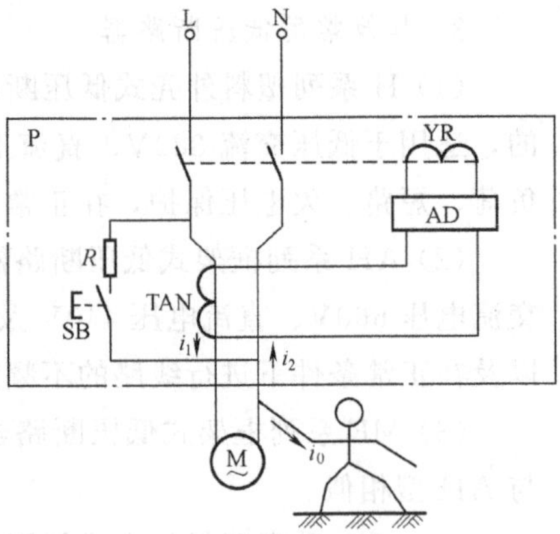

图 3－27 电子式剩余电流动作保护器工作原理

2. 剩余电流动作保护器的类型

按保护功能和结构的不同，剩余电流动作保护器有以下几种：

(1) 漏电开关。它是由零序电流互感器、漏电脱扣器和主回路开关组装在一起，同时具有漏电保护和通断电路的功能。其特点是在检测到触电或漏电故障时，能直接断开主回路。

(2) 漏电断路器。它是由塑料外壳断路器和带零序电流互感器的漏电脱扣器组成，除了具有一般断路器的功能外，还能在线路或设备出现漏电故障或人身触电事故时，迅速自动断开电路，以保护人身和设备的安全。漏电断路器又分为单相小电流家用型和工业用型两类，常见的型号有 DZ15L、DZ47L、DZL29、LDB 型等系列，适用于低压线路中，作线路和设备的漏电和触电保护用。

(3) 漏电继电器。它是由零序电流互感器和继电器组成，只有检测和判断漏电电流的功能，但不能直接断开主回路。

(4) 漏电保护插座。由漏电断路器和插座组成，这种插座具有漏电保护功能，但电流容量和动作电流都较小，一般用于可携带式用电设备和家用电器等的电源插座。

部分低压断路器主要技术数据见附表 10，DZ10 型低压断路器的主要技术数据见附表 11。

3.11　避　雷　器

避雷器（文字符号为 F）是用于保护电力系统中电气设备的绝缘免受沿线路传来的雷电过电压的损害，或避免由操作引起的内部过电压损害的保护设备，是电力系统中重要的保护设备之一。

避雷器必须与被保护设备并联连接，而且须安装在被保护设备的电源侧，如图 3－28所示。当线路上出现危险的过电压时，避雷器的火花间隙会被击穿，或者由高电阻变为低电阻，通过避雷器的接地线使过电压对大地放电，以保护线路上的设备免受过电压的危害。

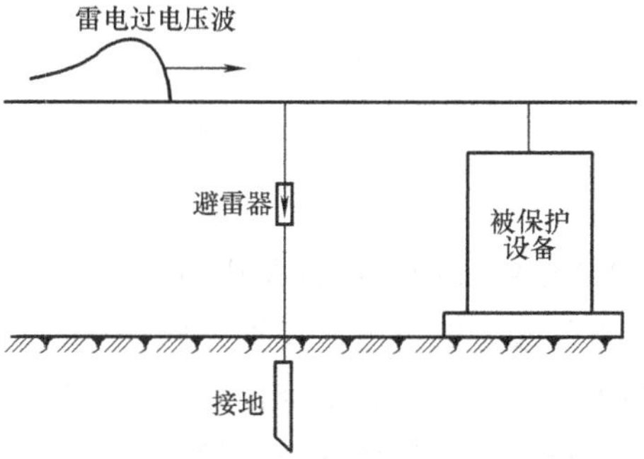

图 3－28　避雷器的连接

目前，国内使用的避雷器有阀式避雷器（包括普通阀式避雷器 FS、FZ 型和磁吹阀式避雷器）、金属氧化物避雷器、排气式避雷器（管型避雷器）和保护间隙。

金属氧化物避雷器又称氧化锌避雷器，是一种新型避雷器，是传统碳化硅阀式避雷器的更新换代产品，在电站及变电站中已得到了广泛的应用。

排气式避雷器主要用于室外架空线路上，保护间隙一般用于室外不重要的架空线路上，在工厂变配电站中使用较少。本节将重点介绍阀式避雷器和金属氧化物避雷器。

3.11.1 阀式避雷器

阀式避雷器又称阀型避雷器，由火花间隙和阀片电阻组成，安装在密封的瓷套管内。火花间隙用铜片冲制而成，每对为一个间隙，中间用厚度约为0.5～1mm的云母片（垫圈式）隔开，如图3-29（a）所示。火花间隙的作用是：在正常工作电压下，火花间隙不会被击穿，从而隔断工频电流；在雷电过电压出现时，火花间隙被击穿放电，电压加在阀片电阻上。阀片电阻通常是碳化硅颗粒制成，如图3-29（b）所示。这种阀片具有非线性特性，在正常工作电压下，阀片电阻值较高，起到绝缘作用；而出现过电压时，电阻值变得很小，如图3-29（c）所示。因此，当火花间隙被击穿后，阀片能使雷电流向大地泄放。当雷电过电压消失后，阀片的电阻值又变得很大，使火花间隙电弧熄灭，绝缘恢复，切断工频续流，从而恢复和保证线路的正常运行。

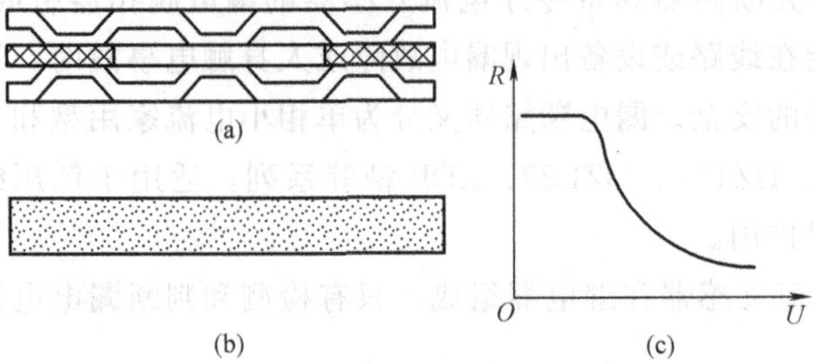

图3-29 阀式避雷器的火花间隙、阀片电阻及其特性曲线

（a）火花间隙；（b）阀片电阻；（c）阀片电阻特性曲线

高压阀式避雷器串联多个单元的火花间隙，目的是可以实现长弧切短灭弧法，来提高熄灭电弧的能力。阀片电阻的限流作用是加速电弧熄灭的主要因素。

雷电流流过阀片时要形成电压降（称为残压），加在被保护电气设备上。残压不能过高，否则会使设备绝缘击穿。

阀式避雷器的型号含义如下：

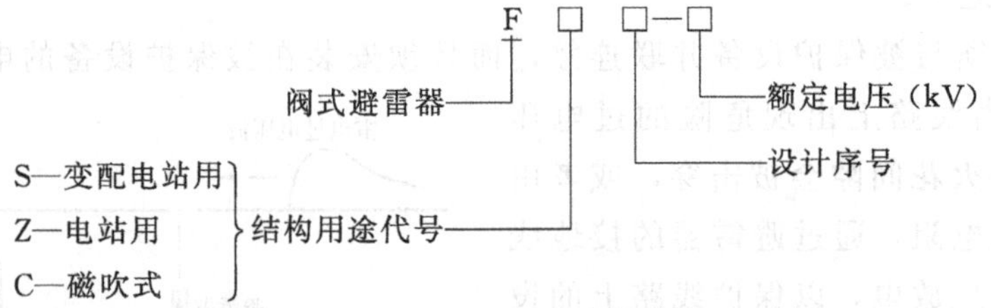

FS型阀式避雷器的火花间隙旁无并联电阻，适用于10kV及以下的中小型变配电站中电气设备的过电压保护。FZ型阀式避雷器一般用于发电厂和大型变配电站的过电压保护，保护重要且绝缘比较差的旋转电机等设备。

3.11.2 金属氧化物避雷器

金属氧化物避雷器是目前最先进的过电压保护设备，是以氧化锌电阻片为主要元件的一种新型避雷器。它又分为无间隙和有间隙两种，其工作原理和外形与采用碳化硅阀片的阀式避雷器基本相似。

氧化锌避雷器主要有普通型（基本型）氧化锌避雷器、有机外套氧化锌避雷器、整体式合成绝缘氧化锌避雷器、压敏电阻氧化锌避雷器等类型，如图3-30所示。

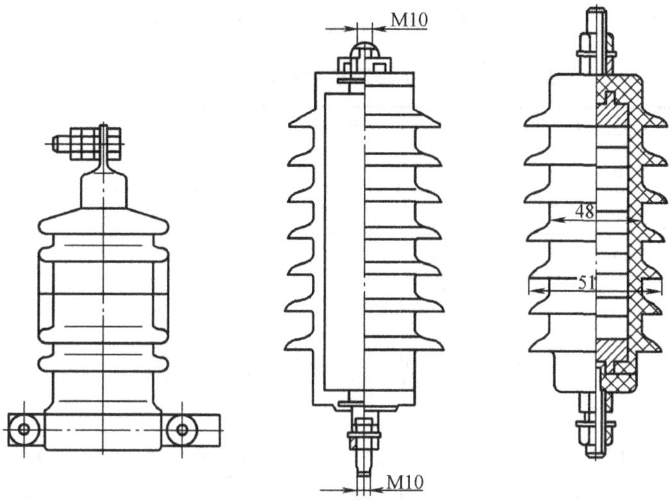

(a)　(b)　(c)

图 3－30　氧化锌避雷器外形图

(a) 基本型（Y5W—10/27 型）；(b) 有机外套型［HY5WS (2) 型］；
(c) 整体式合成绝缘型（ZHY5W 型）

有机外套氧化锌避雷器分无间隙和有间隙两种，前者广泛应用于变压器、电机、开关、母线等电气设备的防雷保护，后者主要用于 6～10kV 中性点非直接接地配电系统中的变压器、电缆头等交流配电设备的防雷保护。整体式合成绝缘氧化锌避雷器是整体模压式无间隙避雷器，主要用于 3～10kV 电力系统中电气设备的防雷保护。

MYD 系列氧化锌压敏电阻避雷器是一种新型半导体陶瓷产品，其特点是通流容量大、非线性系数高、残压低、漏电流小、无续流、响应时间快，可应用于几伏到几万伏交直流电压的电气设备的防雷、操作过电压保护，对各种过电压具有良好的抑制作用。

金属氧化物避雷器的型号含义：

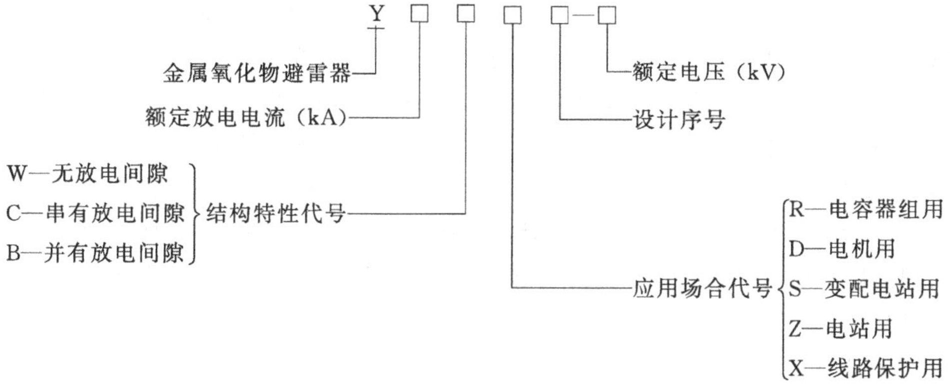

注：有机外套和整体式合成绝缘氧化锌避雷器的型号表示式是：在基本型“Y”前分别加“H”和“ZH”，其后面几个字母的含义与基本型相同。

部分高压电气设备交接及预防交流耐压试验标准（kV）见表 3-1。

表 3-1　　高压电气设备交接及预防交流耐压试验标准

工作电压（kV）	电力变压器	电压互感器	电流互感器	断路器	隔离开关	FS 避雷器
3	15	22	22	24	24	10
6	21	28	28	28	32	18
10	30	38	38	38	42	28

3.12 成套配电装置

配电装置是按电气主接线的要求，把一、二次电气设备（如开关设备、保护电器、监测仪表、母线和必要的辅助设备）组装在一起构成的在供配电系统中进行接受、分配和控制电能的总体装置。

配电装置按安装的地点，可分为户内配电装置和户外配电装置。为了节约用地，一般 35kV 及以下配电装置宜采用户内式。

按功能分，有高低压进线柜、计量柜、馈电柜等。ZY 系列高压柜尺寸为：800×1500×2300；GCK 系列低压柜尺寸为：800×1000×2200 排列方式如图 3-31 所示。

图 3-31　ZY 系列高压柜

高压成套配电装置，又称高压开关柜，按照不同用途和使用场合，将所需一、二次设备按一定的线路方案组装而成的一种成套配电设备，用于供配电系统中的馈电、受电及配电的控制、监测和保护，主要安装高压开关电器、保护设备、监测仪表和母线、绝缘子等。

高压成套配电装置按主要设备的安装方式分为固定式和移开式（手车式）；按开关柜隔室的构成形式分为铠装式、间隔式、箱型、半封闭型等；按其母线系统分为单母线型、单母线带旁路母线型和双母线型；根据一次电路安装的主要元器件和用途，分为断路器柜、负荷开关柜、高压电容器柜、电能计量柜、高压环网柜、熔断器柜、电压互感器柜、隔离开关柜、避雷器柜等。

开关柜在结构设计上要求具有“五防”功能。“五防”即：防止误操作断路器，防止带负荷拉合隔离开关（防止带负荷推拉小车），防止带电挂接地线（防止带电合接地开关），防止带接地线（接地开关处于接地位置时）送电，防止误入带电间隔。

新系列高压开关柜型号含义表示如下：

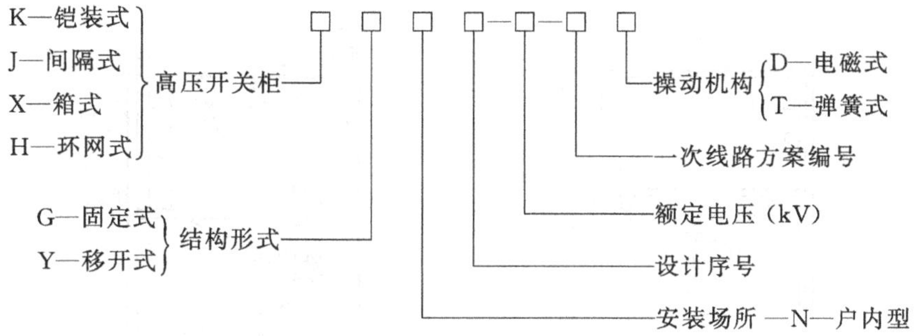

1. 固定式高压开关柜

固定式高压开关柜的柜内所有电气部件包括其主要设备如断路器、互感器和避雷器等都固定安装在不能移动的台架上。固定式开关柜具有构造简单、制造成本低、安装方便等优点，但内部主要设备发生故障或需要检修时，必须中断供电，直到故障消失或检修结束后才能恢复供电，因此固定式高压开关柜一般用在企业的中小型变配电所和负荷不是很重要的场所。

近年来，我国设计生产的一系列符合 IEC（国际电工委员会）标准的新型固定式高压开关柜得到越来越广泛的应用，下面以 HXGN 系列（固定式高压环网柜）、XGN 系列（交流金属箱型固定式封闭高压开关柜）和 KGN 系列（交流金属铠装固定式高压开关柜）为例来介绍固定式高压开关柜的结构和特点。

（1）HXGN 系列的固定式高压环网柜。高压环网柜是为适应高压环形电网的运行要求设计的一种专用开关柜。高压环网柜主要采用负荷开关和熔断器的组合方式，正常电路通断操作由负荷开关实现，而短路保护由具有高分断能力的熔断器来完成。这可作为变压器、电容器、电缆、架空线等电气设备的控制和保护装置，也适用于箱式变电站，作为高压电器设备。

图 3－32 为 HXGN1－10 高压环网柜的外形图和内部剖面图。

HXGN1－10 高压环网柜由电缆进线间隔、电缆出线间隔、变压器回路间隔三个间隔组成。主要电气设备有高压负荷开关、高压熔断器、高压隔离开关、接地开关、电流和电压互感器、避雷器等。并且具有可靠的防误操作设施，有“五防”功能。在我国城市电网改造和建设中得到广泛的应用。

（2）XGN 系列的箱型固定式金属封闭高压开关柜。金属封闭开关柜是指开关柜内除进出线外，其余完全被接地金属外壳封闭的成套开关设备。XGN 系列箱型固定式金属封闭开关柜是我国自行研制开发的新一代产品，该产品采用 ZN28、ZN28E、ZN12 等多种型号的真空断路器。XGN2－10 系列开关柜外形和内部结构图如图 3－33 所示。

该型号适用于 3～10kV 单母线、单母线带旁路系统中作为接受和分配电能的高压成套设备。

（3）KGN 系列的固定式交流金属铠装高压开关柜。所谓金属铠装开关柜是指柜内的主要组成部件（如断路器、互感器、母线等）分别装在接地金属隔板隔开的隔室中的金属封闭开关设备，它具有“五防”功能，其性能符合 IEC 标准。

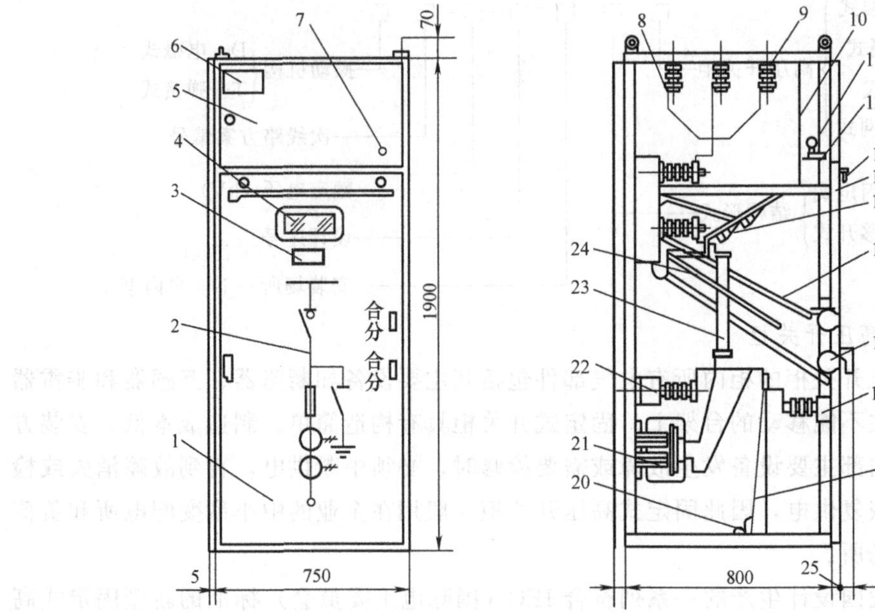

(a)　　　　　　　　　　(b)

图 3-32　HXGN1-10 高压环网柜

（a）外形图；（b）内部剖面图

1—下门；2—模拟电路；3—显示器；4—观察孔；5—上门；6—铭牌；7—组合开关；8—母线；9—绝缘子；10、14—隔板；11—照明灯；12—端子板；13—旋钮；15—负荷开关；16、24—连杆；17—负荷开关操动机构；18、22—支架；19—电缆（自备）；20—固定电缆支架；21—电流互感器；23—电压熔断器

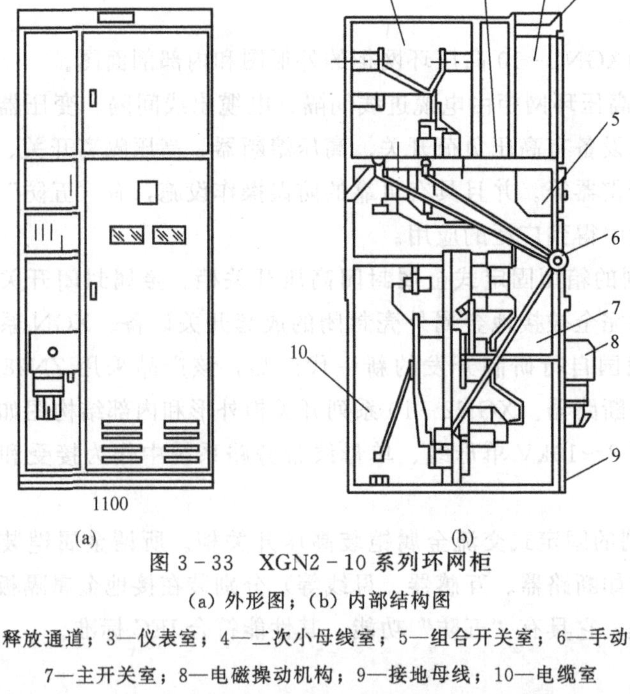

(a)　　　　　　　　　　(b)

图 3-33　XGN2-10 系列环网柜

（a）外形图；（b）内部结构图

1—母线室；2—压力释放通道；3—仪表室；4—二次小母线室；5—组合开关室；6—手动操动机构及联锁机构；7—主开关室；8—电磁操动机构；9—接地母线；10—电缆室

2. 手车式（移开式）高压开关柜

手车式高压开关柜是将成套高压配电装置中的某些主要电气设备（如高压断路器、电压互感器和避雷器等）固定在可移动的手车上，另一部分电气设备则装置在固定的台架上。当手车上安装的电气部件发生故障或需检修、更换时，可以随同手车一起移出柜外，再把同类备用手车（与原来的手车同设备、同型号）推入，就可立即恢复供电。相对于固定式开关柜，手车式高压开关柜的停电时间大大缩短。因为可以把手车从柜内移开，又称之为移开式高压开关柜。这种开关柜检修方便安全，恢复供电快，供电可靠性高，但价格较高，主要用于大中型变配电所和负荷较重要、供电可靠性要求较高的场所。

手车式高压开关柜的主要新产品有 JYN 系列、KYN 等系列。

(1) KYN 系列金属铠装移开式高压开关柜。KYN 系列户内金属铠装移开式开关柜是消化吸收国内外先进技术。根据国内特点设计研制的新一代开关设备，用于接受和分配高压、三相交流 50Hz 单母线及母线分段系统的电能并对电路实行控制、保护和监测的户内成套配电装置，主要用于发电厂、中小型发电机送电，工矿企业配电，以及电业系统的二次变电所的受电、送电，大型高压电动机起动及保护等。

KYN28A－12 型金属铠装移开式高压开关柜的外形结构和内部剖面图如图 3－34 所示。该类型可分为靠墙安装的单面维护型和不靠墙安装的双面维护型，由固定的柜体和可抽出部件（手车）两大部分组成。

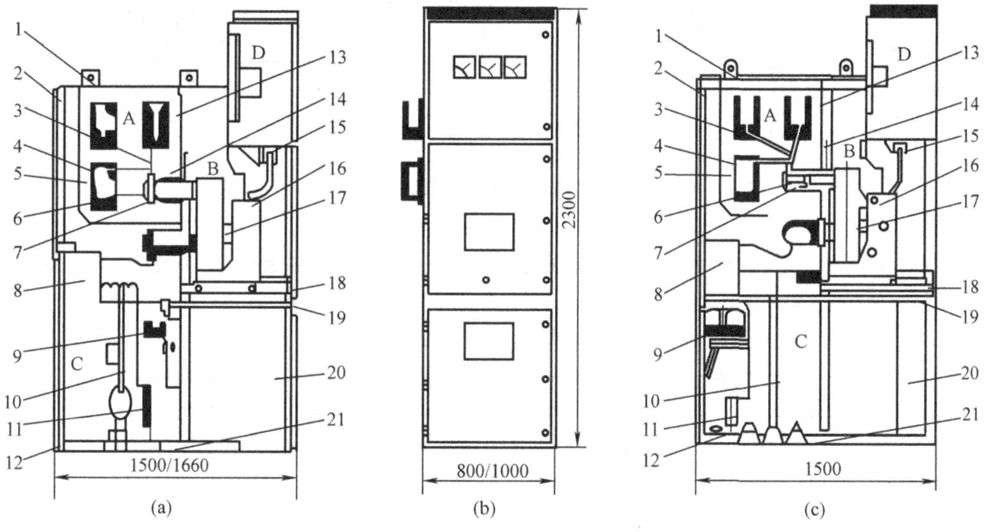

图 3－34　KYN28A－12 型金属铠装移开式高压开关柜

(a) 不靠墙安装的结构图；(b) 外形图；(c) 靠墙安装的结构图

A—母线室；B—断路器手车室；C—电缆室；D—继电器仪表室；1—泄压装置；2—外壳；3—分支母线；4—母线套管；5—主母线；6—静触头装置；7—静触头盒；8—电流互感器；9—接地开关；10—电缆；11—避雷器；12—接地母线；13—装卸式隔板；14—隔板（活门）；15—二次插头；16—断路器手车；17—加热去湿器；18—可抽出式隔板；19—接地开关操动机构；20—控制小线槽；21—底板

（2）JYN 系列户内交流金属封闭移开式高压开关柜。JYN 系列户内交流金属封闭移开式高压开关柜在高压、三相交流 50Hz 的单母线及单母线分段系统中作为接受和分配电能用的户内成套配电装置。整个柜为间隔型结构，由固定的壳体和可移开的手车组成。柜体用钢板或绝缘板分隔成手车室、母线室、电缆室和继电器仪表室，而且具有良好的接地装置和“五防”功能。

JYN2A－10 型金属封闭移开式高压开关柜的外形图和内部剖面图如图 3－35 所示。

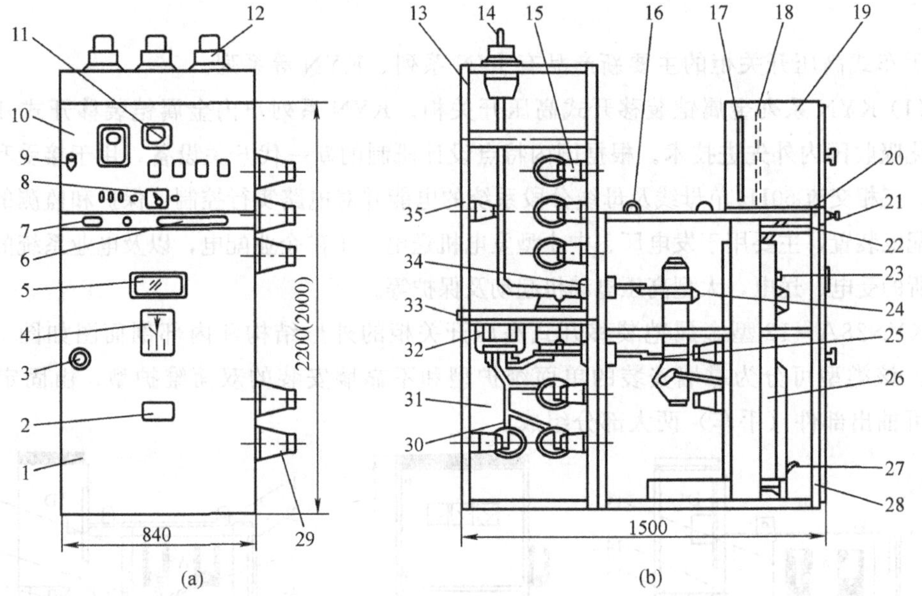

图 3－35　JYN2A－10 型金属封闭移开式高压开关柜

（a）外形图；（b）剖面图

1—手车室门；2—铭牌；3、8—程序锁；4—模拟电路；5—观察孔；6—用途牌；7—厂标牌；9—门锁；10—仪表室门；11—仪表；12—穿墙套管；13—上进线室；14—母线；15—支持绝缘子；16—吊环；17—小母线；18—继电器安装板；19—仪表室；20—减振器；21—紧急分闸装置；22—二次插件；23—分合指示器；24—油标；25—断路器；26—手车；27——次锁定联锁结构；28—手车室；29—绝缘套筒；30—支母线；31—互感器室；32—互感器；33—高压指示装置；34——次触头盒；35—母线室

3.13　低压成套配电装置

低压成套配电装置包括低压配电屏（柜）和配电箱，它们是按一定的线路方案将有关的低压一、二次设备组装在一起的一种成套配电装置，在低压配电系统中作控制、保护和计量之用。

低压配电屏（柜）按其结构形式分为固定式、抽屉式和混合式。

低压配电箱有动力配电箱和照明配电箱等。

新系列低压配电屏（柜）的型号含义如下：

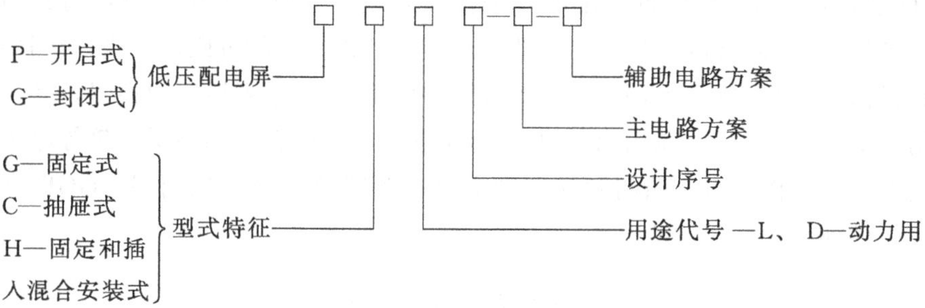

低压配电箱的型号含义如下：

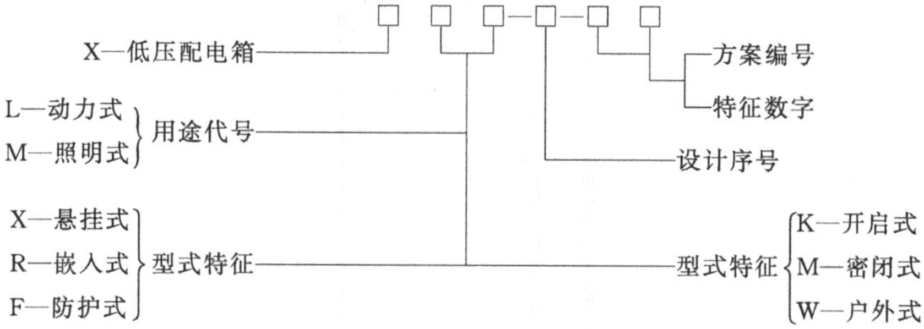

低压配电屏（柜）有固定式、抽屉式及混合式三种类型。其中固定式的所有电气元件都为固定安装、固定接线；而抽屉式的配电屏中，电气元件是安装在各个抽屉内，再按一、二次线路方案将有关功能单元的抽屉叠装在封闭的金属柜体内，可按需要推入或抽出；混合式的其安装方式为固定和插入混合安装。下面分别就这三种类型进行介绍。

3.13.1　固定式低压配电屏

固定式低压配电屏结构简单，价格低廉，应用广泛。目前使用较广的有 PGL 型、GGL 型、GGD 型等系列，适用于发电厂、变电所和工矿企业等电力用户作动力和照明配电用。

图 3 - 36 为 PGL 型的外形图。它的结构合理，互换性好，安装方便，性能可靠，目前使用较广，但它的开启式结构使在正常工作条件下的带电部件（如母线、各种电器、接线端子和导线）从各个方面都可触及。所以，只允许安装在封闭的工作室内，现正在被更新型的 GGL 型、GGD 型和 MSG 型等系列所取代。

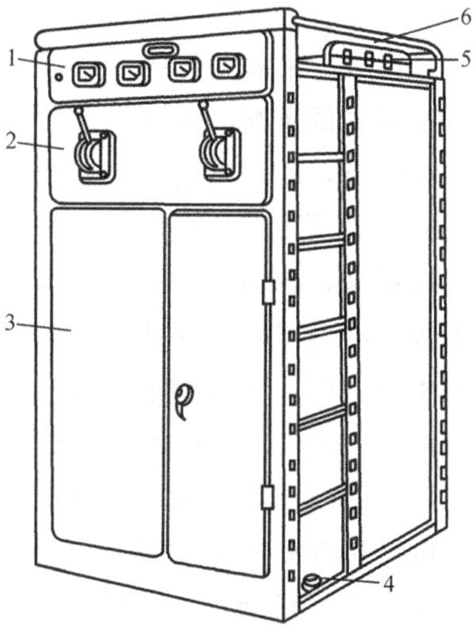

图 3 - 36　PGL 型的外形图

1—仪表板；2—操作板；3—检修门；4—中性母线绝缘子；5—母线绝缘框；6—母线防护罩

GGL 型系列固定式低压配电屏的技术先进，符合 IEC 标准，其内部采用 ME 型的低压断路器和

NT 型的高分断能力熔断器，它的封闭式结构排除了在正常工作条件下带电部件被触及的可能性，因此安全性能好，可安装在有人员出入的工作场所中。

GGD 型系列交流固定式低压配电屏是按照安全、可靠、经济、合理为原则而开发研制的一种较新产品，和 GGL 型一样都属封闭式结构。它的分断能力高，热稳定性好，接线方案灵活，组合方便，结构新颖，外壳防护等级高，系列性实用性强，是一种国家推广使用的更新换代产品。适用于发电厂、变电所、厂矿企业和高层建筑等电力用户的低压配电系统中，作动力、照明和配电设备的电能转换和分配控制用。GGD 型高压固定式开关柜的外形如图 3－37 所示。

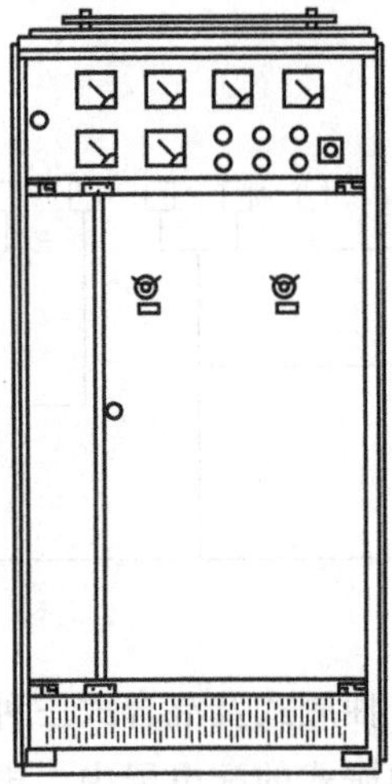

图 3－37　GGD 型高压固定式开关柜的外形图

3.13.2　抽屉式低压配电屏（柜）

抽屉式低压配电屏（柜）具有体积小、结构新颖、通用性好、安装维护方便、安全可靠等优点，广泛应用于工矿企业和高层建筑的低压配电系统中作受电、馈电、照明、电动机控制及功率补偿之用。国外的低压配电屏几乎都为抽屉式，大容量的还做成手车式。近年来，我国通过引进技术生产制造的各类抽屉式配电屏也逐步增多。目前，常用的抽屉式配电屏有 BFC 型、GCL 型、GCK 型等系列，它们一般用作三相交流系统中的动力中心（PC）和电动机控制中心（MCC）的配电和控制装置。

图 3－38 为 GCK 型抽屉式低压配电柜的结构图。

GCK 系列是一种用标准模件组合成的低压成套开关设备，分动力配电中心（PC）柜、电动机控制中心（MCC）柜和功率因数自动补偿柜。柜体采用拼装式结构，开关柜各功能室严格分开，主要隔室有功能单元室、母线室、电缆室等，一个抽屉为一个独立功能单元，各单元的作用相对独立，且每个抽屉单元均装有可靠的机械联锁装置，只有在开关分断的状态下才能被打开。该产品具有分断能力高，热稳定性好，结构先进、合理，系列性、通用性强，防护等级高，安全可靠，维护方便，占地少等优点。

该系列产品适用于厂矿企业及建筑物的动力配电、电动机控制、照明等配电设备的

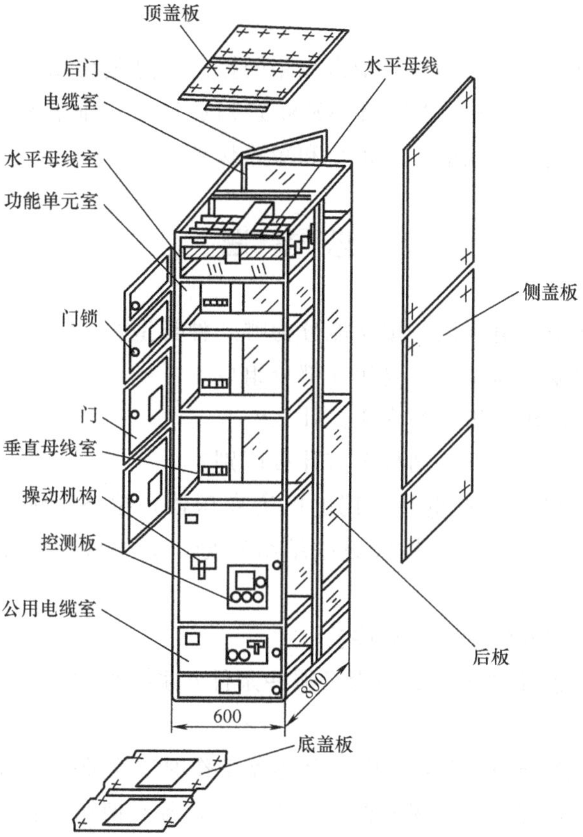

图 3-38 GCK 型低压抽屉式配电柜

电能转换分配控制之用，以及作为冶金、化工、轻工业生产的集中控制用。

此外，目前还有一种引进国外先进技术生产的多米诺（DOMINO）组合式低压动力配电屏，它采用组合式框架结构，只用很少的框架组件就可按需要组装成多种尺寸、多种类型的柜体的配电屏。与传统的配电屏相比，它的主要特点是：屏内有电缆通道，顶部和底部均有电缆进出口；各回路采用间隔式布置，有故障时可互不影响；配电屏的门上有机械联锁和电气联锁；具有自动排气防爆功能；抽屉有互换性，并有工作、试验、断离和抽出四个不同位置；断流能力大；屏的两端可扩展。该类型配电柜用于低压供配电系统中作动力供配电、电动机控制和照明配电用。

3.13.3 动力和照明配电箱

从低压配电屏引出的低压配电线路一般经动力或照明配电箱接至各用电设备，它们是车间和民用建筑的供配电系统中对用电设备的最后一级控制和保护设备。

配电箱的安装方式有靠墙式、悬挂式和嵌入式。靠墙式是靠墙落地安装，悬挂式是挂在墙壁上明装，嵌入式是嵌在墙壁里暗装。

1. 动力配电箱

动力配电箱通常具有配电和控制两种功能，主要用于动力配电和控制，但也可用于照明的配电与控制。常用的动力配电箱有 XL、XLL2、XF-10、BGL、BGM 型等，其中，BGL 型和 BGM 型多用于高层建筑的动力和照明配电。

2. 照明配电箱

照明配电箱主要用于照明和小型动力线路的控制、过负荷和短路保护。照明配电箱的种类和组合方案繁多，其中 XXM 和 XRM 系列适用于工业和民用建筑的照明配电，也可用于小容量动力线路的漏电、过负荷和短路保护。

思考题

3-1　一次电路中的电气设备按功能分为哪几种类型？

3-2　三相电力变压器结构主要哪几部分组成？

3-3　三相变压器接线组别的含义是什么？

3-4　隔离开关和负荷开关结构上有什么区别？

3-5　我国 6～10kV 变配电站采用的电力变压器，按绕组绝缘和冷却方式分，有哪些类型？各适用于什么场合？按绕组联结组别分，有哪些联结组别？各适用于什么场合？

3-6　电力变压器检测项目有哪些？

3-7　电力变压器并列运行必须满足哪些条件？联结组别不同的变压器并列运行时有何危险？

3-8　互感器检测项目有哪些？电流互感器工作时二次侧开路有什么后果？

3-9　高压电流互感器的如果有两个二次绕组，各有何用途？

3-10　电流互感器有哪些常用接线方式？各自用在什么场合？

3-11　电压互感器有哪些常用接线方式？各自用在什么场合？

3-12　低压熔断器的种类有哪些？

3-13　RW 系列熔断器和 RN 系列熔断器在功能方面有何不同？

3-14　高压隔离开关有哪些功能？它为什么不能带负荷操作？

3-15　高压负荷开关有哪些功能？

3-16　高压断路器有哪些类型和功能？

3-17　高压少油断路器、SF_6 断路器和真空断路器，各自的灭弧介质是什么？灭弧性能如何？这三类断路器各适用于什么场合？

3-18　HD13-600/31 是什么类型的刀开关？

3-19　低压断路器的结构是什么？

3-20　低压断路器具有哪些保护功能？

3-21　阀型避雷器和金属氧化物在结构、性能和应用场合上的区别有哪些？

3-22　什么是成套配电装置？它有哪些类型？

3-23　变压器检测内容有哪些？

3-24　断路器检测内容有哪些？

第4章

电力线路及变配电站的结构和电气主接线

电力线路是电力系统的重要组成部分，担负着输送和分配电能的重要任务，所以在整个供配电系统中起着重要的作用。

4.1 高压电力线路的接线方式

高压供配电线路常用的接线方式有放射式、树干式和环形三种。

4.1.1 高压放射式接线

高压放射式接线是指电能在高压母线汇集后向各高压配电线路输送，每个高压配电回路直接向一个用户供电，沿线不分接其他负荷。

图 4－1（a）所示为高压单回路放射式接线，单回路放射式接线只能用于二、三级负荷或容量较大及较重要的专用设备。

对二级负荷供电时，为提高供电的可靠性，可根据具体情况增加公共备用线路，如图 4－1（b）所示，是采用公共备用干线的放射式接线。该接线方式的供电可靠性得到了提高，但开关设备的数量和导线材料的消耗量也有所增加，一般用于供电给二级负荷。如果备用干线采用独立电源供电且分支较少，则可用于一级负荷。

图 4－1（c）为双回路放射式接线。该接线方式采用两路电源进线，然后经分段母线用双回路对用户进行交叉供电。其供电可靠性高，可供电给一、二级的重要负荷，但

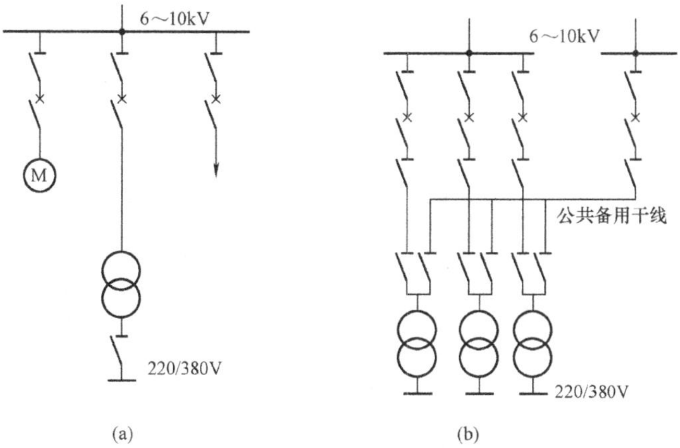

图 4－1　高压放射式接线（一）

（a）高压单回路放射式接线；（b）有公共备用干线的放射式接线

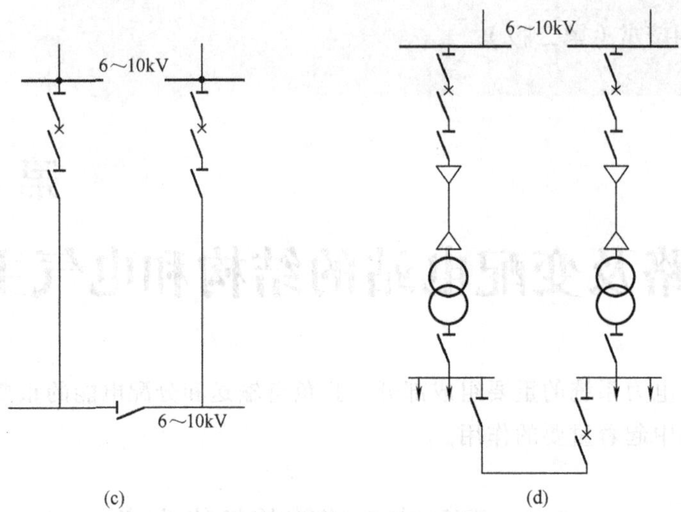

图 4－1　高压放射式接线（二）

（c）双回路放射式接线；（d）用低压联络线作备用干线的放射式接线

投资相对较大。

图 4－1（d）所示为采用低压联络线路作备用干线的放射式接线。该方式比较经济、灵活，除了可提高供电可靠性以外，还可实现变压器的经济运行。

4.1.2　高压树干式接线

高压树干式接线是指由变配电所高压母线上引出的每路高压配电干线上均沿线连接了数个负荷点的接线方式，如图 4－2 所示。

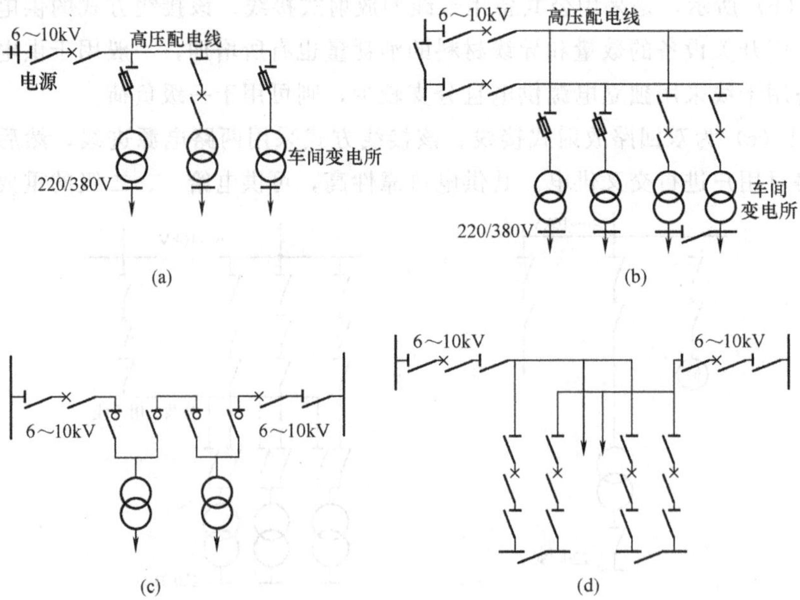

图 4－2　高压树干式接线

（a）单回路树干式接线；（b）单侧供电的双回路树干式接线；

（c）两端供电的单回路树干式接线；（d）两端供电的双回路树干式接线

4.2 低压电力线路的接线方式

低压配电线路基本接线方式也分为放射式、树干式和环形三种。

4.2.1 低压放射式接线

低压放射式接线如图 4-3 所示，由变配电所低压母线将电能分配出去经各个配电干线（配电屏）再供电给配电箱或低压用电设备。

对于特别重要的负荷，可采用由不同母线段或不同电源供电的双回路放射式接线。

4.2.2 低压树干式接线

低压树干式接线引出配电干线较少，采用的开关设备较少，金属消耗量也少，但干线发生故障时，停电的范围大，因此，和放射式接线相比，其供电的可靠性较低。

图 4-4（a）所示为低压树干式接线，这种接线适宜于用电容量较小而分布均匀的场所，如机械加工车间、工具车间和机修车间的中小型机床设备以及照明配电。

图 4-4（b）所示为低压变压器—干线组接线，该接线方式省去了变电所低压侧的整套低压配电装置，简化了变电所的结构，大大减少了投资。为了提高母干线的供电可靠性，该接线方式一般接出的分支回路数不宜超过 10 条，而且不适用于需频繁起动、容量较大的冲击性负荷和对电压质量要求高的设备。

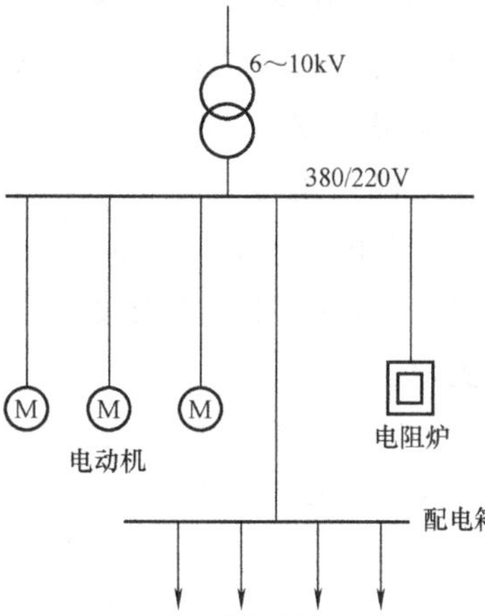

图 4-3　低压放射式接线

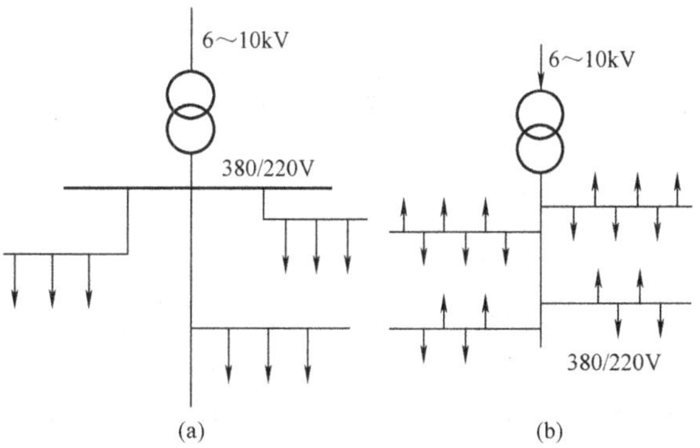

图 4-4　低压树干式接线

（a）低压母线放射式配电的树干式接线；

（b）低压变压器—干线组的树干式接线

图 4-5 是变形的树干式接线，叫链式接线，该接线适用于用电设备彼此距离近、容量都较小的情况。链式连接的用电设备台数不能超过 5 台、配电箱不能超过 3 台，且总容量不宜超过 10kW。

4.2.3 低压环形接线

在一些车间变电所的低压侧，可以通过低压联络线相互连接起来构成环形接线，提高供电可靠性，如图 4-6 所示。

一般在正常环境的车间或建筑内，当大部分用电设备容量不大而且无特殊要求时，宜采用树干式配电。为使供电可靠，在同一电压供电系统的配电级数不宜多于两级。此外，高低压配电线路应尽量深入负荷中心，以减少线路的电能损耗和金属的消耗量，并提高电压的质量。

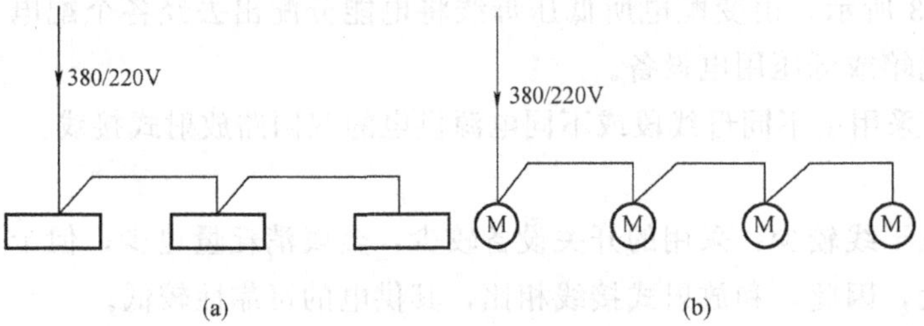

图 4-5　低压链式接线

(a) 连接配电箱；(b) 连接电动机

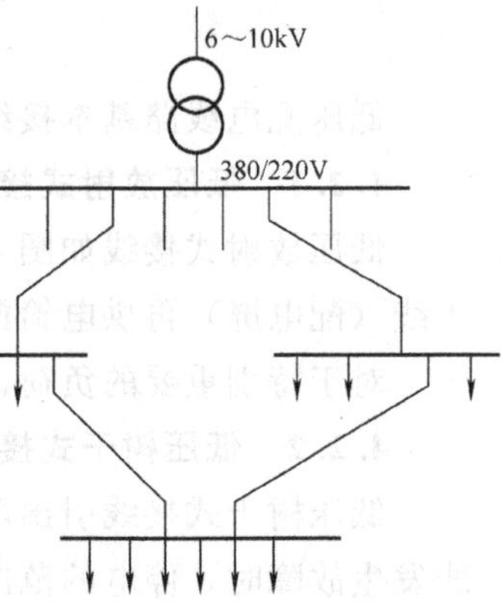

图 4-6　低压环形接线

4.3 变配电站的主接线方案

变配电站是供配电系统的枢纽，占有非常重要的作用。其中，变电站根据变压等级和规模大小的不同，又分为总降压变电站［把 35kV 及以上的电压降为 10(6)kV 电压］和车间变电站［把 10(6)kV 的电压降为 220/380V 电压］；配电站根据配电电压的不同分为高压配电站和低压配电站。

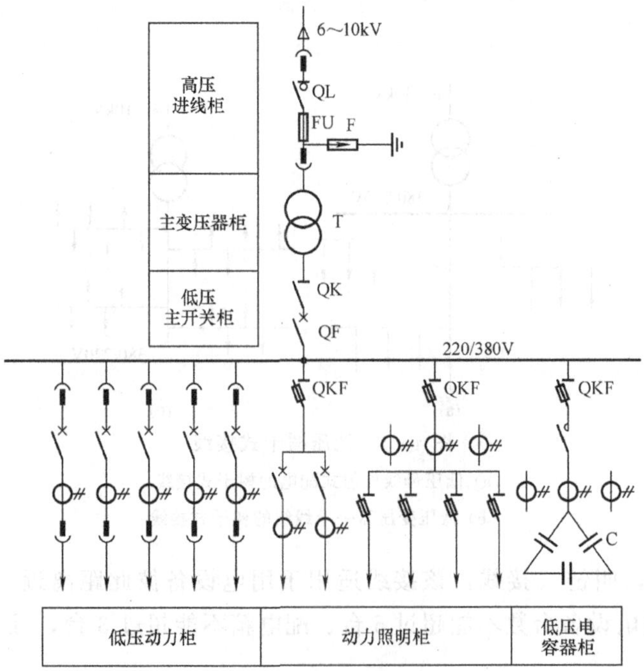

图 4-7　变电站系统式主接线图

T—主变压器；QL—负荷开关；FU—熔断器；F—阀式避雷器；QK—低压刀开关；QF—断路器；QKF—刀熔开关

4.3.1 主接线图的作用和类型

变配电站的主接线是供配电系统中为实现电能输送和分配的一种电气接线，对应的接线图叫主接线图，或主电路图，又称一次电路图、一次接线图。虽然电力系统是三相系统，通常电气主接线图采用单线来表示三相系统，使之更简单、清楚和直观。

主接线图根据其作用的不同，有两种形式：系统式主接线图和装置式主接线图。

图 4-7 和图 4-8 分别表示同一个户外成套变电站的系统

式主接线图和装置式主接线图。

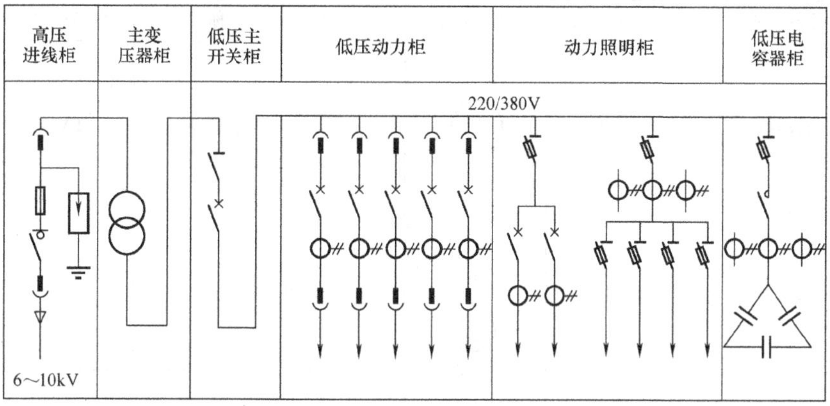

图 4-8 变电站装置式主接线图

4.3.2 对电气主接线的基本要求

主接线方案的确定应综合考虑安全性、可靠性、灵活性和经济性等方面的要求。

主接线图中常用电气设备和导线的图形符号和文字符号见表 4-1。

表 4-1 常用电气设备和导线的图形符号和文字符号

电气设备名称	文字符号	图形符号	电气设备名称	文字符号	图形符号
刀开关	QK		阀式避雷器	F	
熔断器式刀开关	QKF		三相变压器	T	
断路器（自动开关）	QF		电流互感器（具有一个二次绕组）	T	
隔离开关	QS		电流互感器（具有两个铁心和两个二次绕组）	TA	
负荷开关	QL		母线（汇流排）	W 或 WB	
熔断器	FU		导线、线路	W 或 WL	
熔断器式隔离开关	FD		电缆及其终端头		
熔断器式负荷开关	FDL		交流发电机	G	

续表

电气设备名称	文字符号	图形符号	电气设备名称	文字符号	图形符号
交流电动机	M		三绕组电压互感器	TV	
单相变压器	T		电抗器	L	
电压互感器	TV		电容器	C	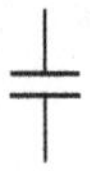
三绕组变压器	T	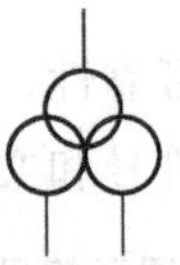	三相导线		

4.4 变配电站常用主接线类型和特点

变配电站常用主接线按其基本形式可分为四种类型：线路—变压器组单元接线、单母线接线、双母线接线和桥式接线。

1. 线路—变压器组单元接线

在变配电站中，当只有一路电源进线和一台变压器时，可采用线路—变压器组单元接线，如图 4－9 所示。

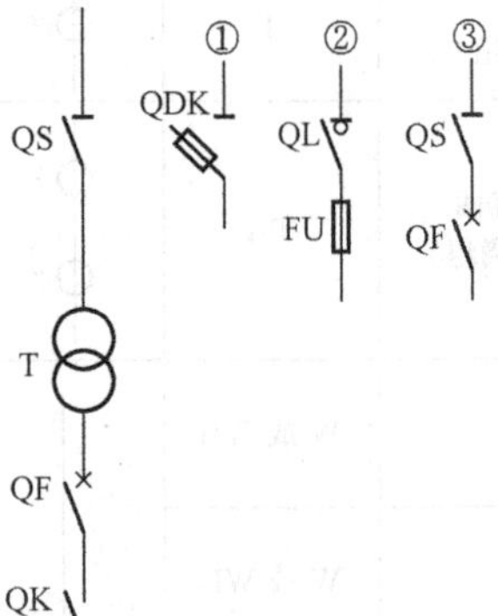

图 4－9　线路—变压器组单元接线方案

根据变压器高压侧情况的不同，也可以装设图 4－9 中右侧三种不同的开关电器组合。当电源侧继电保护装置能保护变压器且灵敏度满足要求时，变压器高压侧可只装设隔离开关；当变压器高压侧短路容量不超过高压熔断器的断流容量，而又允许采用高压熔断器保护变压器时，变压器高压侧可装设跌开式熔断器或熔断器式负荷开关。在一般情况下，在变压器高压侧装设隔离开关和断路器。

当高压侧装设负荷开关时，变压器容量不得大于 1250kVA，高压侧装设隔离开关或跌开式熔断器时，变压器容量一般不得大于 630kVA。

这种接线的优点是接线简单，所用电气设备少，配电装置简单，节约了建设投资。缺点是该线路中任一设备发生故障或检修时，变电站全部停电，供电可靠性不高。它适用于小容量三级负荷、小型工厂或非生产性用户。

2. 单母线接线

母线又称汇流排，是用来汇集、分配电能的硬导线，文字符号为W或WB。设置母线可方便地把多路电源进线和出线通过电气开关连接在一起，提高供电的可靠性和灵活性。

单母线接线又可分为单母线不分段接线、单母线分段接线和单母线带旁路接线三种类型。

(1) 单母线不分段接线。当只有一路电源进线时，常用这种接线方式，如图4-10 (a) 所示。这种接线适用于对供电可靠性和连续性要求不高的中、小型三级负荷用户，或有备用电源的二级负荷用户。

(2) 单母线分段接线。当有双电源供电时，常采用高压侧单母线分段接线，如图4-10 (b)、(c) 所示。分段开关可采用隔离开关或断路器；母线可分段运行，也可不分段运行。

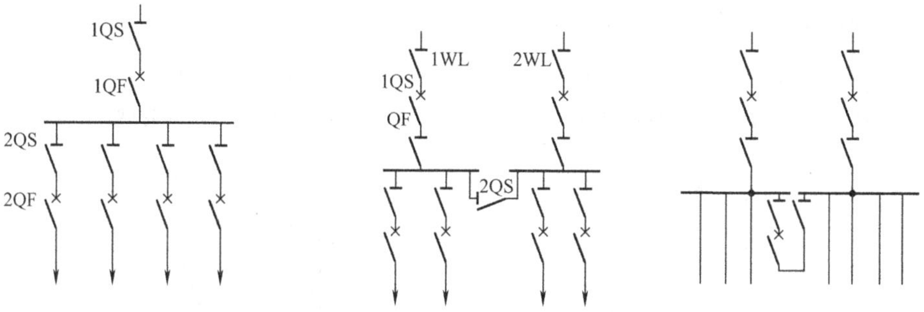

(a) (b) (c)

图4-10 单母线接线

(a) 单母线不分段；(b) 单母线分段（分段开关为隔离开关）；

(c) 单母线分段（分段开关为断路器）

当采用隔离开关分段时，如图4-10 (b) 所示，如需对母线或母线隔离开关检修，可将分段隔离开关断开后分段进行检修。当母线发生故障时，经短时间倒闸操作将故障段切除，非故障段仍可继续运行，只有故障段所接用户停电。该接线方式的供电可靠性和灵活性较高，可给二、三级负荷供电。

若用断路器分段，如图4-10 (c) 所示，除仍可分段检修母线或母线隔离开关外，还可在母线或母线隔离开关发生故障时，母线分段断路器和进线断路器能同时自动断开，以保证非故障部分连续供电。装设了备用电源自动投入装置，分段断路器可自动投入及出线回路数较多的变配电站可供给一、二级负荷。

(3) 单母线带旁路的接线。单母线带旁路接线方式如图4-11所示，增加了一条母线和一组联络用开关电器，增加了多个线路侧隔离开关。

3. 双母线接线

双母线接线方式如图4-12所示，主要用于负荷大且重要的枢纽变电站等场所。

4. 桥式接线

所谓桥式接线是指在两路电源进线之间跨接一个断路器，犹如一座桥，有内桥式接线和外桥式接线两种。断路器跨接在进线断路器的内侧，靠近变压器，称为内桥式接线，如图 4－13（a）所示；若断路器跨在进线断路器的外侧，靠近电源侧，称为外桥式接线，如图 4－13（b）所示。

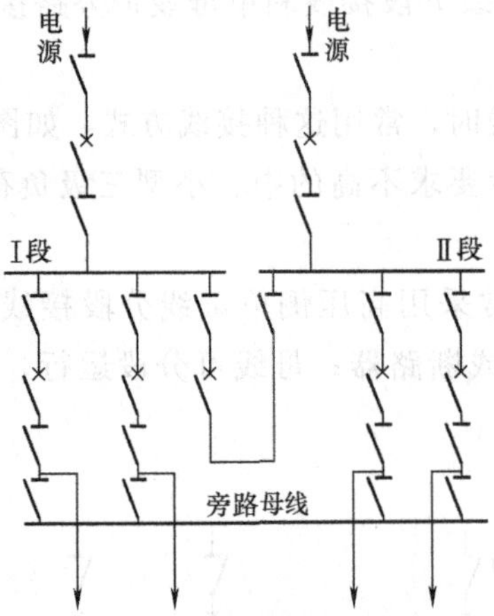

图 4－11　单母线带旁路母线

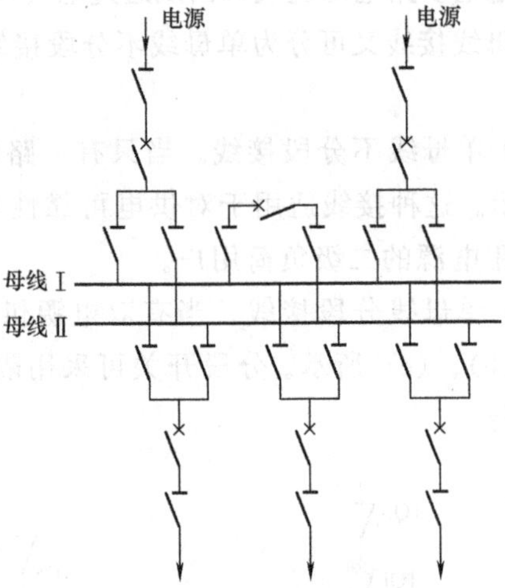

图 4－12　双母线接线

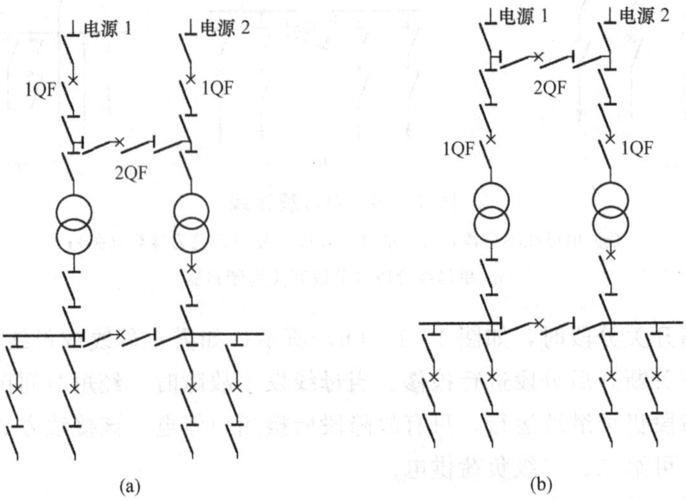

图 4－13　桥式接线

（a）内桥式接线；（b）外桥式接线

4.5　高压配电站主接线方案的介绍

高压配电站的任务是从电力系统接受高压电能，并向各车间变电站及高压用电设备进行配电。下面以一个典型的 10kV 高压配电所的主接线（见图 4－14）为例来分析其主接线的组成和特点。

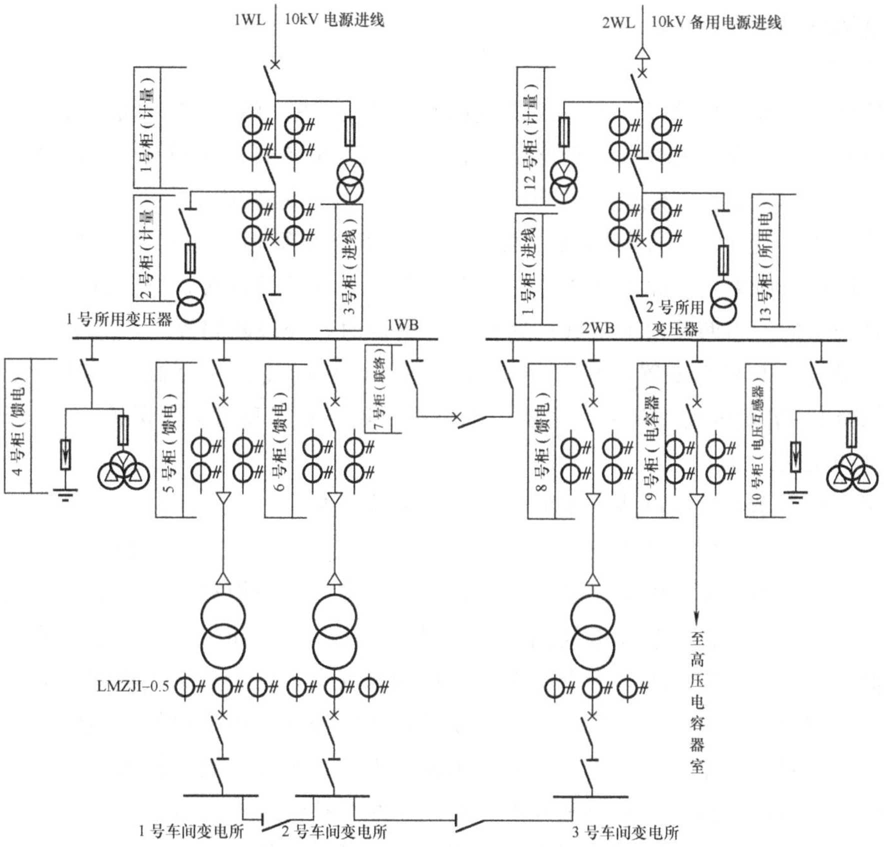

图 4-14 工厂 10kV 配电站主接线示意图

1. 电源进线

该配电站有两路 10kV 的电源进线，最常见的进线方案为：一路是架空进线（1WL），作为主工作电源，另一路采用电缆进线（2WL），来自邻近单位的高压联络线，作备用电源用。架空线采用铝绞线（型号 LJ—95 表示截面积 $95mm^2$ 的铝绞线），经穿墙套管进入高压配电室，也可经一段短电缆进入高压配电室；电缆线采用 YJV22—10000－3×120 三芯交联聚乙烯绝缘电力电缆，截面为 $120mm^2$，额定电压 10kV。

1 号柜和 13 号柜为电能计量专用柜，根据规定：对 10kV 及以下电压供电的用户，应配置专用的电能计量柜（箱）；对 35kV 及以上电压供电的用户，应有专用的电流互感器二次线圈和专用的电压互感器二次连接线，并不得与保护、测量回路共用。通常，计量柜内的电流互感器和电压互感器二次侧的精确度不低于 0.2 级或 0.5 级。为了方便控制电源进线，也可在计量柜前加一个控制柜。

2 号柜和 12 号柜为所（配电站）用电柜（也可以接在电源进线上），主要供电给配电站内部二次系统的操作电源，常用户内变压器。

3 号柜和 11 号柜为进线开关柜，除馈电控制用，还可以作母线过电流保护和电流、功率及电能测量用。进线断路器两侧均设隔离开关，主要是考虑断路器在检修时会两端受电，打开两侧隔离开关可保证断路器检修时的安全。如果断路器只有一端受电，则只需在受电侧设置隔离开关即可。

2. 母线

室外母线一般用软导线，如铝绞线或钢芯铝绞线，室内采用硬母线，置于开关柜顶部。另外开关柜内和室内开关柜至穿墙套管之间也用汇流排（母线），汇流排一般采用硬铝排、硬铜排。高压变配电所的母线常采用单（段）母线制，当进线电源为两路时，则采用单母线分段制。分段断路器一般装在分段柜或联络柜中（如 7 号柜）。图 4－14 所示的高压配电所采用一路电源工作、一路电源备用的运行方式，所以其母线分段断路器通常是合上的；当两路电源进线同时做工作电源时，分段断路器一般是断开的。

在每段母线上都要设置电压互感器和避雷器，它们装在一个高压柜内（4、10 号柜），并共用一组高压隔离开关，主要用于电压测量、监视和过电压保护。

3. 高压配电出线

按照负荷大小，每段母线分配的负荷一般大致均衡。

出线柜又称馈电柜，图 4－14 采用的高压开关柜（5、6、8、9 号柜）的主要电气设备是隔离开关、断路器、电流互感器的组合。由于出线开关柜只有一端受电，故只采用一个隔离开关即可，且安装在母线侧，用来保证高压断路器和出线的安全检修。高压电流互感器均有两个二次绕组，一个二次绕组接测量仪表，用于电流、功率的测量，另一个二次绕组用做继电保护。当出线采用电缆时，一般经开关柜下面的电缆沟出线，如采用架空出线，则经汇流排（母线）翻到开关柜后上部，再经穿墙套管出线。

高压电容器柜（图 4－14 中未画出）对高压并联补偿电容器组进行控制和保护，高压并联电容器组用于对整个高压配电所的无功功率进行补偿。

4.6　10(6)/0.4kV 变电站（车间变电站）主接线方案介绍

车间变电所和小型工厂变电站是将 6～10kV 的配电电压降为 220/380V 的低压用电，再直接供电给用电设备的一种终端变电站。根据其电源接线情况的不同，可分为两类：有总降压变电站或高压配电站的非独立式变电站和无总降压变电站或高压配电站的独立式变电站。

1. 非独立式车间变电站的主接线方案

当工厂内有总降压变电站（35kV）或高压配电站（6～10kV）时，车间变电站的进线处大多可不装设高压断路器（如图 4－14 所示的三个变电站），或只简单地装设高压隔离开关、熔断器（室外则装设跌开式熔断器）、避雷器等。图 4－15 和图 4－16 所示分别为电缆进线和架空进线的非独立式车间变电站单台变压器的主接线图。当车间变压器高压侧采用跌开式熔断器或只装设隔离开关时，变压器容量不宜超过 630kVA，其他接线方案的变压器容量可达 1250kVA。此类变电站一般不设高压配电室，只有变压器室（户外为变压器台）和低压配电室。当变压器低压侧不需带负荷操作时，低压主开关可采用低压隔离开关。

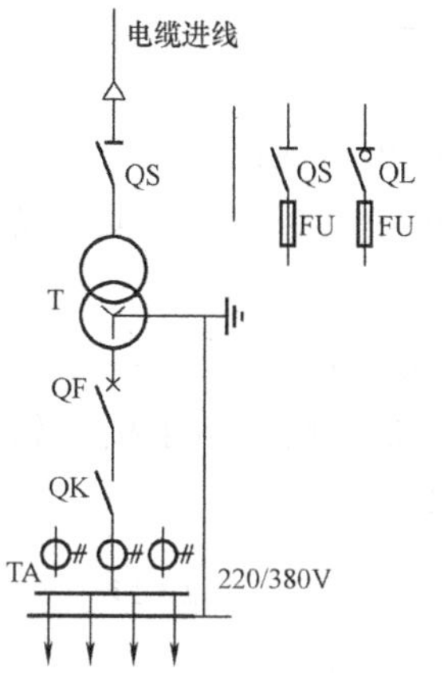

图 4－15　电缆进线的非独立式车间变电站高压侧主接线

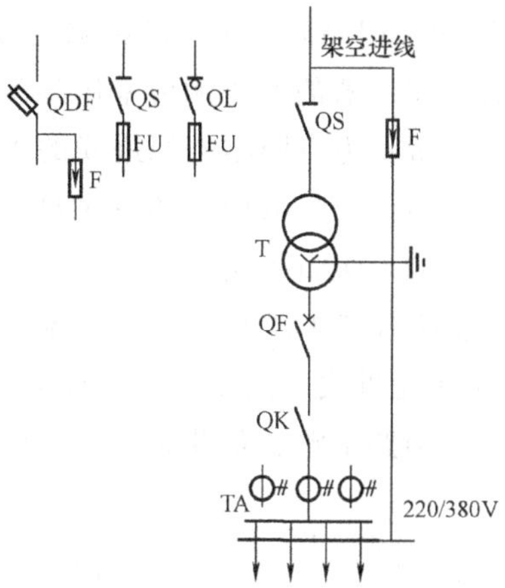

图 4－16　架空进线的非独立式车间变电站高压侧主接线

2. 独立式变电站的主接线方案

(1) 装设一台变压器的 6～10kV 独立式变电站主接线。当变电站只有一台变压器时，高压侧可不设母线，这种接线就是线路—变压器组单元接线方式。根据高压侧采用的控制开关不同，有下面几种主接线形式：

1) 高压侧采用隔离开关—熔断器或跌开式熔断器的变电站主接线方案，如图 4－17 所示。该接线结构简单，投资少，但供电可靠性不高，且不宜频繁操作，一般只用于 500kVA 及以下容量变电站，对不重要的三级负荷供电。这种接线的低压侧应采用低压断路器以便带负荷进行停、送电操作。

2) 高压侧采用负荷开关—熔断器的变电站主接线方案，如图 4－18 所示。该接线的低压侧的主开关既可用低压断路器，也可采用低压隔离开关。

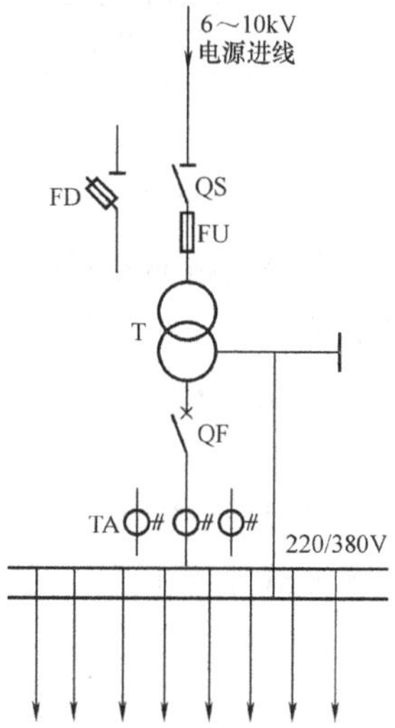

图 4－17　高压侧采用隔离开关—熔断器或跌开式熔断器的变电站主接线图

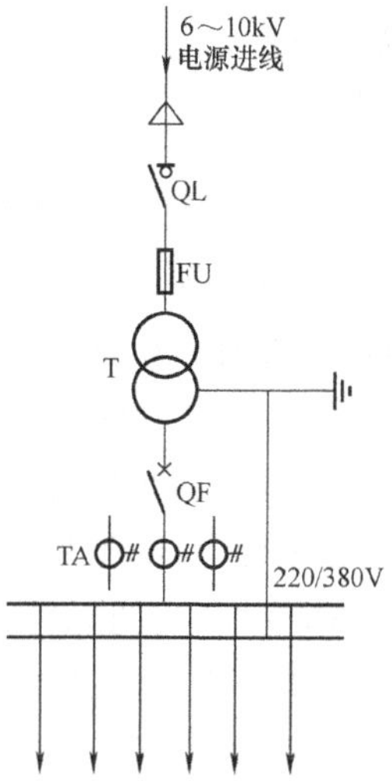

图 4－18　高压侧采用负荷开关—熔断器的变电站主接线图

3）高压侧采用隔离开关—断路器的变电站主接线方案，如图 4－19 所示。当不需带负荷操作时，变压器的低压侧可采用隔离开关作主开关。

图 4－20 所示为有两路电源进线的主接线，其供电可靠性比图 4－19 大大提高，可供电给二级负荷。如果低压侧还有来自其他变配电站的公共备用线，或有备用电源，还可供电给少量的一级负荷。

（2）装设两台变压器的 6～10kV 独立式变电站主接线方案。

1）高压侧无母线、低压侧单母线分段的两台变压器的变电站主接线如图 4－21 所示，适用于有两路电源、负荷是一、二级的重要变电站。

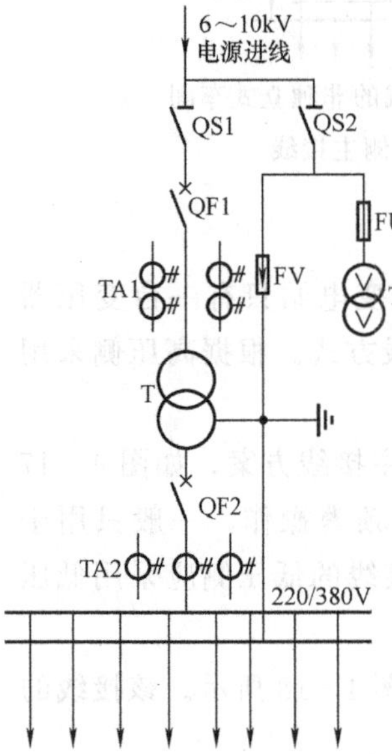

图 4－19　高压侧采用隔离开关—断路器的变电站主接线图

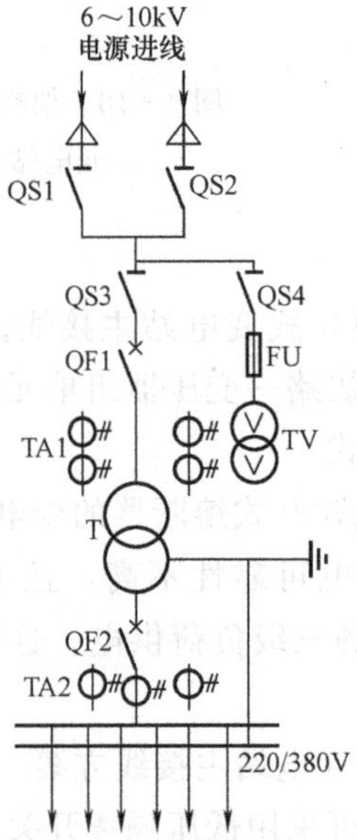

图 4－20　双电源进线、一台变压器的变电站的主接线图

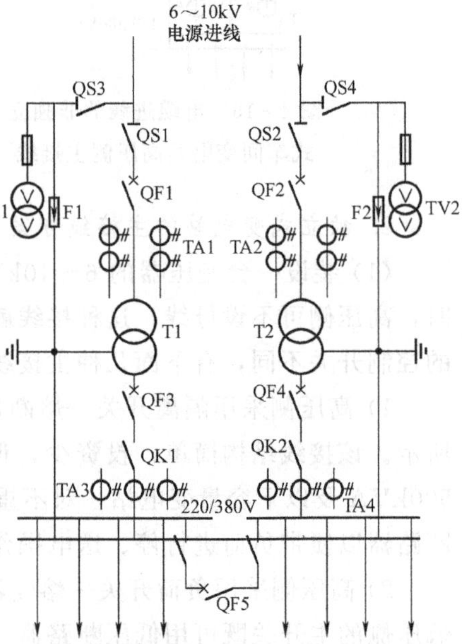

图 4－21　两路进线、高压侧无母线、低压侧单母线分段的两台变压器变电站主接线图

2）高压侧单母线、低压单母线分段的两台变压器变电站的主接线如图 4－22 所示。当电源进线或高压母线发生故障或需停电检修时，整个变电站都要停电，因此只能供电给二、三级负荷，如有高压或低压联络线时，可供电给一、二级负荷用。

3）高低压侧均采用单母线分段的两台变压器变电站的主接线如图 4－23 所示，可供电给一、二级负荷和有两个电源的重要变电站。

供配电系统的变电站除上述介绍的 10（6）/0.4kV 变电站（车间变电站）外，还有电压为 35kV 及以上的总降压变电站，其接线方式常采用桥式接线和双母线接线，也有采用线路—变压器组单元接线的，根据总降压变电站的负荷性质和负荷大小来确定。

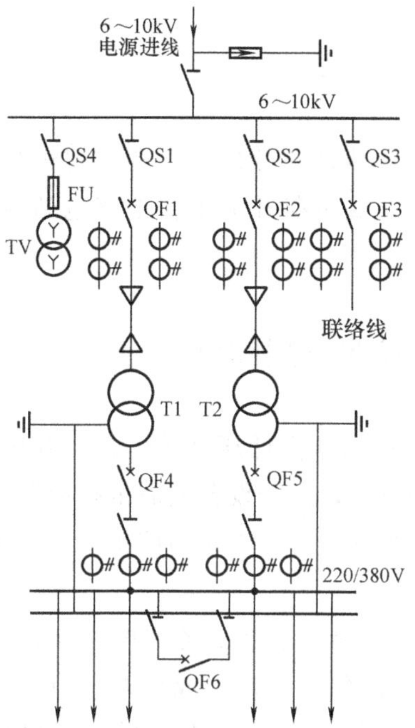

图 4－22　一路进线、高压侧单母线、低压单母线分段的两台变压器变电站主接线图

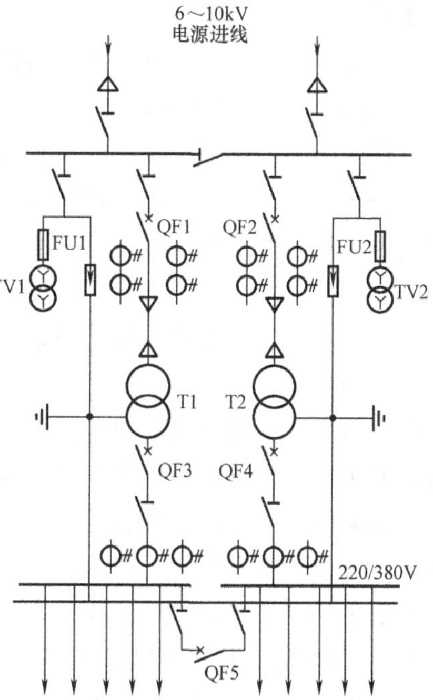

图 4－23　高低压侧均采用单母线分段的两台变压器变电站的主接线图

4.7　变配电站主要电气设备的配置

1. 变压器的配置

根据防火和安全要求，楼层内的变压器不容许装设油浸式电力变压器，应选用干式变压器。对电压要求高的场所，应选用有载调压变压器。

2. 高压母线的受电开关配置

(1) 专用电源线路的开关，由干线分支供电的、自动装置有要求的、出线回路数较多的线路的开关宜采用高压断路器。

(2) 变压器容量在 630kVA 及以下的，供电给二、三极负荷的小型变电站的开关一般可用高压隔离开关，也可选用高压负荷开关。

3. 高、低压母线的分段开关配置

自动装置有要求的、回路数较多的、有自动切换要求的情况，应装设高、低压断路器。除此之外，供二、三级负荷的中、小型变配电站的母线分段开关一般采用高压隔离开关或低压隔离开关。

4. 高压配电出线的开关配置

在下列情况下，一般应选用高压断路器作主开关：配电给一级负荷；配电给下一级母线；树干式配电线路的总开关；配电给容量 450kvar 及以上的并联电容器组；配电给高压用电设备；自动装置或远动有要求的；联络线回路；配电给容量 630kVA 及以上的变压器等。

除上述条件外，一般可采用带熔断器的高压负荷开关。

5. 变压器二次侧开关的配置

一般情况下，可采用隔离开关或刀开关。但当出线回路数较多、有并列运行要求、需要自动切换电源、需带负荷操作（一次侧的断路器或负荷开关不在本变电站内）、配电方式为变压器一干线式时，宜采用断路器。

4.8 电气设备选择及检验的一般原则

供配电系统中的导线及电气设备，包括电力变压器、高低压开关电器、互感器等，均需依据正常工作条件、环境条件及安装条件进行选择，部分设备还需依据故障情况进行短路电流的动、热稳定度校验，在保障供配电系统安全可靠工作的前提下，力争做到运行维护方便、技术先进、投资经济合理。

供配电系统中的电气设备按正常工作条件进行选择，就是要考虑电气设备装设的环境条件和电气要求。环境条件是指电气设备所处的位置（户内或户外）、环境温度、海拔以及有无防尘、防腐、防火、防爆等要求。电气要求是指电气设备对电压、电流、频率等方面的要求。对开关电器及保护用设备，如开关、熔断器等，还应考虑其断流能力。

电气设备按短路故障情况进行校验，就是要按最大可能的短路故障（通常为三相短路故障）时的动、热稳定度进行校验。但熔断器和有熔断器保护的电器和导体（如电压互感器等）以及架空线路，一般不必考虑动、热稳定度的校验，对电缆，也不必进行动稳定度的校验。

在供配电系统中，尽管各种电气设备的作用不一样，但选择的要求和条件有许多是相同的。为保证设备安全、可靠地运行，各种设备均应按正常工作条件下的额定电压和额定电流选择，并按短路故障条件校验其动稳定度和热稳定度。

1. 按工作环境要求选择电气设备的型号

工作环境要求即指户内、户外、海拔、环境温度、矿山（井）、防尘、防爆等，应根据这些要求选择合适的电气设备。

2. 按工作电压选择电气设备的额定电压

一般电气设备和导线的额定电压 U_N 应不低于设备安装地点电网的电压（额定电压）$U_{W.N}$，即

$$U_N \geqslant U_{W.N} \tag{4-1}$$

例如，在 10kV 线路中，应选择额定电压为 10kV 的电气设备；380V 系统中应选择额定电压为 380V（0.4kV）或 500V 的电气设备。

3. 按最大负荷电流选择电气设备的额定电流

导体和电气设备的额定电流是指在额定环境温度下长期允许通过的电流，以 I_N 表示，该电流应不小于通过设备的最大负荷电流（计算电流）I_{30}，即

$$I_N \geqslant I_{30} \tag{4-2}$$

4. 对开关类电气设备还应考虑其断流能力

设备的最大开断电流 I_∞（或容量 S_∞）应不小于安装地点的最大三相短路电流 $I_k^{(3)}$（或短路容量 $S_k^{(3)}$），即

$$I_\infty \geqslant I_k^{(3)} \tag{4-3}$$

或

$$S_\infty \geqslant S_k^{(3)} \tag{4-4}$$

5. 按短路条件校验电气设备的动稳定度和热稳定度

电气设备在短路故障条件下必须具有足够的动稳定度和热稳定度，以保证电气设备在短路故障时不致损坏。

(1) 热稳定度校验。通过短路电流时，导体和电器各部件的发热温度不应超过短时发热最高允许温度值，即

$$I_t^2 t \geqslant I_\infty^{(3)2} t_{ima} \tag{4-5}$$

其中

$$t_{ima} = t^k + 0.05 \quad (s) \tag{4-6}$$

当 $t^k>1s$ 时

$$t_{ima} = t^k \tag{4-7}$$

式中 $I_\infty^{(3)}$——设备安装地点的三相短路稳态电流，kA；

t_{ima}——短路发热假想时间（又称短路发热等值时间），s；

t^k——实际短路时间；

I_t——时间 t 允许通过的短路电流有效值，kA；

t——设备生产厂家给出的设备热稳定计算时间，一般为 4、5、1s 等。

I_t 和 t 可查相关的产品手册或产品样书。

(2) 动稳定度校验。动稳定（电动力稳定）是指导体和电器承受短路电流机械效应的能力。满足动稳定度的校验条件是

$$i_{max} \geqslant i_{sh}^{(3)} \tag{4-8}$$

或

$$I_{max} \geqslant I_{sh}^{(3)} \tag{4-9}$$

式中 $i_{sh}^{(3)}$——设备安装地点的三相短路冲击电流峰值，kA；

$I_{sh}^{(3)}$——设备安装地点的三相短路冲击电流有效值，kA；

i_{max}——设备的极限通过电流（或称动稳定电流）峰值，kA；

I_{max}——设备的极限通过电流（或称动稳定电流）有效值，kA。

i_{max}和 I_{max}均可由相关产品的手册或样本中查到。

4.9 电力变压器的选择

各种类型的电力变压器性能及应用场合见表 4-2。

表 4-2　　各种类型的电力变压器性能及应用场合

项目		矿物油变压器	硅油变压器	六氟化硫变压器	干式变压器	环氧树脂浇注变压器
性能	价格	低	中	高	高	较高
	安装面积	中	中	中	大	小
	体积	中	中	中	大	小
	爆炸性	有可能	可能性小	不爆炸	不爆炸	不爆炸
	燃烧性	可燃	难燃	难燃	难燃	难燃
	噪声	低	低	低	高	低
	耐湿性	良好	良好	良好	弱（无电压时）	优
	防尘性	良好	良好	良好	弱	良好
	损耗	大	大	稍小	大	小
	绝缘等级	A	A或H	E	B或H	B或F
	重量	重	较重	中	重	轻
应用场合	一般工厂	普遍使用	一般不用	一般不用	一般不用	很少使用
	高层建筑的地下室	一般不用	可使用	宜使用	不宜使用	推荐使用

4.9.1　电力变压器实际容量的计算

电力变压器的实际容量是指变压器在实际使用条件（包括实际输出的最大负荷和安装地点的环境温度）下，在不影响变压器的规定使用年限（一般为20年）时所能连续输出的最大视在功率 S_T，单位是kVA。

一般规定，如果变压器安装地点的年平均温度 $\theta_{0.av}$ 不等于20℃，则年平均温度每升高1℃，变压器的容量相应减少1%。因此，对于户外安装的变压器，其实际容量为

$$S_T=\left(1-\frac{\theta_{0.av}-20}{100}\right)\times S_{N.T} \tag{4-10}$$

对于户内变压器，由于散热条件较差，从而使其户内的环境温度比户外的温度大约要高8℃，因此户内变压器的实际容量为

$$S_T=\left(0.92-\frac{\theta_{0.av}-20}{100}\right)\times S_{N.T} \tag{4-11}$$

此外，对于油浸式变压器，如果实际运行时变压器的负荷变动较大，而变压器的容量是按照最大负荷（计算负荷）来选择的，从维持其规定使用年限来考虑，允许一定的过负荷运行。但一般规定户内油浸式变压器的允许正常过负荷不得超过20%，户外油浸式变压器不得超过30%。

【例4-1】 某车间变电站的变压器室内装有一台630kVA的油浸式变压器。已知当地的年平均温度是18℃，试求该变压器的实际容量。

解　变压器的实际容量由式（4-11）得

$$\left(0.92-\frac{18-20}{100}\right)\times 630=567\ (\text{kVA})$$

4.9.2　电力变压器的台数选择

（1）应满足用电负荷对供电可靠性的要求。对拥有大量一、二级负荷的变电站，宜采用两台或以上变压器，以便当一台变压器发生故障或检修时，另一台变压器能对一、二级负荷继续供电。对只有二级而无一级负荷的变电站，也可以采用一台变压器，但必须在低压侧敷设与其他变电所相连的联络线作为备用电源。

（2）对季节性负荷或昼夜负荷变动较大而宜于采用经济运行方式的变电站，也可考虑采用两台变压器。

4.9.3　变电站主变压器容量的选择

1. 装有一台主变压器的变电站

主变压器容量 S_T（设计时通常概略地用 $S_{N.T}$ 来代替）应满足全部用电设备总计算负荷 S_C 的需要，即

$$S_T \approx S_{N.T} \geqslant S_{30} \tag{4-12}$$

2. 装有两台主变压器的变电站

每台变压器的额定容量 S_T 应同时满足以下两个条件并择其中的大者：

（1）一台变压器单独运行时，要满足总计算负荷 S_C 的大约 60%～70%的需要，即

$$S_T \approx S_{N.T}(0.6 \sim 0.7)S_{30} \tag{4-13}$$

（2）任一台变压器单独运行时，应满足全部一、二级负荷 $S_{30(\text{I}+\text{II})}$ 的需要，即

$$S_T \approx S_{N.T} \geqslant S_{30(\text{I}+\text{II})} \tag{4-14}$$

【例 4-2】 某车间变电站（10/0.4kV），总计算负荷为 1350kVA，其中一、二级负荷 680kVA。试选择变压器的台数和容量。

解　根据车间变电站变压器台数及容量选择要求，该车间变电所有一、二级负荷，故宜选择两台主变压器。

任一台变压器单独运行时，要满足 60%～70%的总负荷要求，即

$$S_{N.T} = (0.6 \sim 0.7) \times 1350 = 810 \sim 954\ (\text{kVA})$$

且任一台变压器应满足全部一、二级负荷的要求，所以

$$S_{N.T} \geqslant 680\text{kVA}$$

根据上述条件，可选两台容量均为 1000kVA 的变压器，具体型号为 S9—1000/10 的铜绕组低损耗三相油浸式电力变压器。

4.10　高低压开关电器的选择及校验

如上所述，高低压开关设备的选择必须满足一次电路正常条件下和短路故障条件下工作的要求及断流能力的要求，同时设备应工作安全可靠，运行维护方便，投资经济合理。

各种高低压电气设备选择检验的项目及条件见表 4-3，对应的公式参见 4.9 节内容。

表 4-3　　高低压电气设备选择检验的项目及条件

电气设备名称	正常工作条件选择			短路故障校验	
	电压（kV）	电流（A）	断流能力（kA）	动稳定度	热稳定度
高低压熔断器	√	√	√	×	×
高压隔离开关	√	√	—	√	√
高压负荷开关	√	√	√	√	√
高压断路器	√	√	√	√	√
低压刀开关	√	√	√	—	—
低压负荷开关	√	√	√	—	—
电气设备名称	正常工作条件选择	短路故障校验	电气设备名称	正常工作条件选择	短路故障校验
低压断路器	√	√	√	—	—

注　1. 表中“√”表示必须校验，“×”表示不必检验，“—”表示可不检验。

2. 选择高压电气设备时，计算电流取变压器高压侧的额定电流。

4.10.1　高压隔离开关的选择及校验

由于高压隔离开关主要是用于电气隔离而不能分断正常负荷电流和短路电流，因此，只需要选择额定电压和额定电流，校验短路故障时的动稳定度和热稳定度，而不必考虑断流能力的选择。

【例 4-3】 某 10kV 高压开关柜出线处，线路的计算电流为 400A，三相最大短路电流为 3.2kA，三相短路容量为 55MVA，短路冲击电流有效值为 8.5kA，短路保护的动作时间为 1.6s。试选择柜内隔离开关。

解　由于 10kV 出线控制采用成套开关柜，根据厂商提供的金属铠装固定式开关柜的配置，高压隔离开关采用 GN24—10D 型，型号中 D 是表示带接地开关。它是在 GN19 型隔离开关基础上增加接地开关而成，具有合闸、分闸、接地三个工作位置，并能分步动作，具有防止带电挂接地线和带接地线合闸的防误操作性能。选择计算结果见表 4-4。从 4-4 表中可以看出，所选隔离开关的参数均大于装设地点的电气条件，故所选隔离开关合格。

表 4-4　　高压隔离开关选择校验

序号	GN24—10D/630		选择要求	安装地点电气条件		结论
	项目	数据		项目	计算数据	
1	U_N	10kV	≥	$U_{W.N}$	10kV	合格
2	I_N	630A	≥	I_c	400A	合格
3	额定峰值耐受电流（动稳定）$i_{\infty.max}$	50kA	≥	$I_{sh}^{(3)}$	8.5kA	合格
4	4s 热稳定电流（热稳定）I_t	$I_t^2\times4=20^2\times4=1600$（$kA^2\cdot s$）	≥	$I_{\infty}^2 t_{ima}$	$(3.2)^2\times1.6=16.38$（$kA^2\cdot s$）	合格

4.10.2　高压负荷开关的选择及检验

由于高压负荷开关不仅具有高压隔离开关的功能，还能通断正常负荷电流和一定的过负荷电流，因此在选择时，除了必须考虑额定电压和额定电流，校验短路故障时的动稳定度和热稳定度，还应考虑其断流能力。

4.10.3　高压断路器的选择及校验

高压断路器是供电系统中最重要的设备之一，目前 6～35kV 系统中使用最为广泛的是油断路器和真空断路器。断路器的选择，除考虑额定电压、额定电流外，还要考虑其断流能力和短路时的动稳定度和热稳定度是否符合要求。从选择过程来讲，一般先按断路器的使用场合、环境要求（见表 4－5）来选择型号，然后再选择其额定电压、额定电流值，最后校验断流容量和动稳定度、热稳定度。

表 4－5　　断路器的环境要求

型号	使用场合	环境温度（℃）	海拔（m）	相对温度	其他要求
SN10—10	户内无频繁操作	－5～40	≤1000	<90%	无火灾、无爆炸
ZN□—10	户内可频繁操作	－10～40	≤1000	<95%	无严重污垢、无化学腐蚀、无剧烈震动

【例 4－4】　按［例 4－3］所给的电气条件，该线路需频繁操作，请选择柜内高压断路器。

解　因线路需频繁操作，且为户内型，故选择户内高压真空断路器。根据线路计算电流选择 ZN5—10/630 型真空断路器，其有关技术参数及安装地点电气条件和计算选择结果列于表 4－6，从表中可以看出断路器的参数均大于装设地点的电气条件，故所选断路器合格。

表 4－6　　高压断路器选择校验表

序号	ZW5—10/630		选择要求	装设地点电气条件		结论
	项目	数据		项目	数据	
1	U_N	10kV	≥	$U_{W \cdot N}$	10kV	合格
2	I_N	630A	≥	I_c	400A	合格
3	$I_{\infty \cdot N}$	20kA	≥	$I_k^{(3)}$	3.2kA	合格
4	$I_{\infty \cdot max}$	50kA	≥	$I_{sh}^{(3)}$	8.5kA	合格
5	$I_t^2 \times 2$	$20^2 \times 2 = 800$ ($kA^2 \cdot s$)	≥	$I_{\infty}^2 t_{ima}$	$(3.2)^2 \times 1.6 = 16.38$ ($kA^2 \cdot s$)	合格

低压隔离开关及低压负荷开关的选择基本上与高压隔离开关和高压负荷开关的选择方式相同。其中，不带灭弧罩的低压隔离开关因为只能在无负荷下操作，故不必考虑断流能力，而带有灭弧罩的低压隔离开关及低压负荷开关的断流能力选择和高压负荷开关的断流能力选择方法一致。但是，低压隔离开关、低压负荷开关的短路动、热稳定度一般可不检验。

4.10.4　高、低压开关柜的选择

每一种型号的开关柜，其柜内一次线路的接线方案有几十种甚至一百多种，用户可

以根据主接线方案及二次接线的要求，选择与主接线方案一致的柜内接线方案号，然后选择柜内设备（型号）规格。各种开关柜的主线路方案，可查有关手册或产品样本。

开关柜方案号确定后，就可根据以上介绍的方法选择柜内设备的具体型号（规格）。

1. 高压开关柜的选择

一般小型工厂从经济角度考虑，选用固定式高压开关柜比较多，大中型工厂和高层建筑则多选用手车式高压开关柜，而高层建筑和居民区等防火要求较高的场所，应采用配有不可燃的真空断路器或 SF_6 断路器的高压开关柜；对容量较小的配电变压器馈电的高压开关柜和高压环网柜，可选用配有真空断路器或负荷开关—熔断器的开关柜。

表 4－7 为 XGN2—10 箱型固定式金属封闭开关柜部分方案号及对应的主接线电路和配置的一次设备型号、数量，其中：03 号为电缆出线控制柜；11 号可作为右（或左）联络柜，或作为架空出线的控制柜；26 号为联络柜，也就是母线分段柜，当主接线中的（单）母线采用断路器分段时就可选择此柜；54 号为母线电压互感器柜，每一段母线上通常都配置一台这样的柜子。

表 4－7　XGN2—10 箱型固定式金属封闭开关柜部分方案

方案号		03	11	26	54
主接线图		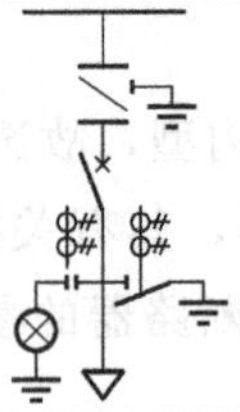	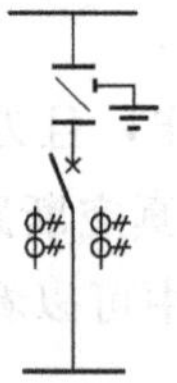	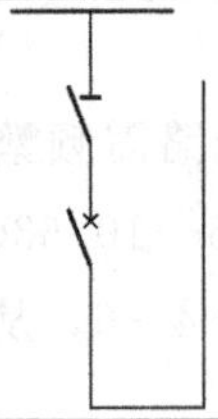	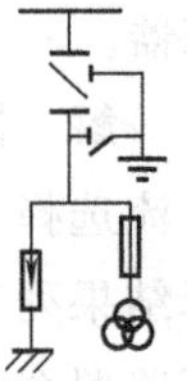
主要电器及设备	旋转式隔离开关 GN30－10	1	1	GN22－10	
	旋转式隔离开关 GN30－10D				1
	电流互感器 LZZJ－10	2	2		
	断路器 ZN28A－10A 或 SN10－10	1	1	1	
	操动机构 CD10，CT8，CD17，CT19	1	1	1	
	带电显示装置	1			
	接地开关 JN11－10	1			
	熔断器 PN2－10				3
	电压互感器 JDZ 或 JSJW				3 或 1
	避雷器 Y5C5－10				3
最大工作电流（A）		630～1000			
用途		馈电柜	右（左）联络	联络柜	电压互感器柜

2. 低压配电屏的选择

中小型工厂多采用固定式低压配电屏，目前使用较广泛的开启式 PGL 型正在逐步淘汰，而 GGL 型、GGD 型封闭式结构的固定式低压配电屏正得到推广应用。抽屉式低压配电屏的结构紧凑，通用性好，安装灵活方便，防护安全性高，因此，近年来的应用也越来越多。

表 4－8 是 GGD1 型低压固定式配电屏的部分方案号及对应的主接线电路和可配置的一次设备型号、数量，其中：05（A）号为总控制屏；13（A）号作左联络屏；34（A）号作馈电给动力负荷的控制屏；51（A）号为馈电给照明负荷的控制屏。

表 4－8　　GGD1 型低压固定式配电屏的部分方案

方案号		05（A）	13（A）	34（A）	51（A）
主接线图		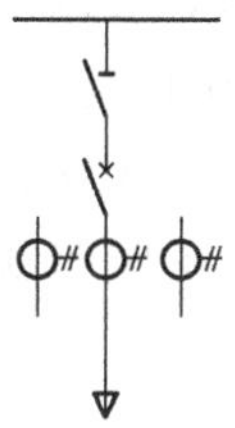	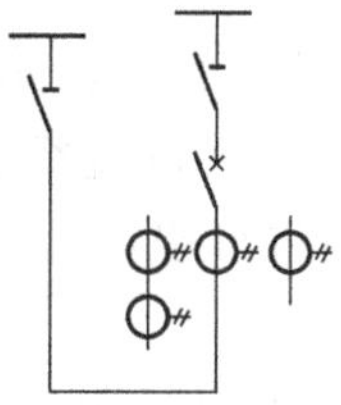	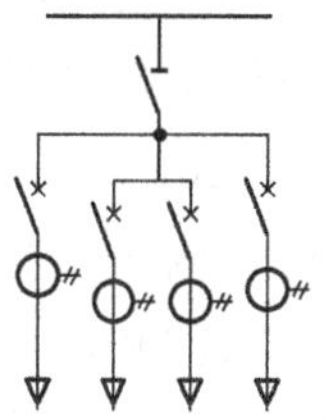	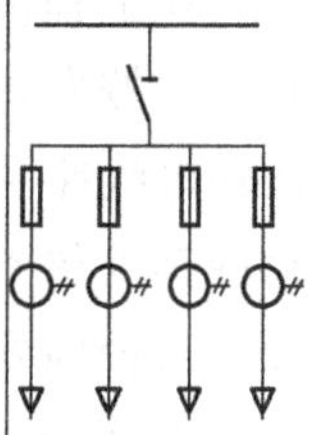
主要电器及设备	刀开关 HD13BX－1000/31	1	2	1	
	刀开关 HD13BX－600/31				1
	电流互感器 LMZ1－0.66□/4	3	3（4）		
	电流互感器 LMZ3－0.66□/5			4	4
	断路器 DW15－1000/3□	1	1		
	断路器 DZ10－250/3□			4	
最大工作电流（A）		630～1000			
用途		受电、馈电	受电、联络	动力馈电	照明馈电

4.11 电力线路的截面选择及检验

为了保证供配电系统安全、可靠、优质、经济地运行，选择导线和电缆截面时必须满足下列条件：

（1）发热条件。导线和电缆（包括母线）在通过正常最大负荷电流，即线路计算电流（I_{30}）时产生的发热温度，不应超过其正常运行时的最高允许温度。

（2）电压损耗条件。导线和电缆在通过正常最大负荷电流，即线路计算电流（I_{30}）时产生的电压损耗，不应超过正常运行时允许的电压损耗。对于工厂内较短的高压线路，可不进行电压损耗校验。

（3）经济电流密度。35kV 及以上的高压线路及电压在 35kV 以下但长距离、大电流的线路，其导线和电缆截面宜按经济电流密度选择，以使线路的年费用支出最小。所选截面称为“经济截面”。此种选择原则，称为“年费用支出最小”原则。一般工厂和高层建筑内的 10kV 及以下线路，选择经济截面的意义并不大，因此通常不考虑此项条件。

（4）机械强度。导线（包括裸线和绝缘导线）截面不应小于其最小允许截面。

（5）短路时的动、热稳定度校验。和一般电气设备一样，导线也必须具有足够的动稳定度和热稳定度，以保证在短路故障时不会损坏。

(6) 与保护装置的配合。导线和安装在其线路上的保护装置（如熔断器、低压断路器等）必须互相配合，才能有效地避免短路电流对线路造成的危害。

对于电缆，不必校验其机械强度和短路动稳定度，但需校验短路热稳定度。对于母线，短路动、热稳定度都需考虑。对于绝缘导线和电缆，还应满足工作电压的要求，即绝缘导线和电缆的额定电压应不低于使用地点的额定电压。

在工程设计中，根据经验，一般对 6～10kV 及以下的高压配电线路和低压动力线路，先按发热条件选择导线截面，再校验其电压损耗和机械强度；对 35kV 及以上的高压输电线路和 6～10kV 长距离、大电流线路，则先按经济电流密度选择导线截面，再校验其发热条件、电压损耗和机械强度；对低压照明线路，先按电压损耗选择导线截面，再校验发热条件和机械强度。

下面分别介绍如何按发热条件、经济电流密度和电压损耗选择计算导线和电缆截面。

4.11.1 按发热条件选择导线和电缆的截面

1. 三相系统相线截面的选择

电流通过导线（包括电缆、母线等）时，由于线路本身的电阻而会使其发热。当发热超过其允许温度时，会使导线接头处的氧化加剧，增大接触电阻而导致进一步氧化，如此恶性循环会发展到触头烧坏而引起断线。而且绝缘导线和电缆的温度过高时，可使绝缘加速老化甚至损坏，或引起火灾。因此，导线的正常发热温度不得超过各类线路在额定负荷时的最高允许温度。

在实际工程设计中，通常用导线和电缆的允许载流量不小于通过相线的计算电流来校验其发热条件，即

$$I_{Ol} \geqslant I_{30} \tag{4-15}$$

导线的允许载流量 I_{Ol} 是指在规定的环境温度条件下，导线或电缆能够连续承受而不致使其稳定温度超过允许值的最大电流。如果导线敷设地点的实际环境温度与导线允许载流量所规定的环境温度不同时，则导线的允许载流量须乘以温度校正系数 K^{θ}，其计算公式为

$$K^{\theta} = \sqrt{\frac{\theta_{al} - \theta'_0}{\theta_{al} - \theta_0}} \tag{4-16}$$

式中 θ_{al}——导线额定负荷时的最高允许温度；

θ_0——导线允许载流量所规定的环境温度；

θ'_0——导线敷设地点的实际环境温度。

这里所说的环境温度，是按发热条件选择导线和电缆所采用的特定温度。在室外，环境温度一般取当地最热月平均最高气温；在室内，则取当地最热月平均最高气温加 5℃；对土中直埋的电缆，取当地最热月地下 0.8～1m 的土壤平均温度，也可近似地采用当地最热月平均气温。

附表 6 列出了导体在正常时和短路时的最高允许温度和热稳定系数，附表 7 列出了

绝缘导线在不同环境温度下明敷、穿钢管和穿塑料管时的允许载流量，其他导线和电缆的允许载流量，可查相关设计手册。

按发热条件选择导线所用的计算电流 I_{30}时，对降压变压器高压侧的导线，应取为变压器额定一次电流 $I_{1N.T}$；对电容器的引入线，由于电容器放电时有较大的涌流，因此应取为电容器额定电流 $I_{N.C}$的 1.35 倍。

2. 中性线和保护线截面的选择

(1) 中性线（N 线）截面的选择。三相四线制系统中的中性线，要通过系统的三相不平衡电流和零序电流，因此中性线的允许载流量应不小于三相系统的最大不平衡电流，同时应考虑谐波电流的影响。

1) 一般三相线路的中性线截面 A 应不小于相线截面 A 的 50%，即

$$A^{0} \geqslant 0.5A^{\varphi} \tag{4-17}$$

2) 由三相线路引出的两相三线线路和单相线路，由于其中性线电流与相线电流相等，因为它们的中性线截面 A^{0} 应与相线截面 A^{φ} 相同，即

$$A^{0} = A^{\varphi} \tag{4-18}$$

3) 对于 3 次谐波电流较大的三相四线制线路及三相负荷很不平衡的线路，使得中性线上通过的电流可能接近甚至超过相电流。因此在这种情况下，中性线截面 A^{0} 宜等于或大于相线截面 A^{φ}，即

$$A^{0} \geqslant A^{\varphi} \tag{4-19}$$

(2) 保护线（PE 线）截面的选择。保护线要考虑三相系统发生单相短路故障时单相短路电流通过时的短路热稳定度。

根据短路热稳定度的要求，保护线（PE 线）的截面 A^{PE}，按 GB 50054—2014《低压配电设计规范》规定：

1) 当 $A^{\varphi} \leqslant 16\text{mm}^2$ 时

$$A^{PE} \geqslant A^{\varphi} \tag{4-20}$$

2) 当 $16\text{mm}^2 < A^{\varphi} \leqslant 35\text{mm}^2$ 时

$$A^{PE} \geqslant 16\text{mm}^2 \tag{4-21}$$

3) 当 $A^{\varphi} > 35\text{mm}^2$ 时

$$A^{PE} \geqslant 0.5A^{\varphi} \tag{4-22}$$

(3) 保护中性线（PEN 线）截面的选择。保护中性线兼有保护线和中性线的双重功能，因此其截面选择应同时满足上述保护线和中性线的要求，并取其中的最大值。

【例 4-5】 有一条采用 BLX-500 型铝芯橡皮线明敷的 220/380V 的 TN-S 线路，计算电流为 50A，当地最热月平均最高气温为 30℃。试按发热条件选择此线路的导线截面。

解 此 TN-S 线路为含有 N 线和 PE 线的三相四线制线路，因此不仅要选择相线，

还要选择中心线和保护线。

(1) 相线截面的选择。查附表 7 得环境温度为 30℃时明敷的 BLX－500 型截面为 $10mm^2$ 的铝芯橡皮绝缘导线的 $I_{al}=60A>I_{30}=50A$，满足发热条件。因此相线截面选 $A_{\varphi}=10mm^2$。

(2) N 线的选择。按 $A_0\geqslant0.5A_{\varphi}$，选择 $A_0=6mm^2$。

(3) PE 线的选择。由于 $A_{\varphi}<16mm^2$，故选 $A_{PE}=A_{\varphi}=10mm^2$。

因此，所选导线的型号规格表示为 BLX—500—(3×10＋1×6＋PE10)。

【例 4－6】［例 4－5］所示 TN－S 线路，如采用 BLV 型铝芯绝缘线穿硬塑料管埋地敷设，当地最热月平均最高气温为 25℃。试按发热条件选择此线路的导线截面及穿线管内径。

解 查附表 7 得 25℃时 5 根单芯线穿硬塑料管的 BLV 型截面为 $25mm^2$ 的导线的允许载流量 $I_{al}=56A>I_{30}=50A$。

因此按发热条件，相线截面可选为 $25mm^2$。

N 线截面按 $A_0\geqslant0.5A_{\varphi}$ 选择，选为 $16mm^2$。

PE 线截面按式（4－21）规定，选为 $16mm^2$。

穿线的硬塑管内径选为 $120mm^2$。

选择结果表示为 BLV－500－(3×35＋1×16＋PE16)－PC50，其中 PC 为硬塑管代号。

4.11.2 按经济电流密度选择导线和电缆的截面

导线（包括电缆）的截面越大，电能损耗就越小，但是线路投资、维修管理费用和有色金属消耗量却要增加。因此从经济方面考虑，导线应选择一个比较合理的截面，即使电能损耗小，又不致过分增加线路投资、维修管理费和有色金属消耗量。

图 4－24 是年费用 C 与导线截面 A 的关系曲线。其中曲线 1 表示线路的年折旧费（线路投资除以折旧年限之值）和线路的年维修管理费之和与导线截面的关系曲线；曲线 2 表示线路的年电能损耗费与导线截面的关系曲线；曲线 3 为曲线 1 与曲线 2 的叠加，表示线路的年运行费用（包括线路的年折旧费、维修费、管理费和电能损耗费）与导线截面的关系曲线。由曲线 3 可知，与年运行费最小值 C_a（a 点）相对应的导线截面 A_a 不一定是最经济合理的导经截面，因为 a 点附近，曲线 3 比较平坦，如果将导线截面再选小一些，例如，选为 A_b（b 点），年运行费用 C_b 增加不多，但导线截面即有色金属消耗量却显著地减少。因此从全面的经济效益来考虑，导线截面选为 A_b 比选 A_a 更为经济合理。这种从全面的经济效益考虑，使线路的年运行费用接近最小同时又适当考虑有色金属节约的导线截面，称为经济截面，用符号 A_{ec} 表示。

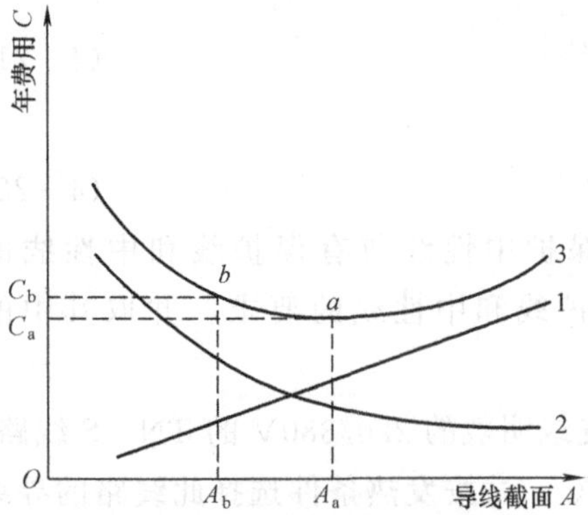

图 4－24 线路的年费用和导线截面的关系曲线

各国根据其具体国情，特别是有色金属资源的情况规定了各自的导线和电缆的经济电流密度。所谓经济电流密度，是指与经济截面对应的导线电流密度。我国现行的经济电流密度 j 规定见表 4-9。

表 4-9　导线和电缆的经济电流密度

线路类别	导线材质	年最大负荷利用小时（h）		
		3000 以下	3000～5000	5000 以上
架空线路	铝	1.65	1.15	0.90
	铜	3.00	2.25	1.75
电缆线路	铝	1.92	1.73	1.54
	铜	2.50	2.25	2.00

按经济电流密度 j_{ec} 计算经济截面 A_{ec} 的公式为

$$A_{ec}=I_{30}/j_{ec} \tag{4-23}$$

式中　I_{30}——线路的计算电流。

按式（4-23）计算出 A_{ec} 后，应选最接近的标准截面（可取较小的标准截面），然后检验其他条件。

思考题

4-1　对变电站主接线的基本要求包含哪些内容？

4-2　分别比较高压和低压的放射式接线和树干式接线的优缺点？

4-3　变电站主要设备的配置有哪些要求？

4-4　变电站高压侧采用隔离开关—熔断器的接线与采用隔离开关—断路器的接线分别适用于什么场合？

4-5　内桥式接线和外桥式接线分别适用于什么场合？

4-6　电气设备选择校验的一般原则是什么？

4-7　高低压负荷开关、高低压断路器、低压隔离开关的断流能力如何选择校验？

4-8　选择导线的截面时，一般应满足什么条件？

4-9　什么情况下，导线或电缆要按“经济电流密度”选择？

4-10　变电站主变压器的选择原则有哪些？

4-11　中性线应如何进行选择？

4-12　高压设备检验的项目有哪些？

4-13　低压电气设备检验项目有哪些？

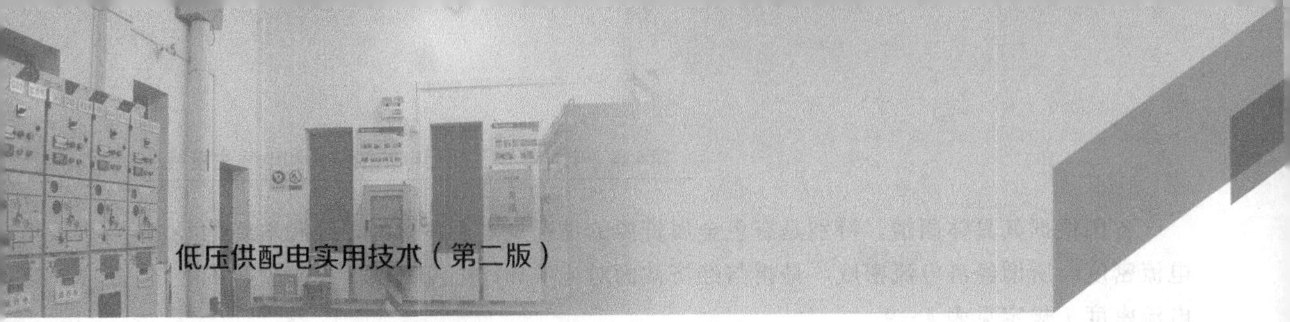

第5章

供配电系统的继电保护

5.1 断电保护装置概述

5.1.1 继电保护装置的任务

1. 故障时跳闸

在供电系统出现短路故障时，作用于前方最靠近的控制保护装置，使之迅速跳闸，切除故障部分，恢复其他无故障部分的正常运行，同时发出信号，以便提醒值班人员检查，及时消除故障。

2. 异常状态发出报警信号

在供电系统出现不正常工作状态时，如过负荷或有故障苗头时，发出报警信号，提醒值班人员注意并及时处理，以免发展成故障。

5.1.2 继电保护装置的基本要求

1. 选择性

继电保护动作的选择性是指在供配电系统发生故障时，只使电源一侧距离故障点最近的继电保护装置动作，通过开关电器将故障切除，而非故障部分仍然正常运行。继电保护装置动作选择性示意图如图 5-1 所示，当 k1 点发生短路时，则继电保护装置动作只应使断路器 1QF 跳闸，切除电动机 M，而其他断路器都不跳闸。满足这一要求的动作称为选择性动作。如果 1QF 不动作，其他断路器跳闸，则称为失去选择性动作。

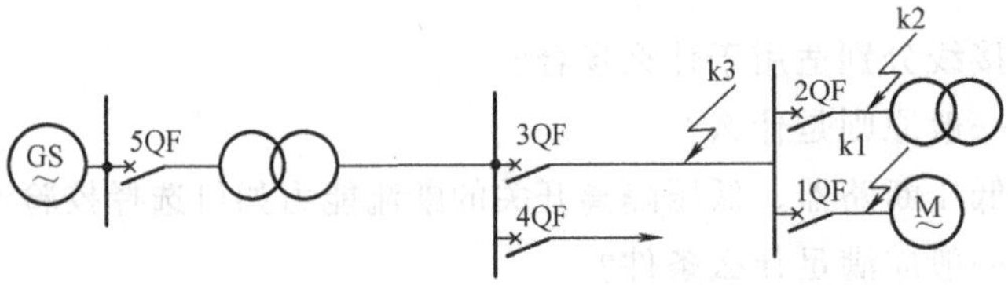

图 5-1 继电保护装置动作选择性示意图

2. 速动性

速动性就是快速切除故障。当系统内发生短路故障时，保护装置应尽快动作，快速切除故障。

3. 可靠性

可靠性是指保护装置该动作时就应动作（不拒动），不该动作时不误动。

4. 灵敏性

灵敏性是指保护装置在其保护范围内对故障和不正常运行状态的反应能力。如果保护装置对其保护区内极轻微的故障都能及时地反应动作，则说明保护装置的灵敏度高。

灵敏性通常用灵敏系数 S_p 来衡量。

对于过电流保护装置，其灵敏系数 S_p 为

$$S_p = I_{k.min}/I_{op.1} \tag{5-1}$$

式中　$I_{k.min}$——被保护区内最小运行方式下的最小短路电流；

$I_{op.1}$——保护装置的一次侧动作电流。

对于低电压保护装置，其灵敏系数 S_p 为

$$S_p = U_{op.1}/U_{k.max} \tag{5-2}$$

式中　$U_{k.max}$——被保护区内发生短路时，连接该保护装置的母线上最大残余电压，V；

$U_{op.1}$——保护装置的一次动作电压，即保护装置动作电压换算到一次电路的电压，V。

以上四项要求对熔断器和低压断路器保护也是适用的。

5.1.3　继电保护装置的组成

继电保护装置是由若干个继电器组成的，其框图如图 5－2 所示，当线路上发生短路时，起动用的电流继电器 KA 瞬时动作，使时间继电器 KT 起动，KT 经整定的一定时限后，接通信号继电器 KS 和中间继电器 KM，KM 触点接通断路器 QF 的跳闸回路，使断路器 QF 跳闸。

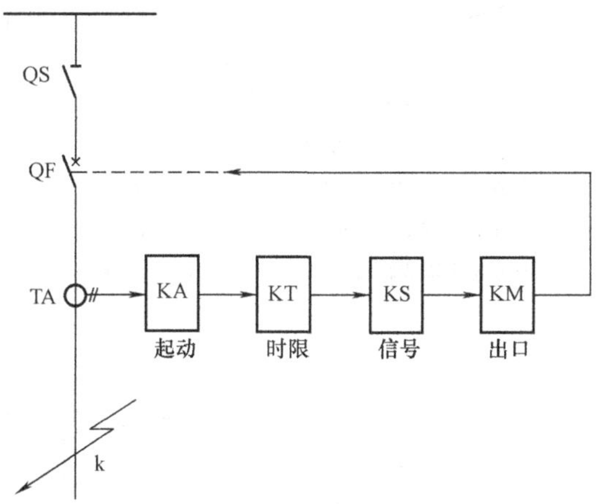

图 5－2　继电保护装置组成框图

5.2　常用保护继电器种类

5.2.1　电磁式电流继电器

电磁式继电器型号的含义如图 5－3 所示。

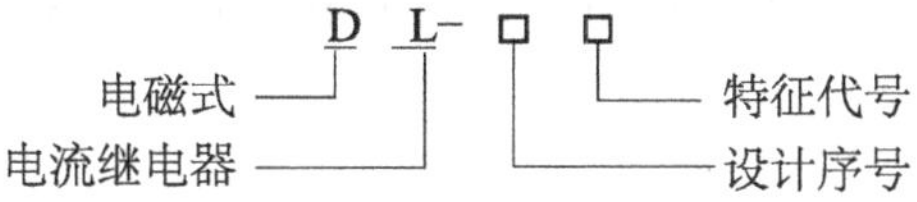

图 5－3　电磁式继电器型号

注：其他代号：G—感应式；S—时间继电器；Z—时间继电器；X—信号继电器；Y—电压继电器

电磁式电流继电器在继电保护装置中，通常用作起动元件，因此又称起动继电器。常用的 DL－10 系列电磁式电流继电器的内部结构如图 5－4 所示，其内部接线和图形符号如图 5－5 所示。

由图 5－4 所示，当线圈 3 通过电流时，电磁铁 1 中产生磁通，力图使 Z 形钢舌簧片 2 向凸出磁极偏转。与此同时，转轴 4 上的反作用弹簧 5 又力图阻止钢舌簧片偏转。当继电

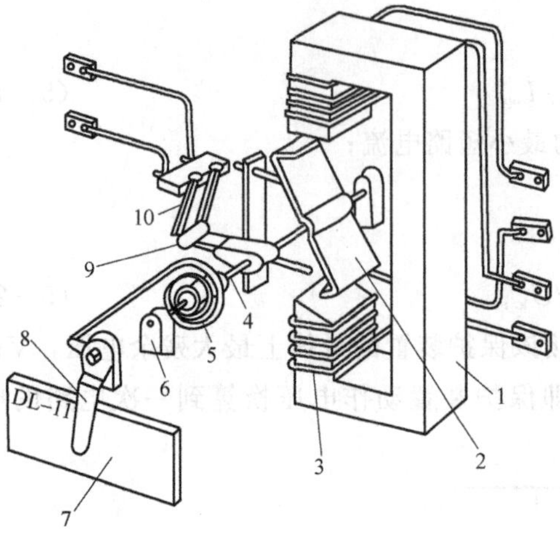

图 5-4　DL-10 系列电磁式电流继电器的内部结构

1—电磁铁；2—钢舌簧片；3—线圈；4—转轴；5—反作用弹簧；6—轴承；7—标度盘（铭牌）；8—起动电流调节转杆；9—动触点；10—静触点

器线圈中的电流增大到使钢舌簧片所受到的转矩大于弹簧的反作用力矩时，钢舌簧片便被吸近磁极，使动合触点闭合、动断触点断开，这就叫继电器的动作或起动。

能使过电流继电器动作（触点闭合）的最小电流称继电器的动作电流，用 I_{op} 表示。对于欠量继电器，例如，欠电压继电器，其动作电压 U_{op} 则为继电器线圈中的使继电器动作的最大电压。

过电流继电器动作后，减小通入继电器线圈的电流到一定值时，钢舌簧片在弹簧作用下返回起始位置（触点断开）。使继电器由动作状态返回到起始位置的最大电流，称为继电器的返回电流，用 I_{re} 表示。对于欠量继电器，例如欠电压继电器，其返回电压则为继电器线圈中的使继电器返回的最小电压。

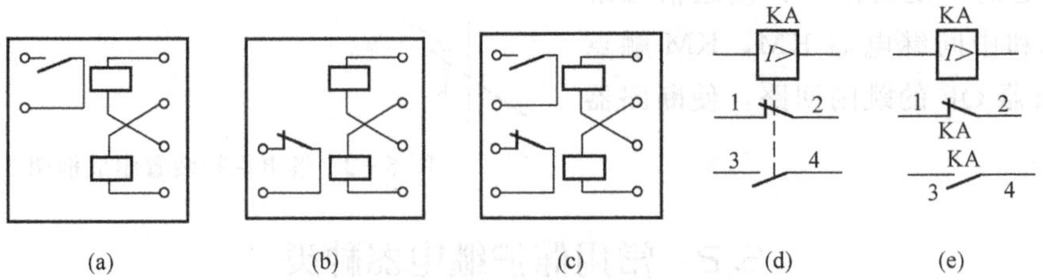

图 5-5　DL-10 系列电磁式电流继电器的内部接线和图形符号

(a) DL-11 型接线；(b) DL-12 型接线；(c) DL-13 型接线；(d) 集中表示的图形符号；(e) 分开表示的图形符号

继电器返回电流与动作电流的比值，称为继电器的返回系数，用 K_{re} 表示，即

$$K_{re}=\frac{I_{re}}{I_{op}} \tag{5-3}$$

对于过量继电器，返回系数总是小于 1；对于欠量继电器，返回系数则大于 1。返回系数越接近于 1，说明继电器越灵敏，如果返回系数过低，可能使保护装置误动作。DL-10 系列继电器的返回系数一般不小于 0.8。

电磁式电流继电器的动作极为迅速，可认为是瞬时动作，因此这种继电器也称为瞬时继电器。

电磁式电流继电器的动作电流调节有两种方法：一种是平滑调节，即拨动转杆 8 来改变弹簧 5 的反作用力矩；另一种是级进调节，即改变线圈连接方式，当线圈并联时，动作电流将比线圈串联时增大 1 倍。

DL－10系列电磁式继电器的电流时间特性即定时限特性，如图5－6所示。

只要通入继电器的电流超过某一预先整定的数值时，它就能动作，动作时限是固定的，与外加电流无关，这种特性称作定时限特性。

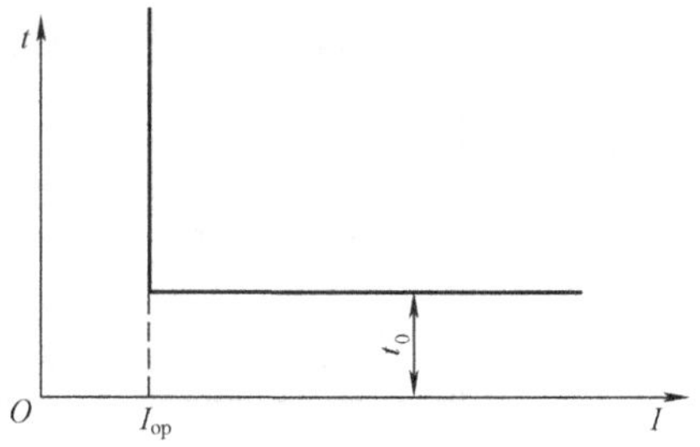

图5－6　电磁式电流继电器的定时限特性

DL系列电磁式电流继电器主要技术数据见附表15。

5.2.2　电磁式时间继电器

在继电保护装置中，电磁式时间继电器为时限元件，使保护装置的动作获得一定的延时。

供电系统中常用的DS－110/120系列电磁式时间继电器的内部结构如图5－7所示，其内部接线和图形符号如图5－8所示。

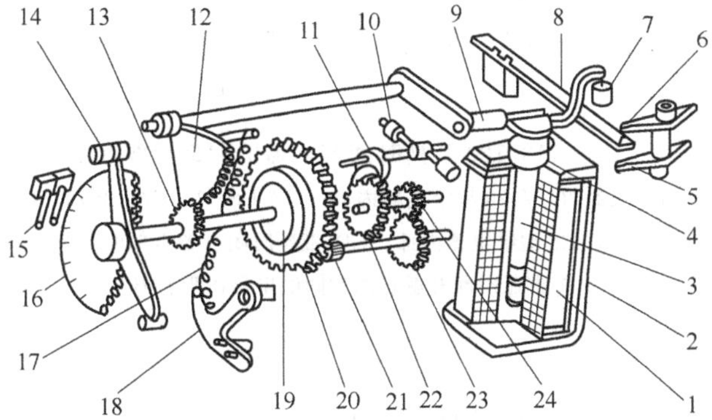

图5－7　DS－110/120系列电磁式时间继电器的内部结构

1—线圈；2—电磁铁；3—可动铁心；4—返回弹簧；5、6—瞬时静触点；7—绝缘杆；8—瞬时动触点；9—压杆；10—平衡锤；11—摆动卡板；12—扇形齿轮；13—传动齿轮；14—主动触点；15—主静触点；16—标度盘；17—拉引弹簧；18—弹簧拉力调节器；19—摩擦离合器；20—主齿轮；21—小齿轮；22—掣轮；23、24—钟表机构传动齿轮

由图5－7可知，当继电器的线圈通电时，铁芯被吸入，压杆失去支持，使被卡住的一套钟表机构起动，同时切换瞬时触点。在拉引弹簧的作用下，经过整定的延时，使主触点闭合。继电器的延时，是用改变主静触点的位置（即它与主动触点的相对位置）来调整。调整的时间范围，在标度盘上标出。

当线圈失电后，继电器在拉引弹簧的作用下返回起始位置。

DS－100型系列时间继电器有两种，一种为DS－110型，另一种为DS－120型。前者为直流，后者为交流。

为了缩小继电器的尺寸和节约材料，有的时间继电器线圈不是按长期通电设计的，因此若需长期接上电压的时间继电器，应在继电器起动后，利用其瞬时转换触点，使线圈串入电阻，以限制线圈电流，如图5－8（b）所示的DS－111C型。

5.2.3　电磁式信号继电器

在继电保护装置中，信号继电器用来发出指示信号，指示保护装置已经动作，提醒

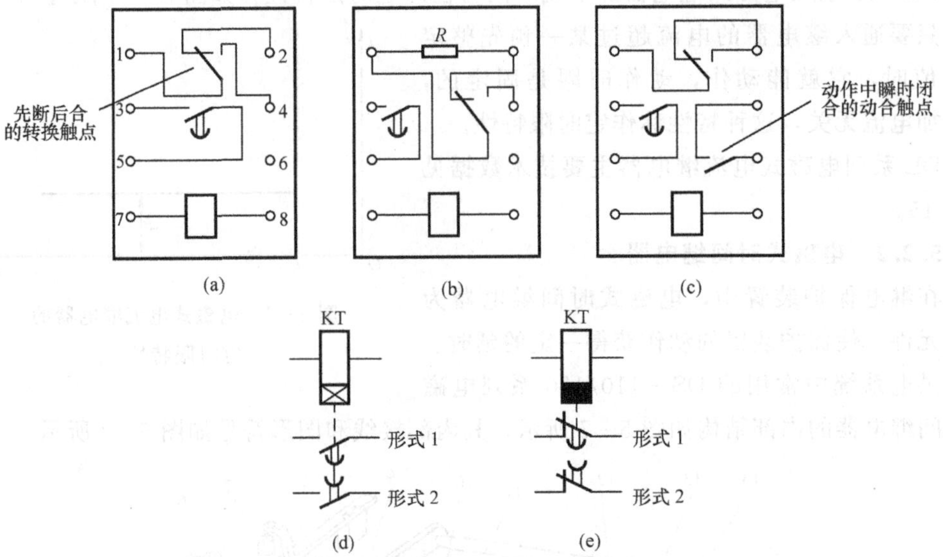

图 5-8　DS-110/120 系列时间继电器的内部接线和图形符号

(a) DS-111/121/112/122/113/123 型继电器内部；(b) DS-111C/112C/113C 型继电器内部；

(c) DS-115/125/116/126 型继电器内部；(d) 带延时闭合触点的时间继电器图形符号；

(e) 带延时断开触点的时间继电器图形符号

运行值班人员注意。

供电系统中常用的 DX-11 型信号继电器有电流型和电压型两种，两者线圈阻抗和反应参量不同。电流型可串联在二次回路中而不影响其他二次元件的动作；电压型因线圈阻抗大，必须并联在二次回路内。

信号继电器在正常状态时，其信号牌是被衔铁支持住的。当继电器线圈通电时，衔铁被吸向铁心而使信号牌掉下，显示其动作信号（可由窗孔观察），同时带动转轴旋转 90°，使固定在转轴上的导电条（动触点）与静触点接通，从而接通信号回路，发出音响或灯光信号。要使信号停止，可旋动外壳上的复位旋钮，断开信号回路，同时使信号牌复位。

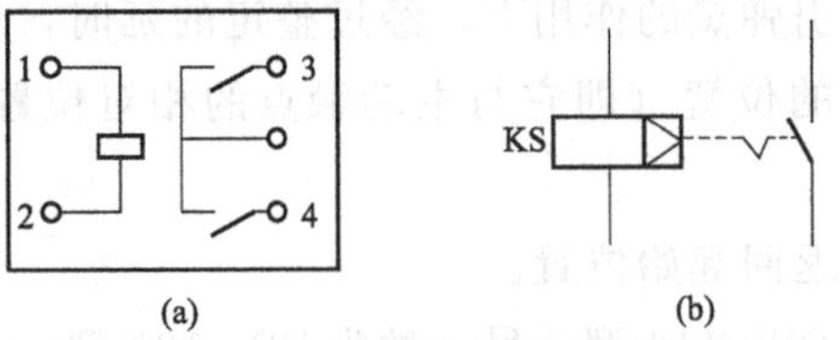

图 5-9　DX-11 型电磁式信号继电器的内部结构和图形符号

(a) 内部结构；(b) 接线与图形符号

其中线圈符号为 GB4728 规定的机械保持继电器线圈，其触点上附加符号表示定位或非自动复位。

DX-11 型电磁式信号继电器的内部结构如图 5-9（a）所示，DX-11 型信号继电器图形符号如图 5-9（b）所示。

5.2.4　电磁式中间继电器

电磁式中间继电器主要用于各种保护和自动装置中，以增加保护和控制回路的触点数量和触点容量。它通常用在保护装置的出口回路中，用来接通断路器的跳闸回路，故又称为出口继电器。DZ-10 系列中间继电器的基本结构如图 5-10 所示。

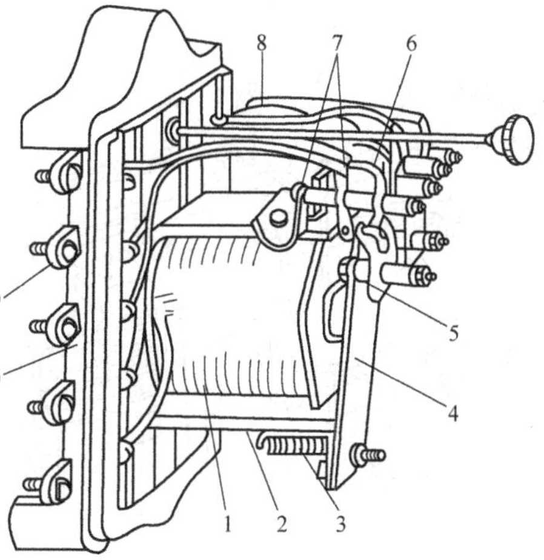

图 5－10　DZ－10 系列中间继电器的内部结构

1—线圈；2—电磁铁；3—弹簧；4—衔铁；5—动触点；
6、7—静触点；8—连接线；9—接线端子；10—底座

电磁式中间继电器一般采用吸引衔铁式结构。当线圈通电时，衔铁被快速吸合，动断触点断开，动合触点闭合。当线圈断电时，衔铁被快速释放，触点全部返回起始位置。其内部接线和图形符号如图 5－11 所示，其中线圈符号为 GB4728 规定的快吸和快放线圈。

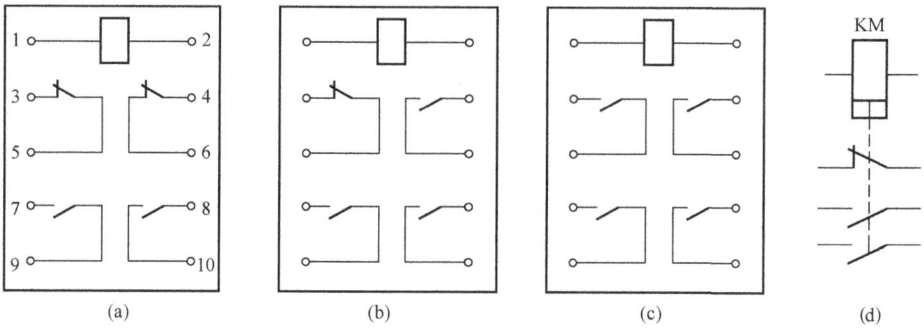

图 5－11　DZ－10 系列中间继电器的内部接线和图形符号

(a) DZ－15 型；(b) DZ－16 型；(c) DZ－17 型；(d) 图形符号

5.2.5　感应式电流继电器

供电系统中常用的 GL－10/20 系列感应式电流继电器的内部结构如图 5－12 所示。它由感应系统和电磁系统两大部分组成。感应系统主要包括线圈 1、带短路环 3 的电磁铁 2 及装在可偏转的铝框架 6 上的转动铝盘 4 等元件。电磁系统主要包括线圈 1 、电磁铁 2 和衔铁 15。线圈 1 和电磁铁 2 是两组系统共用的。

感应式电流继电器的感应系统如图 5－13 所示。

当线圈 1 有电流流过时，电磁铁 2 在短路环 3 的作用下，产生在时间和空间位置上不相同的两个磁通 Φ_1 和 Φ_2，且 Φ_1 超前于 Φ_2。这两个磁通均穿过铝盘 4，根据电磁感

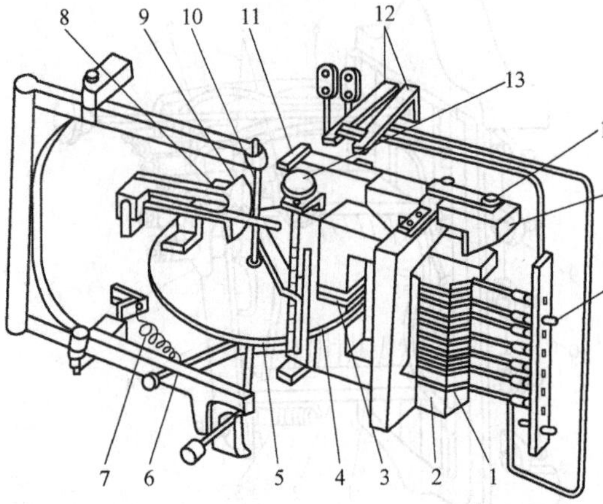

图 5-12　感应式电流继电器的内部结构

1—线圈；2—电磁铁；3—短路环；4—铝盘；5—钢片；6—铝框架；7—调节弹簧；8—制动永久磁铁；9—扇形齿轮；10—蜗杆；11—扁杆；12—触点；13—时限调节螺钉；14—速断电流调节螺杆；15—衔铁；16—动作电流调节插销

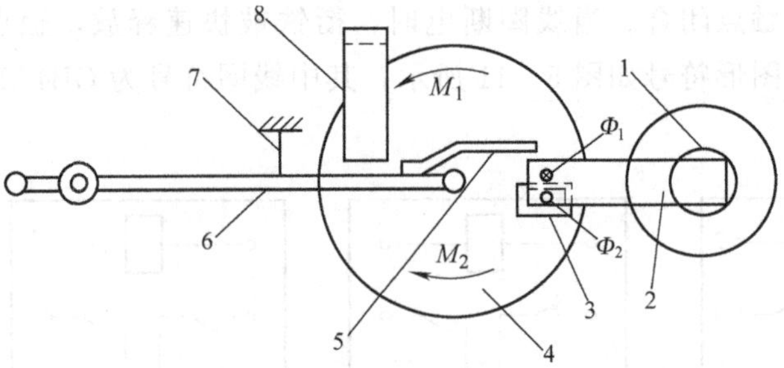

图 5-13　感应式电流继电器的感应系统转动力矩 M_1 制动力矩 M_2

1—线圈；2—电磁铁；3—短路环；4—铝盘；5—钢片；6—铝框架；7—调节弹簧；8—制动永久磁铁

应原理，这两个磁通在磁盘上产生一个始终由超前磁通 Φ_1 向落后磁通 Φ_2 方向的转动力矩。此时作用于铝盘上的转动力矩为

$$M_1 \propto \Phi_1 \Phi_2 \sin\Psi \tag{5-4}$$

式中　Ψ——Φ_1 与 Φ_2 之间的相位差，此值为一常数。

由于 $\Phi_1 \propto I_{KA}$，$\Phi_2 \propto I_{KA}$，且 Ψ 为常数，因此

$$M_1 \propto I_{KA}^2 \tag{5-5}$$

在 M_1 的作用下，铝盘开始转动。铝盘转动后，切割永久磁铁 8 产生的磁力线，产生反向的制动力矩 M_2。M_2 与铝盘的转速 n 成正比，即

$$M_2 \propto n \tag{5-6}$$

制动力矩 M_2 在某一转速下，与电磁铁产生的转动力矩相平衡，因而在一定的电流下保持铝盘匀速旋转。

在上述 M_1 和 M_2 的作用下，铝盘受力虽有使框架 6 和铝盘 4 向外推出的趋势，但由于受到弹簧 7 的拉力，仍保持在初始位置。

当继电器线圈的电流增大到继电器的动作电流时，由电磁铁产生的转动力矩也增大，并使铝盘转速随之增大，永久磁铁产生的制动力矩也随之增大。这两个力克服弹簧的反作用力矩，从而使铝盘带动框架前偏（参见图 5－13），使蜗杆 10 与扇形齿轮 9 啮合，这叫做“继电器动作”。由于铝盘继续转动，使扇形齿轮沿着蜗杆上升，最后使触点 12 切换，同时使信号牌掉下，从观察孔内看到其红色或白色的信号指示，表示继电器已经动作。

通入线圈的电流越大，铝盘转得越快，扇形齿轮沿蜗杆上升的速度也越快，则动作时间越短，这就是感应式电流继电器的反时限特性，如图 5－14 中曲线的 ab 部分。随着电流增大，继电器铁芯磁路饱和，特性曲线逐渐过渡到定时限特性，如图 5－14 中曲线的 bcd 部分。

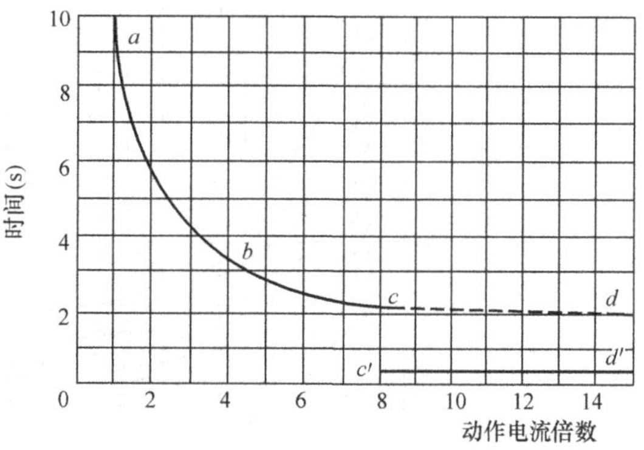

图 5－14 感应式电流继电器的反时限特性

感应式电流继电器还装有瞬动元件，当流入继电器线圈的电流继续增加到某一预先整定的倍数（例如为 8 倍）时，则瞬动元件起动，继电器的电流时间特性如图 5－14 中曲线的 $c'd'$，这就是瞬时速断特性。因此这种电磁元件又称为电流速断元件，动作曲线上对应于开始速断时间的动作电流倍数，称速断电流倍数，即

$$n_{qb} = I_{qb}/I_{op} \quad (5-7)$$

式中 I_{op}——感应式电流继电器的动作电流；

I_{qb}——感应式电流继电器的速断电流，即继电器线圈中使速断元件动作的最小电流。

实际的 GL－10/20 系列电流继电器的速断电流整定为动作电流的 2～8 倍，在速断电流调节螺钉上面标度。

感应式电流继电器的这种有一定限度的反时限动作特性，称为有限反时限特性。

继电器的动作电流则是利用插销 16 来选择插孔位置进行调节，实际上是改变线圈 1 的匝数来进行动作电流的级进调节，也可利用调节弹簧 7 的拉力来进行平滑的微调。

继电器的速断电流倍数 n_{qb} 可利用螺钉 14 改变衔铁 15 与电磁铁 2 之间的气隙大小来调节。气隙越大，n_{qb} 越大。

继电器感应元件的动作时间（动作时限）是利用螺杆 13 来改变扇形齿轮顶杆行程的起点，以使动作特性曲线上下移动。不过要注意，继电器动作时限调节螺杆的标度尺是以 10 倍动作电流的动作时限来标度的，也就是标度尺上所标示的动作时间，是继电器线圈通过的电流为其整定的动作电流的 10 倍时的动作时间，因此继电器实际的动作时间，与实际通过继电器线圈的电流大小无关，须从相应的动作特性曲线上去查得。

图 5－15 所示为 GL－11/15/21/25 系列感应式电流继电器的电流时间特性曲线簇，横坐标是动作电流倍数，曲线簇上的每根曲线都标明有动作时限，如 0.5、0.7、1.0s 等，表示继电器通过 10 倍的整定动作电流所对应的动作时限。例如，某继电器被调整至 10 倍整定动作电流时动作时限为 2.0s 的曲线上时，若其线圈通入 3 倍的整定动作电流值，可从该曲线上查得此时继电器的动作时限 $t_{op}=3.5s$。

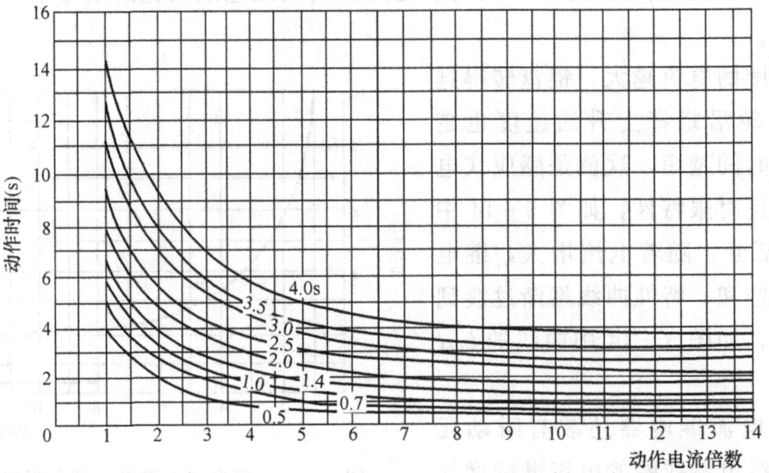

图 5－15　GL－11/15/21/25 系列感应式电流的电流时间特性曲线图

附表 16 列出 GL－11/15/21/25 型感应式电流继电器的主要技术数据，供参考。

GL－11/15/21/25 型感应式电流继电器的内部接线及图形符号如图 5－16 所示。

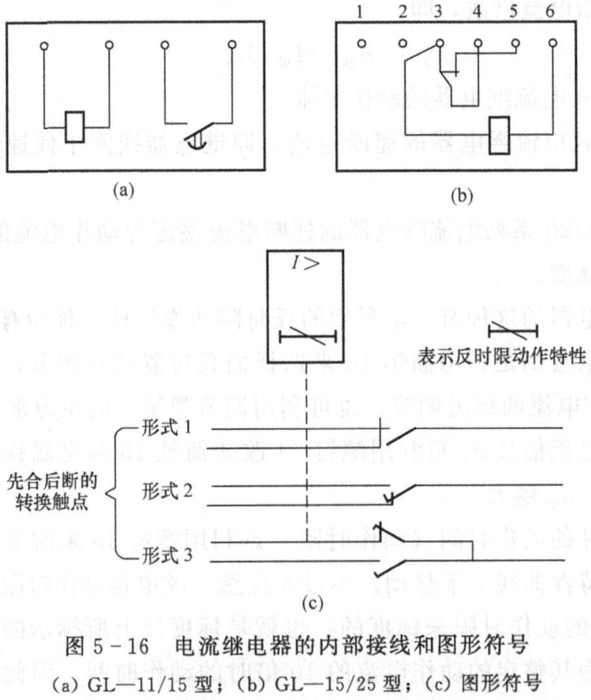

图 5－16　电流继电器的内部接线和图形符号

(a) GL—11/15 型；(b) GL—15/25 型；(c) 图形符号

感应式电流继电器机械结构复杂，精度不高，瞬动时限误差大，但它的触点容量大，它同时兼有电磁式电流继电器、时间继电器、信号继电器和中间继电器的功能，从而使保护装置的元件减少、接线简单，且采用交流操作电源，可减少投资，因而在6～10kV供电系统中应用广泛。

5.2.6　继电器一般检测项目

（1）新安装和定期检验时，应检查以下项目：

1）继电器外壳应清洁无灰尘。

2）外壳、玻璃应完整，嵌接要良好。

3）外壳与底座结合应紧密牢固，防尘密封要良好，安装要端正。

4）继电器端子接线应牢固可靠。

5）继电器内部应清洁无灰尘和油污。

6）对于圆盘式和四极圆筒式感应型继电器，当发现其转动部分转动不灵或其他异常现象时，应检查圆盘与电磁铁、永久磁铁间，圆筒与磁极、圆柱形铁心间是否清洁，检查有无铁屑等异物。同时还应检查圆盘是否平整，和上、下轴承的间隙是否合适。

7）继电器的可动部分应动作灵活，转轴的横向和纵向活动范围应适当。

8）各部件的安装应完好，螺丝应拧紧，焊接头应牢固可靠，发现有虚焊或脱焊时应重新焊牢。

9）整定把手应能可靠地固定在整定位置，整定螺钉插头与整定孔的接触应良好。

10）弹簧应无形变，当弹簧由起始位置转至最大刻度位置时，层间距要均匀，整个弹簧平面与转轴要垂直。

11）触点的固定要牢固并无折伤和烧损，动合触点闭合后要有足够压力。动、静触点接触时应中心相对。

12）擦拭和修理触点时禁止使用砂纸、锉等粗糙器件。烧焦处可用细油石修理并用绸布抹净。

13）继电器的轴和轴承除有特殊要求外，禁止注任何润滑油。

14）对具有多对触点的继电器，要根据具体情况，检查各对触点的接触时间是否符合要求。

15）检查各种时间继电器的钟表机构及可动系统在前进和后退过程中动作应灵活，其触点的闭合要可靠。

16）继电器底座端子板上的接线螺钉应压接紧固可靠，应特别注意引向端子的接线鼻之间要有一定的距离，以免相碰。

（2）绝缘检测。

1）新安装和定期检验时，对全部保护接线回路用1000V绝缘电阻表测定绝缘电阻，其值应不小于1MΩ。

2）单个继电器在安装或解体检修后，应用1000V绝缘电阻表（额定电压为100V及以上者）或500V绝缘电阻表（额定电压为100V以下者）测定绝缘电阻：①全部端子对底座和磁导体的绝缘电阻应不小于50MΩ；②各线圈对触点及各触点间的绝缘电阻应不小于 50MΩ；③各线圈间的绝缘电阻应不小于 10MΩ。

3）具有多个线圈的继电器在定期检验时应测各个线圈的绝缘电阻。

4）耐压试验：新安装和继电器经过解体检修后，应进行 50Hz 交流电压历时 1min 的耐压试验，所加电压可根据各继电器技术数据中的要求而定。无耐压试验设备时，允许用 2500V 绝缘电阻表测定绝缘电阻来代替交流耐压试验，所测绝缘电阻应不小于 20MΩ。

5）测定绝缘电阻或耐压试验时，应根据继电器的具体接线情况注意把不能承受高电压的元件（如半导体元件、电容器等）从回路中断开或将其短路。

（3）试验电源和使用仪器。

1）电源频率的变化对某些继电器的电气特性影响较大，若试验时电源频率与 50Hz 有较大偏差时，应考虑频率影响。

2）试验电源的好坏对某些继电器的电气特性影响显著，为了获得较好的波形，在试验时可以采用相间电压作为电源，而电流应用电阻调节器比较适宜。

3）为保证检验质量，应根据被测量的特性，选用比较合适型式的仪表（如反映有效值、平均值的仪表等），所用仪表一般应不低于 0.5 级，万用表应不低于 1.5 级。试验用的变阻器、调压器等应有足够的热稳定性，其容量应根据电源电压的高低、定值要求和试验接线误差而定，并保证能够均匀平滑地调整。

（4）继电器误差计算公式。其误差、离散值、变差计算公式为

$$误差(\%)=\frac{(实测值-整定值)}{整定值}\times 100\%$$

$$离散值(\%)=\frac{(与平均值相差最大的数值-平均值)}{平均值}\times 100\%$$

$$变差(\%)=\frac{(五次试验中的最大值-五次试验中的最小值)}{五次试验的平均值}\times 100\%$$

5.3 站用变微机测控装置

随着科学的进步，以计算机技术为核心的保护装置代替继电保护系统，广泛应用在各类电力系统中，已经成为发展趋势。下面介绍许继生产的 WCB－821 站用变保护测控装置。

WCB－821 适用于 35kV 以下电压等级的非直接接地系统或小电阻接地系统中的站用变保护及测控装置。保护装置尺寸为 217×145×204，可在开关柜就地安装。工作电源 AC 220V/DC 220V 任选。

保护方面的主要功能有：①三段定时限过流保护；②三段定时限零序电流保护；③过负荷保护；④低电压保护；⑤二段定时限负序过流保护；⑥3 路非电量保护；⑦独立的操作回路及故障录波。

测控方面的主要功能有：①遥信开入采集、装置遥信变位、事故遥信；②正常断路

器遥控分合、小电流接地探测；③P、Q、I_A、I_B、I_C、U_a、U_b、U_c、f、$\cos\varphi$、U_{AB}、U_{BC}、U_{CA}等模拟量的遥测。

通信功能：装置设有 2 个标准的 RS-485 通信接口，支持 Modbus 和 IEC-60870-5-103 规约；2 个以太网通信接口，支持 TCP/IP-103 规约。

5.3.1　接线

(1) 硬件接线示意图如图 5-17 所示；微机保护装置外部接口如图 5-18 所示。

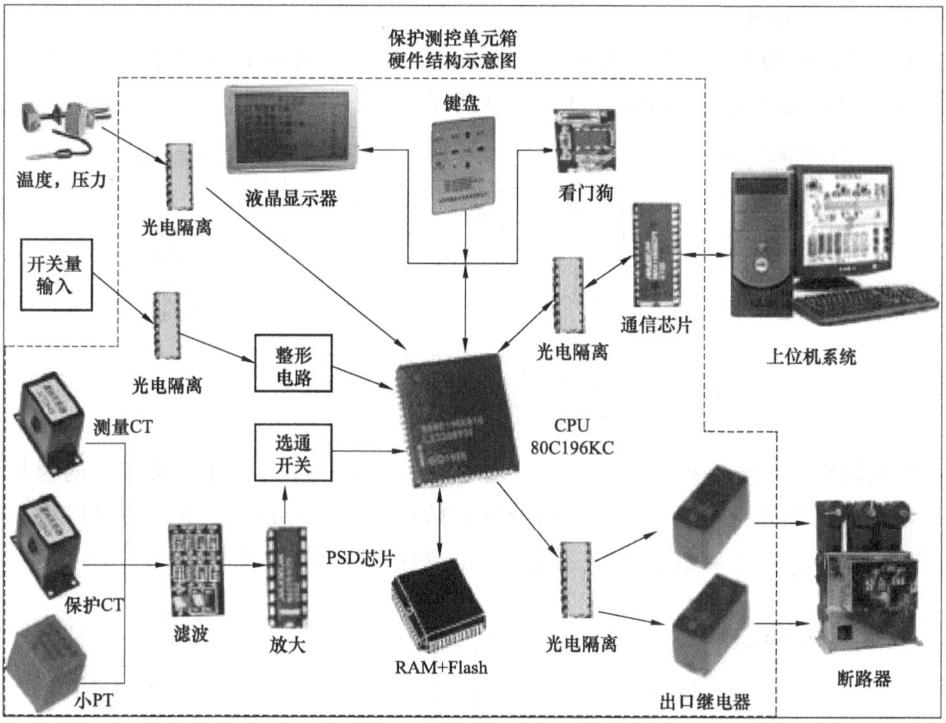

图 5-17　微机保护装置硬件接线示意图

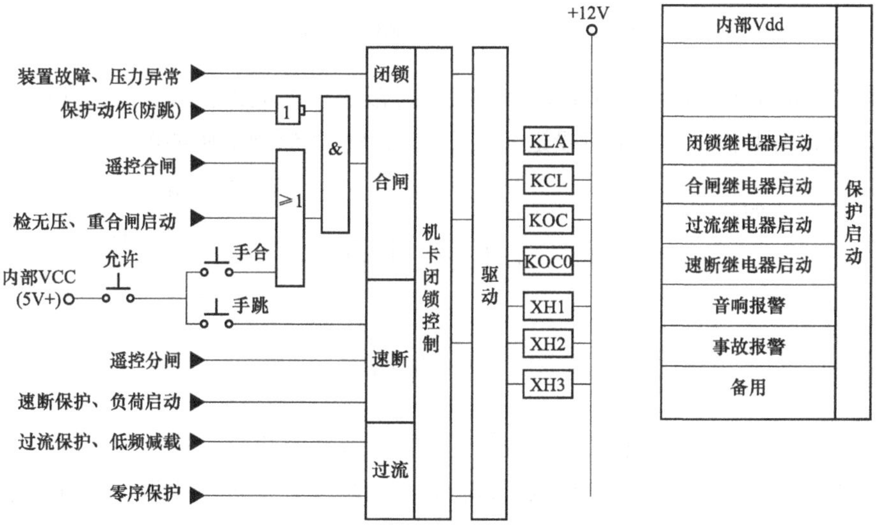

图 5-18　微机保护装置外部接口示意图

(2) 电流及电压输入经隔离互感器变换后，由低通滤波器输入至模数变换器，CPU经采样数字处理后，构成各种保护继电器，并计算各种遥测量。

(3) I_b、I_c、I_0 输入为保护用模拟量输入，I_A、I_B、I_C 为测量用专用测量 TA 输入，保证遥测量的精度。

(4) U_B、U_C 输入在本装置中作为测量用电压输入，与 I_A、I_B、I_C 一起计算 P、Q、$\cos\varphi$。

5.3.2 保护功能

(1) 三段定时限过流保护。装置设有三段定时限过流保护，通过分别设置保护压板控制这两段保护的投退。原理图如图 5－19 所示。

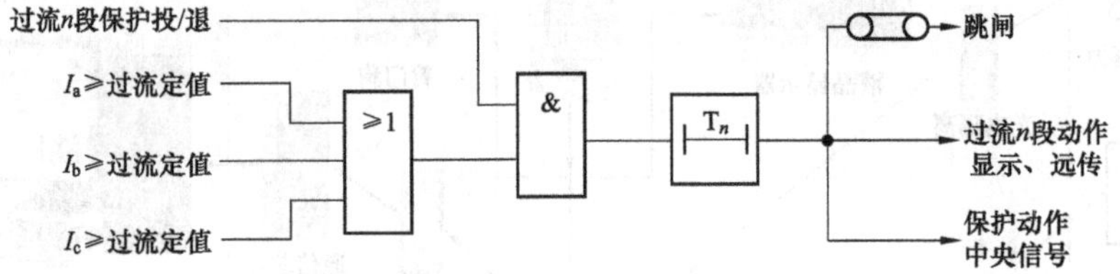

图 5－19　三段定时限过流保护

Tn—过流 n 段时限（n=1、2）

(2) 三段零序电流保护。装置设有三段零序电流保护作为高压侧接地时的保护，各段零序电流及时间定值可独立整定，可分别由软连接片进行投退。其中第Ⅲ段可以通过出口设置选择动作于跳闸或告警。三段零序电流保护原理框图如图 5－20 所示。

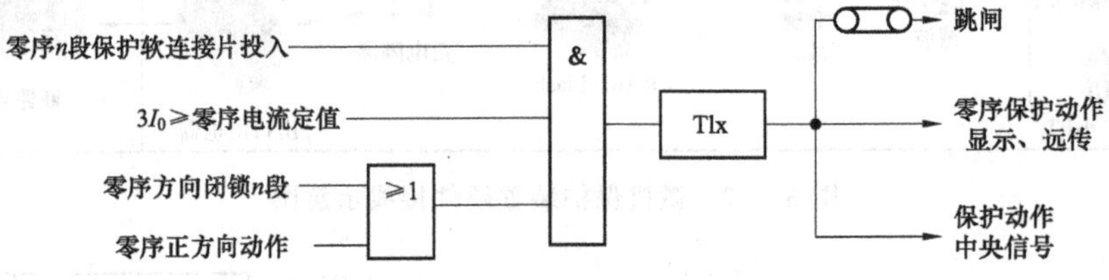

图 5－20　三段零序电流保护原理框图

(3) 二段负序电流保护。装置设有两段定时限负序电流保护，主要用作断相和不平衡保护，可分别由软连接片进行投退。负序电流保护的原理框图如图 5－21 所示。

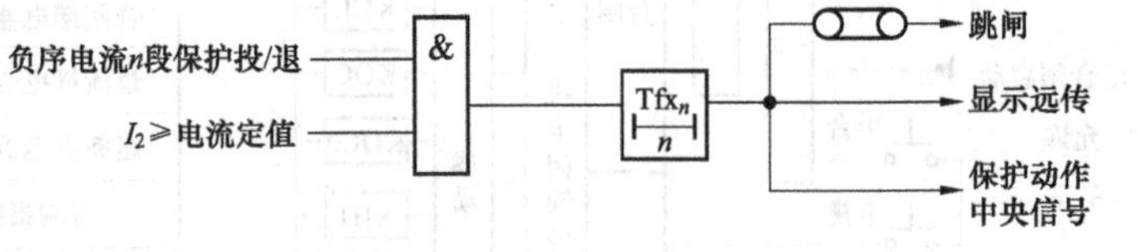

图 5－21　负序电流保护的原理图

Tfxn—负序电流 n 段时限（n=1，2）

(4) 负荷告警。装置设有过负荷告警，可由软连接片进行投退。

(5) 低电压保护。装置设有低电压保护，可由软连接片进行投退。低电压保护在任一相有流（$I>0.2A$）或有合位没有跳位时才投入。另外 TV 断线后本保护投退由控制字 XGBH 控制。

注：如选择 XGBH 为 0，则 TV 断线动作后低电压保护退出。

低压保护原理如图 5－22 所示。

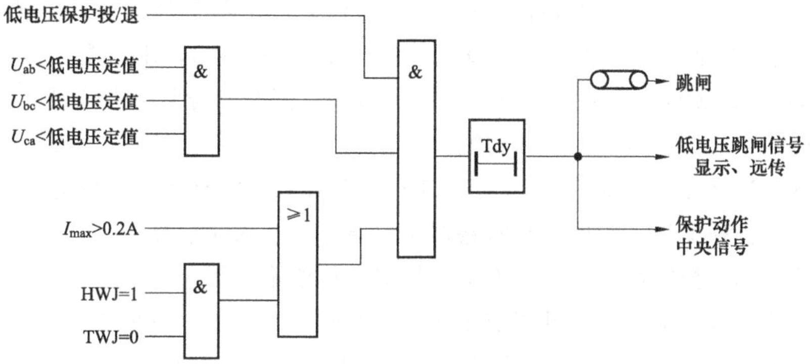

图 5－22　低压保护原理图

Tdy—低电压保护延时

(6) 非电量保护。装置设有三路非电量保护，三路非电量保护均可以由软压板控制投退，时间可以整定。非电量 1、2 可以通过出口设置选择动作于跳闸或告警，非电量 3 告警。当非电量跳闸或者告警以后如果非电量故障状态一直存在，则非电量信号灯或告警信号灯一直点亮，直到非电量故障状态解除。原理框图如图 5－23 所示。

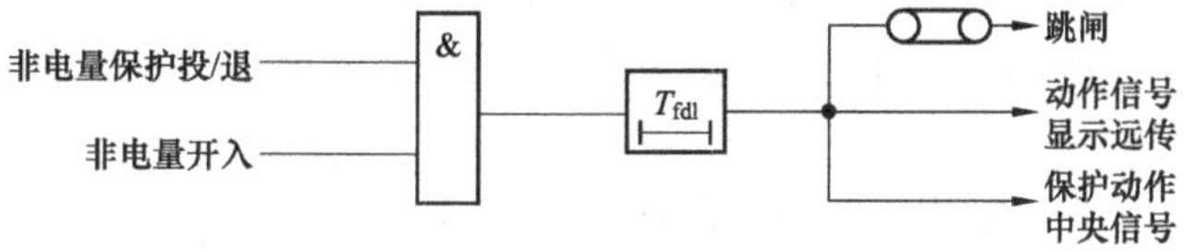

图 5－23　三路非电量保护

T_{fd1}—非电量保护延时时间

(7) 母线 TV 断线检查。母线 TV 断线自检功能，可以经控制字选择投入或退出。

1) 三个线电压均小于 18V，且任一相有流（I>0.2A）。

2) 负序电压大于 10V。

控制字投入，满足以上任一条件，5s 后报母线 TV 断线，不满足以上情况，且线电压均大于 80V，母线 TV 断线短延时返回。

(8) 控制回路异常告警（开关位置异常告警）。装置采集断路器的跳位和合位，当电源正常、断路器位置辅助接点正常时，必然有一个跳位或合位，否则，经 3s 延时报“控制回路异常”告警信号（带操作回路）或“开关位置异常”告警信号（不带操作回路），但不闭锁保护。

(9) 手车位置异常告警。如果装置主接线显示选择“2”即手车位置显示，电源插件的 01 和 02 端子分别接入手车运行位置和试验位置，则当装置 01 和 02 端子同时存在开入或同时没有开入，经 3s 延时报手车位置异常信号，但不闭锁保护。

(10) 弹簧未储能告警。装置设有弹簧未储能开入，装置收到开入后延时 25s 报弹簧未储能告警信号。

（11）压力异常告警。装置设有断路器压力异常开入，装置收到开入后延时1s报压力异常告警信号。

（12）装置故障告警。保护装置的硬件发生故障［包括A/D故障，定值软压出错，定值区号出错，开出回路出错，通信设置出错（不闭锁保护），出口配置出错，装置参数出错］，装置的LCD显示故障信息，并闭锁保护，同时发告警中央信号。

（13）遥测、遥信、遥控及遥脉功能。

1）遥测：I、U、P、Q、$\cos\varphi$、f，通过积分计算得出有功、无功电量等。

2）遥信：各种保护动作信号及断路器位置遥信、开入遥信等。

3）遥控：远方控制跳、合闸，连接片投退、修改定值等。

（14）录波。装置记录保护跳闸前4周波，跳闸后6周波（每周波24点）的采样数据，保护跳闸后上送变电站自动化主站；或者由独立的故障分析软件，分析故障和装置的跳闸行为。录波数据包括：各保护电流、电压 I_a、I_b、I_c、$3I_0$、U_A、U_B、U_C 和跳位开入、合位开入、非电量开入1、2，跳闸出口以及非电量出口。

录波通道信息地址设置：模拟量从1开始依次加1；开入、开出量从17开始依次加1。

5.3.3 设置跳线说明

（1）信号插件。JP1的跳线跳2-3；JP2不跳线，JP6跳ON；JP12、JP13跳线；JP17不跳线；当需要取消防跳回路时JP10不跳线，否则跳线；当控制电源为DC/AC220V时，JP11、JP14、JP15、JP16不跳线；当控制电源为DC110V时，JP11、JP14、JP15、JP16跳线。

（2）CPU插件。JP3跳2-3；GPS对时脉冲为24V输入，JP2不跳线；GPS对时脉冲为5V输入，JP2跳线。

5.3.4 接线端子及说明

接线如图5-24所示。

N101、N102、N103、N104分别为A、B、C、N电压输入，接入母线电压；N107、N108，N109、N110，N111、N112分别为A相、B相、C相测量电流输入，其中N107、N109、N111为极性端；

N113、N114为零序电流输入，N113为极性端；N115、N116，N117、N118，N119、N120分别为A相、B相、C相保护电流输入，其中N115、N117、N119为极性端；

N201～N208为备用开入1～备用开入8；

N209为N201～N208开入端子的负公共端；

N210、N211为GPS对时开入端子（DC 24V/DC 5V），其中N211为开入的负端；

N212、N213、N214分别为485＋、485－、GND（网络通信A，可用以连接自动化系统主站）；

N215、N216分别为485＋、485－（网络通信B，可用以连接自动化系统主站）；

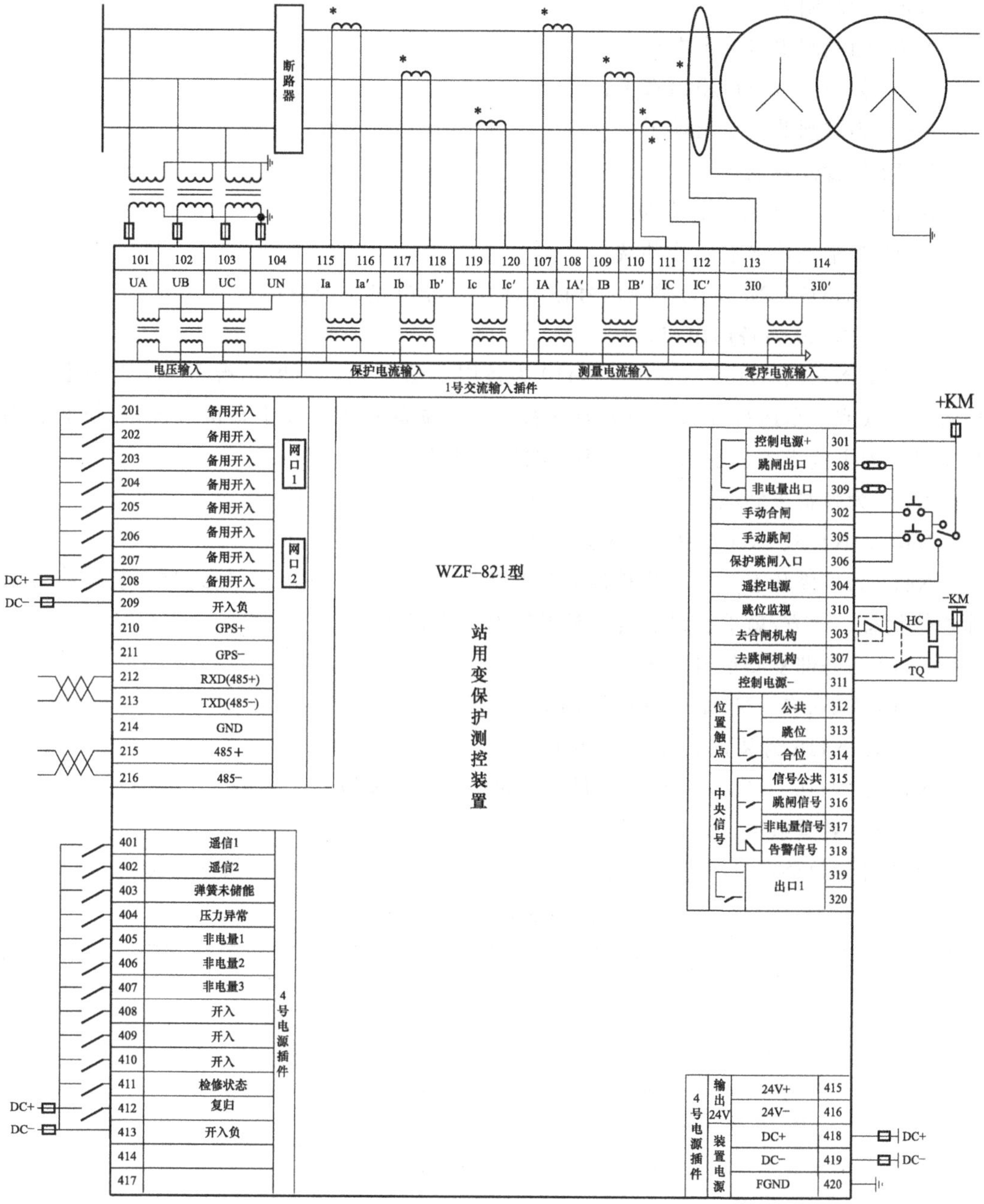

图 5-24 装置接线示意图

网口 1 和网口 2 作为网络通信；

N301、N311 分别接控制电源＋、－；

N302 为手动合闸输入端子；

N303、N307 分别接断路器合闸线圈、跳闸线圈；

N304 为遥控电源＋；

N305 为手动跳闸；

N306 为跳闸入口；

N308 为跳闸出口输出端子；

N309 为非电量出口输出端子；

N310 为跳闸监视输出端子；

N312 位置公共端；

N313、N314 为跳位、合位；

N315 为中央信号输出公共端；

N316、N317、N318 为中央信号输出跳位、非电量、告警；

N319、N320 为备用出口；

N401、N402、N408、N409、N410 为备用遥信开入，一般情况下 N401 为上刀闸位置开入（或手车运行位），N402 为下隔离开关位置开入（或手车试验位），与液晶面板主界面的主接线图显示相对应，不影响保护逻辑运行；

N403 为弹簧未储能开入端子；N404 为压力异常输入端子；

N405、N406、N407 为非电量开入 1、2、3；

N411 为检修状态开入（当检修状态投入，通信规约选用 103 规约时，装置将屏蔽除检修状态、远方/就地、跳、合位外的所有上送报文）；

N412 为外部复归信号开入；

N413 为 N401～N412 开入端子的负公共端；

N415、N416 为装置 24V 电源输出的正、负端；

N418、N419、N420 为装置电源输入的正、负端和地。

5.3.5 装置参数、定值整定及连接片状态

装置各参数整定见表 5-1，装置定值整定见表 5-2，连接片状态见表 5-3。

表 5-1 装置各参数整定

种类	名称	范围
通信参数	装置地址	0～254
	IP 地址	000.000.000.000～255.255.255.255
	子网掩码	000.000.000.000～255.255.255.255
	通信规约	GB103、MODBUS
	485A 通信规约	GB103、MODBUS、PRINT
	485A 波特率	1200、2400、4800、9600、19200、38400
	485A 奇偶校验	NO—无校验，EVEN—偶校验，ODD—奇校验
	485B 通信规约	GB103、MODBUS、PRINT
	485B 波特率	1200、2400、4800、9600、19200、38400
	485B 奇偶校验	NO—无校验，EVEN—偶校验，ODD—奇校验
装置参数	TV 变比	1～1100
	TA 变比	1～1000
	SOE 复归方式	AUTO—自动，MANUAL—手动

续表

种类	名称	范围
装置参数	主接线显示模式	0—显示运行参数、充电标志，1—显示断路器、充电标志和运行参数，2—显示主接线（手车位置）、充电标志和运行参数，3—显示主接线（隔离开关位置）、充电标志和运行参数
	装置有操作回路	YES—装置有操作回路，NO—装置没有操作回路
	遥测上送周期	0.5～600s
	电流门限值	0.1～1A
	电压门限值	0.5～50V
	电流极性反转	YES—反转，NO—不反转
	2/3 相测量	2（A、C 两相测量电流）/3（A、B、C 三相测量电流）

表 5-2　装置定值整定

定值种类	定值项目（符号）	整定范围及步长
过流Ⅰ段保护	过流Ⅰ段定值（Idz1）	0.5～100A，0.01A
	过流Ⅰ段时限（T1）	0～100s，0.01s
过流Ⅱ段保护	过流Ⅱ段定值（Idz2）	0.5～100A，0.01A
	过流Ⅱ段时限（T2）	0～100s，0.01s
过流Ⅲ段保护	过流Ⅲ段定值（Idz3）	0.5～100A，0.01A
	过流Ⅲ段时限（T3）	0～100s，0.01s
过负荷保护	过负荷定值（Igfh）	0.5～15A，0.01A
	过负荷时限（Tgfh）	0～100s，0.01s
负序电流Ⅰ段保护	负序电流Ⅰ段定值（Ifx1）	0.5～100A，0.01A
	负序电流Ⅰ段时限（Tfx1）	0.0～100s，0.01s
负序电流Ⅱ段保护	负序电流Ⅱ段定值（Ifx2）	0.5～100A，0.01A
	负序电流Ⅱ段时限（Tfx2）	0.0～100s，0.01s
零流Ⅰ段保护	零流Ⅰ段定值（I0H1）	0.02～15A，0.01A
	零流Ⅰ段时限（T0H1）	0.0～100s，0.01s
	零序方向闭锁 1（LXFX1）	1（闭锁）/0（不闭锁）
零流Ⅱ段保护	零流Ⅱ段定值（I0H2）	0.02～15A，0.01A
	零流Ⅱ段时限（T0H2）	0.0～100s，0.01s
	零序方向闭锁 2（LXFX2）	1（闭锁）/0（不闭锁）
零流Ⅲ段保护	零流Ⅲ段定值（I0H3）	0.02～15A，0.01A
	零流Ⅲ段时限（T0H3）	0.0～100s，0.01s
	零序方向闭锁 3（LXFX3）	1（闭锁）/0（不闭锁）
低电压保护	低电压定值（Udy）	2～90V，0.01V
	低电压时限（Tdy）	0～100s，0.01s
非电量保护 1	非电量 1 时限（Tfdl1）	0～100s，0.01s

续表

定值种类	定值项目（符号）	整定范围及步长
非电量保护 2	非电量 2 时限（Tfdl2）	0～100s，0.01s
非电量 3 告警	非电量 3 时限（Tfdl3）	0～100s，0.01s
TV 断线检测	TV 断线检测（TV）	1：投入 0：退出
	相关保护投退（XGBH）	1（投入）/0（退出）

表 5-3　保护软连接片状态投退

连接片名称	控制字
过流Ⅰ段保护连接片	投入/退出
过流Ⅱ段保护连接片	投入/退出
过流Ⅲ段保护连接片	投入/退出
零流Ⅰ段保护连接片	投入/退出
零流Ⅱ段保护连接片	投入/退出
零流Ⅲ段保护连接片	投入/退出
低电压保护连接片	投入/退出
过负荷保护连接片	投入/退出
负序电流Ⅰ段保护连接片	投入/退出
负序电流Ⅱ段保护连接片	投入/退出
非电量保护 1 连接片	投入/退出
非电量保护 2 连接片	投入/退出
非电量保护 3 连接片	投入/退出

屏幕显示内容及含义见表 5-4。

表 5-4　屏幕显示内容及含义

显示内容	动作	含义
过流Ⅰ段动作	跳闸、跳闸信号	过流Ⅰ段保护跳闸
过流Ⅱ段动作	跳闸、跳闸信号	过流Ⅱ段保护跳闸
过流Ⅲ段动作	跳闸、跳闸信号	过流Ⅲ段保护跳闸
零流Ⅰ段动作	跳闸、跳闸信号	零流Ⅰ段保护跳闸
零流Ⅱ段动作	跳闸、跳闸信号	零流Ⅱ段保护跳闸
零流Ⅲ段跳闸	跳闸、跳闸信号	零流Ⅲ段保护跳闸
零流Ⅲ段告警	告警信号	零流Ⅲ段保护告警
低电压保护动作	跳闸、跳闸信号	低电压保护跳闸
过负荷告警	告警信号	过负荷告警
负序电流Ⅰ段动作	跳闸、跳闸信号	负序电流Ⅰ段跳闸
负序电流Ⅱ段动作	跳闸、跳闸信号	负序电流Ⅱ段跳闸
控制回路（开关位置）异常	告警信号	控制回路（开关位置）异常
手车位置异常	告警信号	手车位置异常

续表

显示内容	动作	含义
母线 TV 断线	告警信号	TV 故障告警
非电量 1 跳闸	跳闸、跳闸信号	非电量保护 1 跳闸
非电量 1 告警	告警信号	非电量保护 1 告警
非电量 2 跳闸	跳闸、跳闸信号	非电量保护 2 跳闸
非电量 2 告警	告警信号	非电量保护 2 告警
非电量 3 告警	告警信号	非电量保护 3 告警
A/D 故障	告警信号（保护退出）	装置数据采集回路故障
开出出错	告警信号（保护退出）	装置继电器驱动回路故障
定值软压出错	告警信号（保护退出）	定值或软压板整定出错
定值区号出错	告警信号（保护退出）	定值区号出错
装置参数出错	告警信号（保护退出）	装置参数设置出错
出口配置出错	告警信号（保护退出）	出口配置出错
通信设置出错	告警信号	通信设置出错

5.3.6　人机接口使用说明

（1）面板包括键盘、显示器和信号灯。说明如下：

1）键盘与显示器。装置采用 240×160 点阵大屏幕液晶显示屏，显示屏下方有一个 9 键键盘，操作键盘如图 5－25 所示。

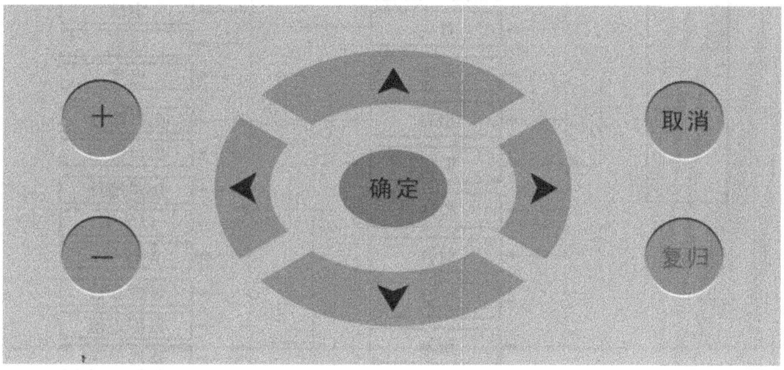

图 5－25　操作键盘

各键功能如下：

∧：显示换行或光标上移；

∨：显示换行或光标下移；

＜：光标左移；

＞：光标右移；

确定：菜单执行及数据确认；

＋：数字增加选择；

－：数字减小选择；

取消：命令退出返回上级菜单或取消操作，正常运行时按此键显示时钟画面，再按一次返回显示主信息图；

复归：复归告警及跳闸信号。

2）指示灯。面板上共有4个信号指示灯，说明如下：

① 运行：绿灯，正常运行时点亮，装置故障运行灯灭，装置有事故或预告信号运行灯闪烁。

② 告警：红灯，正常运行时熄灭，预告信号动作或装置发生故障时点亮，保持到有复归命令。

③ 跳闸：红灯，正常运行时熄灭，装置有事故动作于跳闸时点亮，保持到有复归命令。

④ 非电量：红灯，正常运行时熄灭，非电量跳闸时点亮，保持到有复归命令。

（2）主菜单说明。主菜单采用如下的树型目录，结构如图5-26所示。

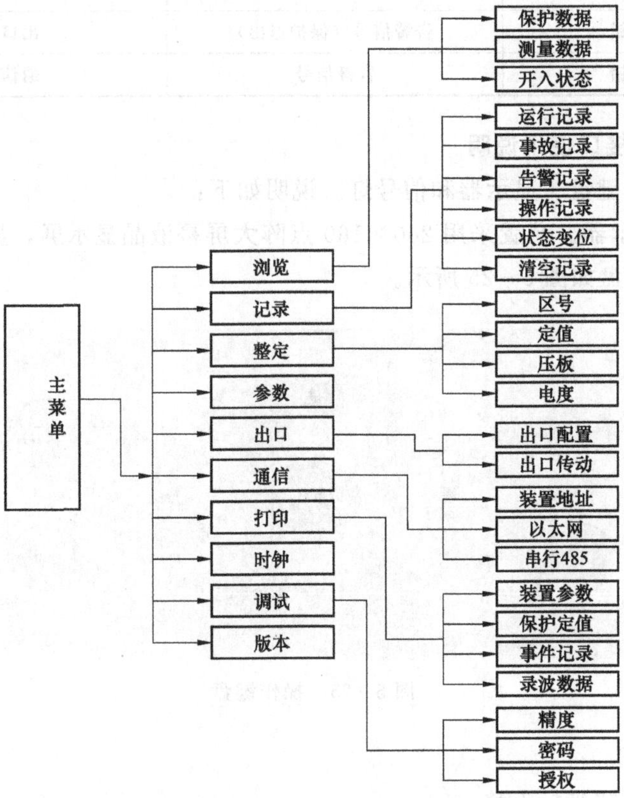

图5-26　主菜单树型结构图

1）装置上电后，显示装置型号及公司名称，5s后退出；转入显示装置“主信息图”，如图5-27所示。

主信息图显示本装置一次侧接线图，同时显示一次侧电流、电压值及其他实时参数。

在主信息图状态下按“确认”键进入主菜单。

主菜单共 6 项，分两页显示，用户可按“>”“<”“∧”“∨”键选择，被选中的菜单反白显示，选中菜单后，按“确定”键进入主菜单，如图 5-28 所示。

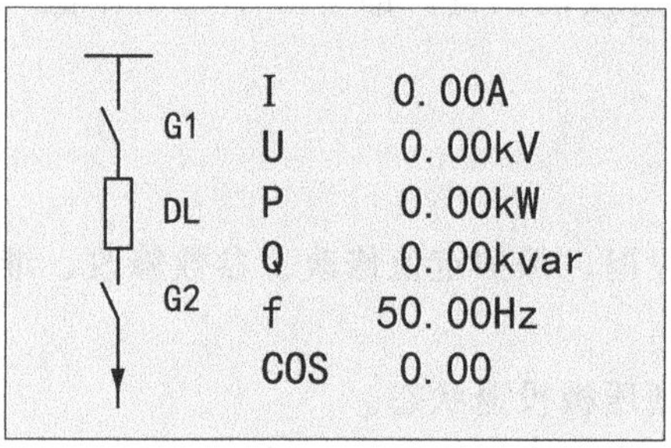

图 5-27　主信息图

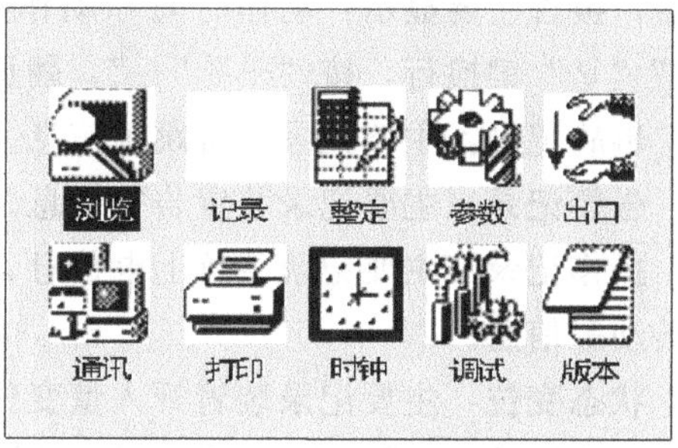

图 5-28　主菜单示意图

2）各菜单功能如下：

浏览：通过浏览菜单下可以查看实时数据。

保护数据：进入后即可查看与保护相关的模拟量值，如图 5-29 所示。

测量数据：进入后即可查看与测量相关的模拟量值及电量，如图 5-30 所示。

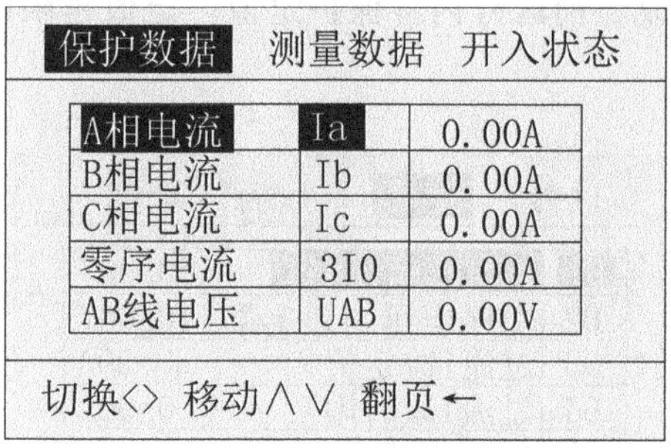
保护数据 测量数据 开入状态
A相电流 Ia 0.00A
B相电流 Ib 0.00A
C相电流 Ic 0.00A
零序电流 3I0 0.00A
AB线电压 UAB 0.00V
切换<> 移动∧∨ 翻页←

图 5-29　保护数据

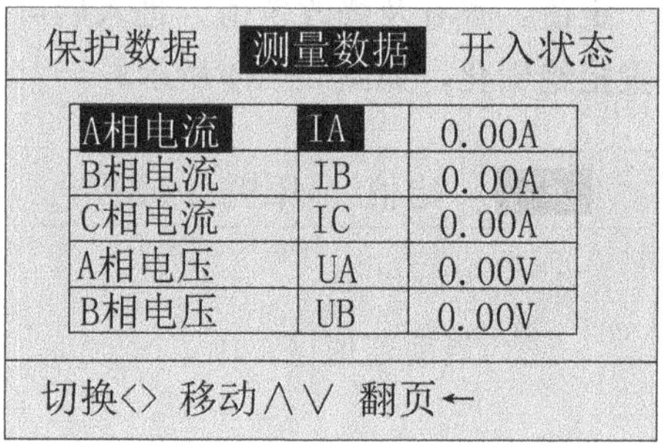
保护数据 测量数据 开入状态
A相电流 IA 0.00A
B相电流 IB 0.00A
C相电流 IC 0.00A
A相电压 UA 0.00V
B相电压 UB 0.00V
切换<> 移动∧∨ 翻页←

图 5-30　测量数据

开入状态：显示装置采集开入量的状态，”1”表示开入接通，”0”表示开入未接通，如图 5-31 所示。

(3) 记录。进行与记录相关的操作。本装置 FLASH 区可保存不少于 250 条近期发生的历史报告，该菜单分 6 个子菜单，如图 5-32 所示。

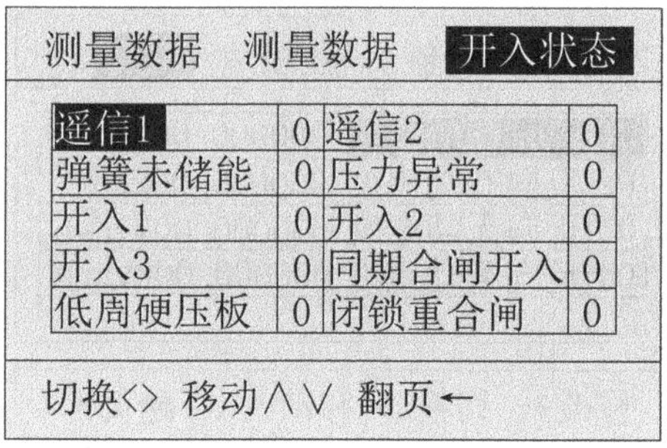
测量数据 测量数据 开入状态
遥信1 0 遥信2 0
弹簧未储能 0 压力异常 0
开入1 0 开入2 0
开入3 0 同期合闸开入 0
低周硬压板 0 闭锁重合闸 0
切换<> 移动∧∨ 翻页←

图 5-31　开入状态

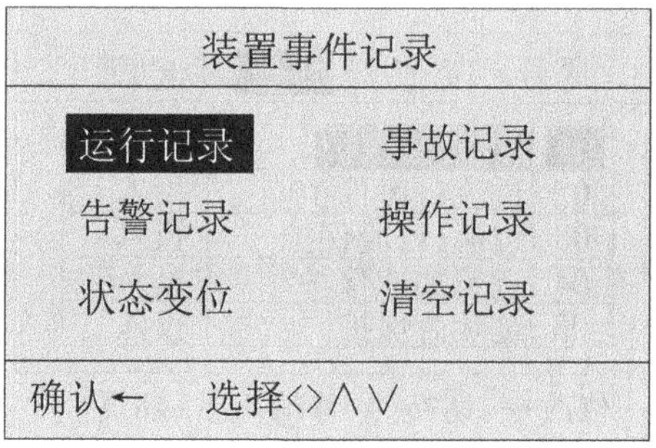
装置事件记录
运行记录
事故记录
告警记录
操作记录
状态变位
清空记录
确认←
选择<>∧∨

图 5-32　装置事件记录子菜单

运行记录：运行记录包含所有类型的报告，最多可记录250条历史报告。历史报告按发生时间顺序排列，第1个报告为最近时间内产生的报告，按“确认”键即可查看该报告，报告主要显示：动作时间和动作类型，然后按确认键，即可显示其动作值。按“∧”“∨”键换行，按“＋”“－”，翻页。

事故记录：主要记录装置跳闸信息。

告警记录：主要记录装置告警信息。

操作记录：主要记录装置上电信息、软压板投退、保护定值修改、参数修改、继电器传动等信息。

状态变位：主要记录装置开入量变位状态及硬压板投退状态。

清空记录：清除FLASH区保存的历史报告，为防止非法操作，进行该操作前，需先输入密码。

(4) 整定。查看及修改区号、定值、连接片、电度。

该菜单分四个子菜单，为确保安全，防止非法操作，修改任何一个子菜单时均要求输入密码。

区号：切换当前运行定值区。如图5－33所示。

定值：查看及修改定值。进入后可查看或修改当前区号内各保护定值。定值越限时装置拒绝固化，如图5－34所示。

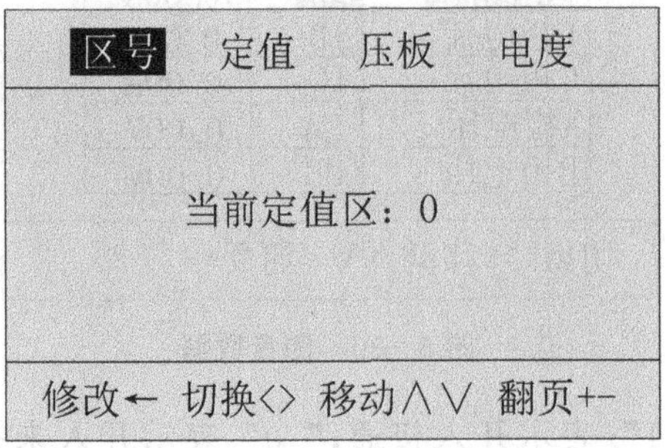

图5－33　区号子菜单

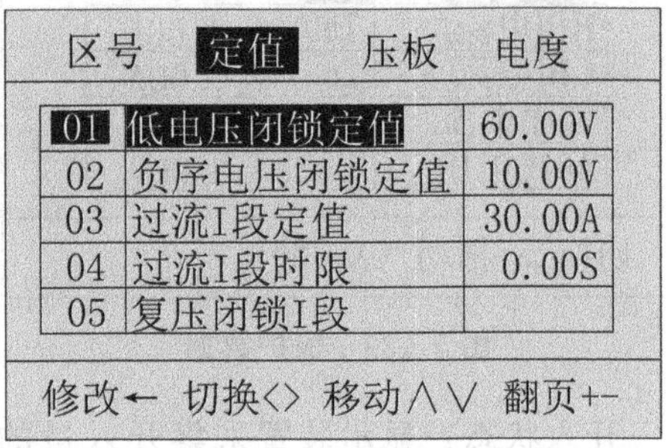

图5－34　定值子菜单

压板：投退某个保护的软压板，如图5－35所示。

电度：设置电度初始量，如图5－36所示。

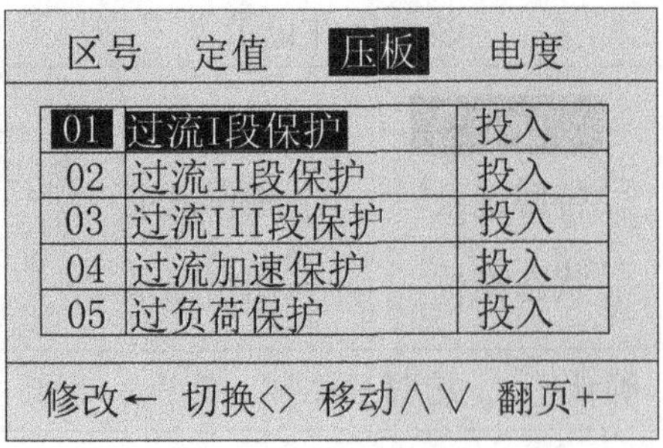

图5－35　压板子菜单

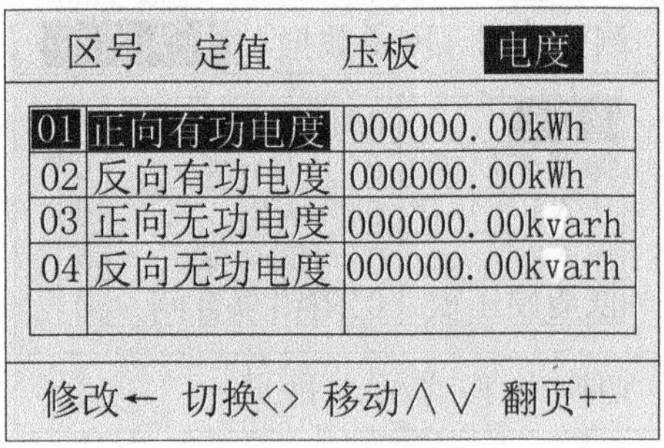

图5－36　电度子菜单

（5）参数。用于设置装置 TA 变比、TV 变比、SOE 复归方式、主接线显示模式、装置是否有操作回路；遥测量上送周期、电流门限值和电压门限值等。SOE 是选择 SOE 复归后的返回方式，提供自动（AUTO）与手动（MANUAL）两种方式；当装置为具有操作回路型号时，“装置有操作回路”选 YES，当装置为没有操作回路型号时，“装置有操作回路”选 NO。遥测量上送周期、电流门限值和电压门限值用于遥测量上送的相关设置：当电流或电压量与上一次相应的上送量相比变化大于“电流门限值”或“电压门限值”时即时上送遥测量，当遥测量值变化小于电流电压门限值时，按“遥测量上送周期”设置的时间间隔定时上送遥测量，如图 5－37 所示。

（6）出口。为防止误操作，进入子菜单前需要输入密码。装置继电器的输出回路相关操作，该菜单包括两个子菜单，如图 5－38 所示。

图 5－37　装置参数

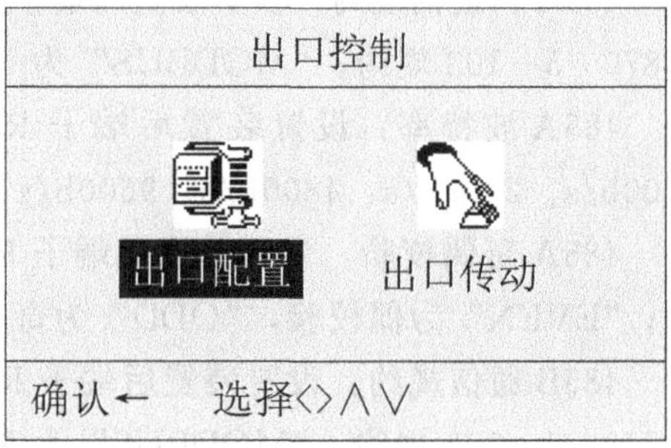

图 5－38　出口菜单

1）出口配置。用于装置出口的配置。出口在出厂时已经配置完毕，由于此处关系到装置是否正确出口，现场请谨慎修改。出口子菜单选中“出口配置”后，首先提醒是否选择为默认值，选“是”则所有出口配置为标准配置（如不清楚出口配置标准与否，此处应选“否”进入下级菜单查看配置），选“否”为需要改动装置出口。

2）出口传动。用于试验装置的继电器输出回路。出口传动必须是在检修压板投入的情况下才能够进行，否则将提示“装置不在检修状态”。试验时，按“∧”“∨”键选择某路开出通道，按确认键执行。

（7）通信。该菜单分三个子菜单，如图 5－39所示。

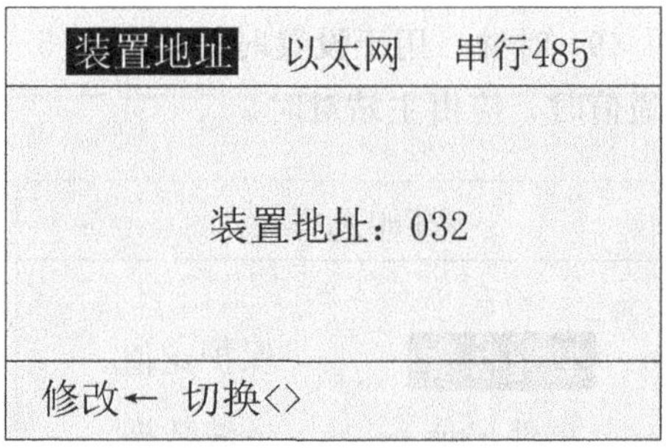

图 5－39　装置地址菜单

1）装置地址：修改本装置所代表的子站地址。

2）以太网参数设置，如图 5－40 所示。可以设置 103 规约或 MODBUS－TCP 协议；103 规约端口号设置为 2403，通信协议为 TCP/IP103 规约；MODBUS 端口号设置为 502，通信协议为 MODBUS－TCP 协议。

IP 地址设置范围为：000.000.000.000～255.255.255.255。

子网掩码设置范围为：000.000.000.000～255.255.255.255。

串行 485 菜单如图 5－41 所示，参数设置如下：

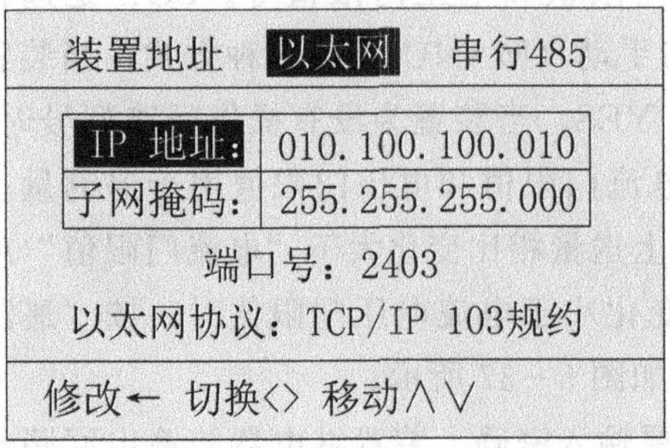

图 5－40　以太网菜单

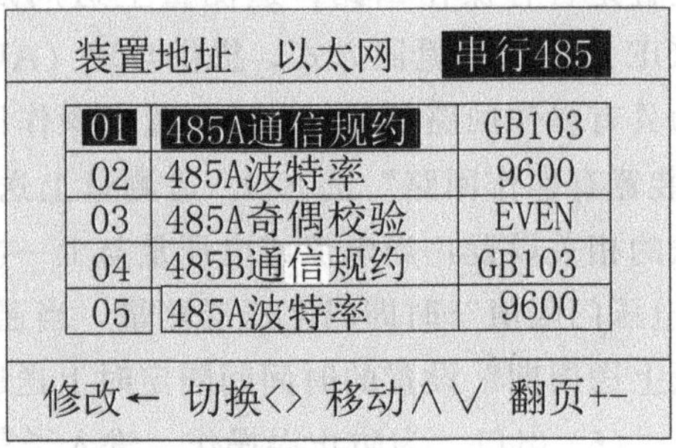

图 5－41　串行 485 菜单

485A 口通信规约：设置装置后端子 RS－485 串行 A 口通信规约。“GB103” 为 IEC－60870－5－103 规约；“MODBUS” 为 MODBUS 规约；“PRINT” 为串口打印。

485A 波特率：设置装置后端子 RS－485 串行 A 口通信波特率。可选择设置为 1200b/s、2400b/s、4800b/s、9600b/s、19200b/s、38400b/s。

485A 奇偶校验：设置装置后端子 RS－485 串行 A 口通信校验方式。“NO” 为无校验；“EVEN” 为偶校验，“ODD” 为奇校验。

485B 通信规约：设置装置后端子 RS－485 串行 B 口通信规约。“GB103” 为 IEC－60870－5－103 规约；“MODBUS” 为 MODBUS 规约；“PRINT” 为串口打印。

485B 波特率：设置装置后端子 RS－485 串行 B 口通信波特率。可选择设置为 1200b/s、2400b/s、4800b/s、9600b/s、19200b/s、38400b/s。

485B 奇偶校验：设置装置后端子 RS－485 串行 B 口通信校验方式。“NO” 为无校验；“EVEN” 为偶校验，“ODD” 为奇校验。

(8) 打印。通过该菜单可实现装置打印功能，该菜单分四个子菜单，分别打印出装置参数（包括装置参数、出口配置参数及通信参数）、保护定值（包括软压板信息）、事件记录、录波数据，如图 5－42 所示。

打印设置：装置打印方式为就地手动打印，为串口打印。

(9) 时钟。用于设置时钟，如图 5－43 所示。修改后按”确认”键执行。与后台主站通信时，应由主站对时。

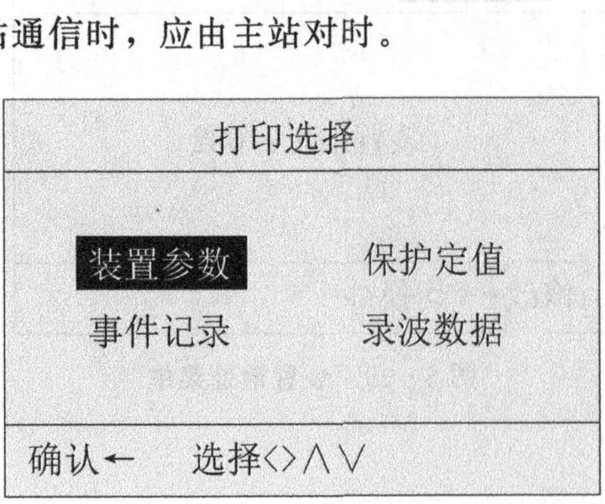

图 5－42　打印子菜单

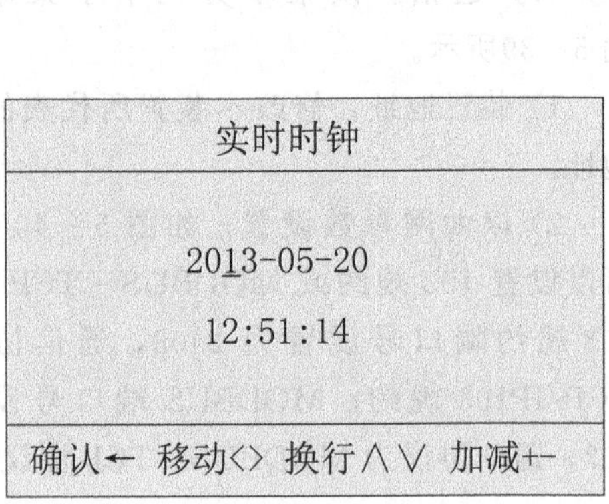

图 5－43　时钟菜单

(10) 调试。进入子菜单前需要输入密码。该菜单分 3 个子菜单，分别为“精度”“密码”“授权”。如图 5-44 所示。

精度：用户可以通过此菜单调整模拟量通道刻度及角度。

密码：用户可以通过此菜单设定自己的操作密码，密码出厂设置为 0200。

授权：通过此菜单锁定或解除装置部分功能。

(11) 版本。用于显示装置软件版本信息及 CRC 校验码。第一行为装置型号；第二行为装置名称；第三行为软件版本；第四行为实际计算的 CRC 码；第五行表示本软件完成时间，如图 5-45 所示。

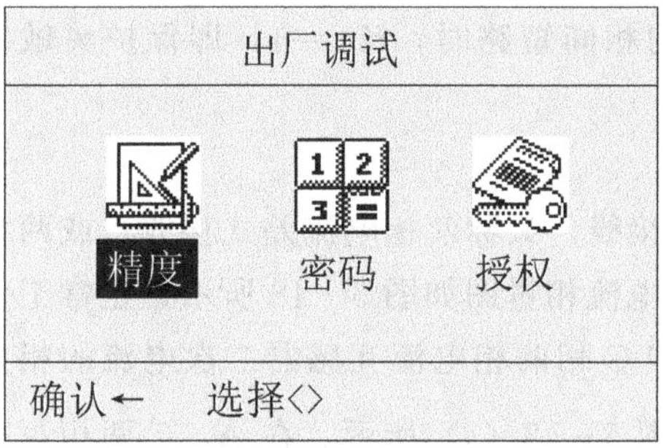

图 5-44 出厂调试菜单

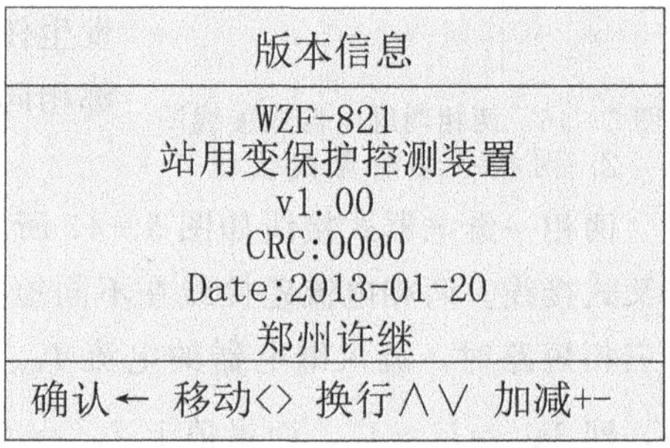

图 5-45 版本信息

(12) 动显示信息。装置跳闸、产生故障告警或有开入时，背景光将打开，液晶自动弹出跳闸或故障信息的对话框，同时跳闸或告警灯亮，指示跳闸或故障状态，直至“复归”键被按下。若此时故障仍未消除，则装置故障指示灯仍亮，直至操作人员排除故障，再次按“复归”键。

5.4 高压配电电网的继电保护

作为线路的相间短路保护，主要采用带时限的过电流保护和瞬时动作的电流速断保护（按 GB/T 50062—2008《电力装置的继电保护和自动装置设计规范》规定，过电流保护的时限不大于 0.5～0.7s 时，可不装设瞬时动作的电流速断保护）。相间短路保护应动作于断路器的跳闸机构，使断路器跳闸，切除短路故障部分。

作为单相接地保护，一般有两种方式：

(1) 绝缘监视装置，装设在变配电站的高压母线上，动作于信号。

(2) 有选择性的单相接地保护（零序电流保护），亦动作于信号，但当危及人身和设备安全时，则应动作于跳闸。

对可能经常过负荷的电缆线路，按 GB/T 50062—2008 规定，应装设过负荷保护，动作于信号。

5.4.1 保护装置的接线方式

保护装置的接线方式是指起动继电器与电流互感器之间的连接方式。6～10kV 高压线路的过电流保护装置，通常采用两相两继电器式接线和两相一继电器式接线两种。

1. 两相两继电器式接线

两相两继电器式接线如图 5-46 所示，这种接线方式，如一次电路发生三相短路或任意两相短路，至少有一个继电器动作，且流入继电器的电流 I_{KA} 就是电流互感器的二次电流 I_2。

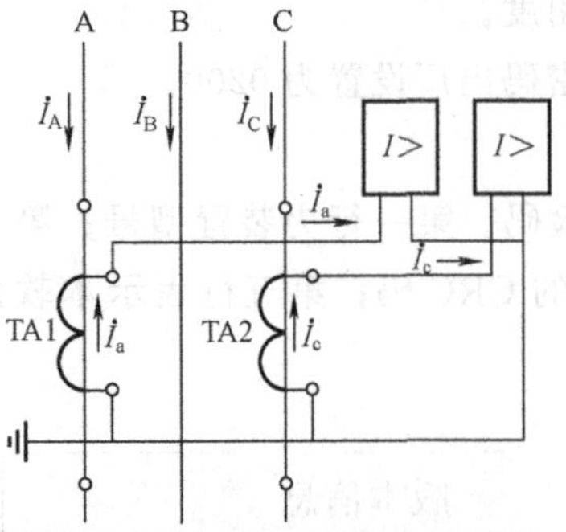

图 5-46　两相两继电器式接线图

为了表征继电器电流 I_{KA} 与电流互感器二次电流 I_2 间的关系，特引入一个接线系数 K_w，即

$$K_w = I_{KA}/I_2 \tag{5-8}$$

两相两继电器式接线属相电流接线，在一次电路发生任何形式的相间短路时，$K_w=1$，即保护灵敏度都相同。

2. 两相一继电器式接线

两相一继电器式接线如图 5-47 所示。这种接线，又称两相电流差式接线，或两相交叉式接线。两相电流差接线在不同短路形式下电流相量图如图 5-48 所示。正常工作和三相短路时，流入继电器的电流 I_{KA} 为 A 相和 C 相两相电流互感器二次电流的相量差，即 $\dot{I}_{KA}=\dot{I}_a-\dot{I}_c$，而量值上 $I_{KA}=\sqrt{3}I_a$，如图 5-48（a）所示。在 A、C 两相短路时，流进继电器的电流为电流互感器二次侧电流的 2 倍，如图 5-48（b）所示。在 A、B 两相或 B、C 两相短路时，流进电流继电器的电流等于电流互感器二次侧的电流，如图 5-48（c）所示。

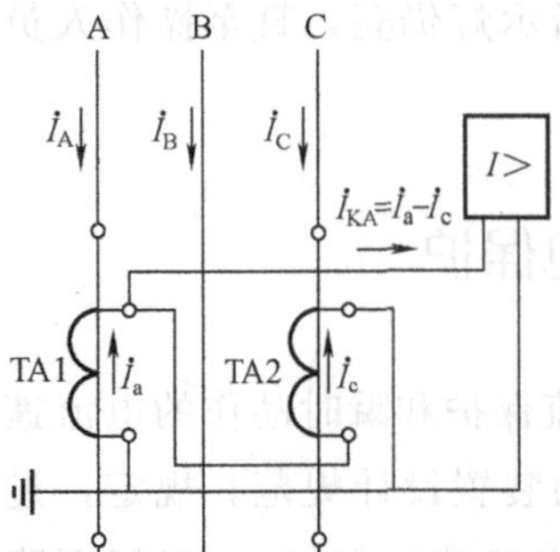

图 5-47　两相一继电器式接线图

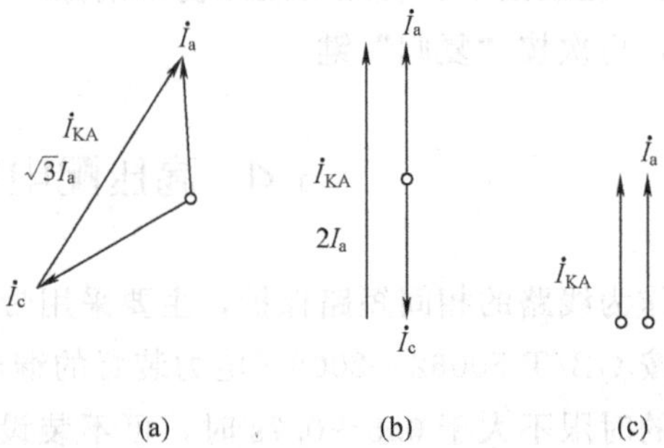

图 5-48　两相电流差接线在不同短路形式下电流相量图

(a) 三相短路；(b) A、C 两相短路；(c) A、B 两相短路

可见，两相电流差接线的接线系数与一次电路发生短路的形式有关，不同的短路形式，其接线系数不同。

三相短路时，接线系数为

$$K_w=\sqrt{3}$$

A 相与 B 相或 B 相与 C 相短路时，接线系数为

$$K_w=1$$

A 相与 C 相短路时，接线系数为

$$K_w = 2$$

因为两相电流差式接线在不同短路时接线系数不同，故在发生不同形式的故障情况下，保护装置的灵敏度也不同，有的甚至相差一倍，这是不够理想的。然而这种接线所用设备较少、简单经济，因此在工厂高压线路、小容量高压电动机和车间变压器的保护中仍有所采用。

5.4.2　带时限的过电流保护

带时限的过电流保护，按其动作时间特性分，有定时限过电流保护和反时限过电流保护两种。定时限，就是保护装置的动作时间是固定的，与短路电流的大小无关。反时限，就是保护装置的动作时间与反映到继电器中的短路电流的大小成反比关系，短路电流越大，动作时间越短，所以反时限特性也称为反比延时特性或反延时特性。

1. 定时限过电流保护

定时限过电流保护的原理电路如图 5-49 所示，它由起动元件（电磁式电流继电器）、时限元件（电磁式时间继电器）、信号元件（电磁式信号继电器）和出口元件（电磁式中间继电器）等四部分组成。其中 YR 为断路器的跳闸线圈，QF 为断路器操动机构的辅助触点，TA1 和 TA2 为装于 A 相和 C 相上的电流互感器。

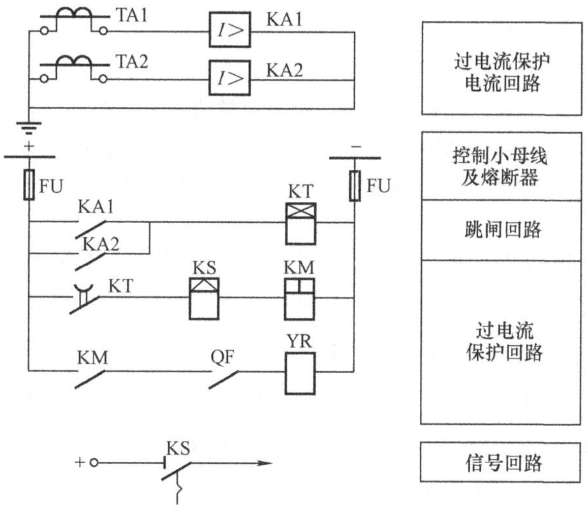

图 5-49　定时限过电流保护的原理电路图

QF—高压断路器；TA1、TA2—电流互感器；KA1、KA2—D1 型电流继电器；KT—DS 型时间继电器；KS—DX 型信号继电器；KM—DZ 型中间继电器；YR—跳闸线圈

当一次电路发生相间短路时，电流继电器 KA1、KA2 中至少有一个瞬时动作，闭合其动合触点，使时间继电器 KT 起动。KT 经过整定限时后，其延时触点闭合，使串联的信号继电器（电流型）KS 和中间继电器 KM 动作。KM 动作后，其触点接通断路器的跳闸线圈 YR 的回路，使断路器 QF 跳闸，切除短路故障。与此同时，KS 动作，其信号指示牌掉下，接通灯光和音响信号。在断路器跳闸时，QF 的辅助触点随之断开

跳闸回路，以切断其回路中的电流，在短路故障被切除后，继电保护装置中除 KS 外的其他所有继电器均自动返回起始状态，而 KS 可手动复位。

2. 反时限过电流保护

反时限，就是保护装置的动作时间与反映到继电器中的短路电流的大小成反比关系，短路电流越大，动作时间越短，所以反时限特性也称为反比延时特性或反延时特性。图 5－50 是一个交流操作的反时限过电流保护装置图，KA1、KA2 为 GL 型感应式带有瞬时动作元件的反时限过电流继电器，继电器本身动作带有时限，并有动作及指示信号牌，所以回路不需要时间继电器和信号继电器。

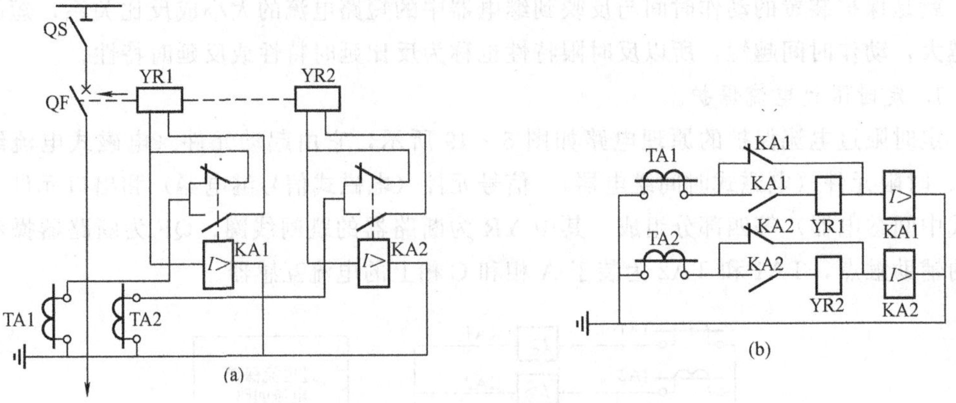

图 5－50　反时限过电流保护的原理电路图

(a) 按集中表示法绘制；(b) 按分开表示法绘制

TA1、TA2—电流互感器；KA1、KA2—感应型电流继电器；YR1、YR2—断路器跳闸线圈

当一次电路发生相间短路时，电流继电器 KA1、KA2 至少有一个动作，经过一定延时后（延时长短与短路电流大小成反比关系），其动合触点闭合，紧接着其动断触点断开，这时断路器跳闸线圈 YR 因去分流而通电，从而使断路器跳闸，切除短路故障部分。在继电器去分流跳闸的同时，其信号牌自动掉下，指示保护装置已经动作。在短路故障被切除后，继电器自动返回，信号牌则需手动复位。

一般继电器转换触点的动作顺序都是动断触点先断开后，动合触点再闭合。而这种继电器的动合、动断触点，动作时间的先后顺序必须是：动合触点先闭合，动断触点后断开，如图 5－51 所示。这里采用具有特殊结构的先合后断的转换触点，不仅保证了继电器的可靠动作，而且还保证了在继电器触点转换时电流互感器二次侧不会带负荷开路。

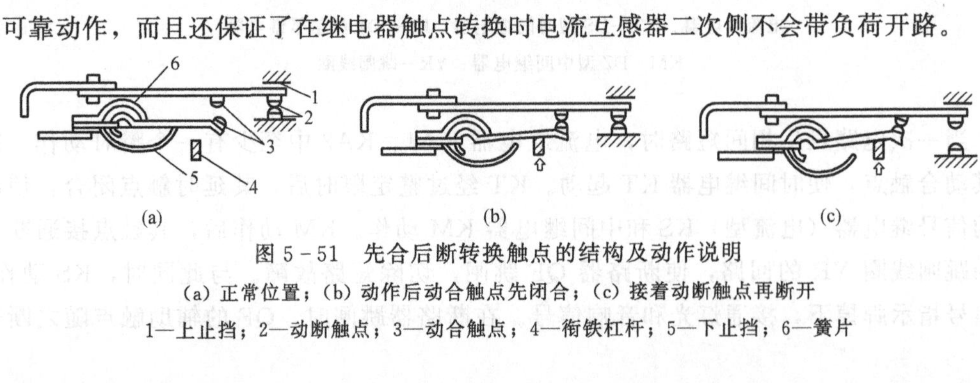

图 5－51　先合后断转换触点的结构及动作说明

(a) 正常位置；(b) 动作后动合触点先闭合；(c) 接着动断触点再断开

1—上止挡；2—动断触点；3—动合触点；4—衔铁杠杆；5—下止挡；6—簧片

3. 低电压闭锁的过电流保护

低电压闭锁的过电流保护电路如图 5－52 所示，低电压继电器 KV 通过电压互感器 TV 接于母线上，而 KV 的动断触点则串入电流继电器 KA 的动合触点与中间继电器 KM 的线圈回路中。在供电系统正常运行时，母线电压接近于额定电压，因此 KV 的动断触点是断开的。由于 KV 的动断触点与 KA 的动合触点串联，所以这时 KA 即使由于线路过负荷而动作，其动合触点闭合，也不致造成断路器误跳闸。正因为如此，凡有低电压闭锁的这种过电流保护装置的动作电流就不必按躲过线路最大负荷电流 I_{Imax} 来整定，而只需按躲过线路的计算电流 I_{30} 来整定。当然，保护装置的返回电流也应躲过计算电流 I_{30}。

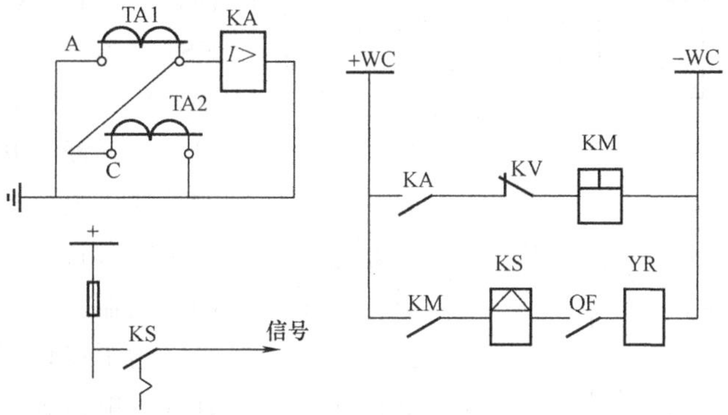

图 5－52　低电压闭锁的过电流保护电路

QF—高压断路器；TA—电流互感器；KA—电流继电器；KM—中间继电器；
KS—信号继电器；KV—低电压继电器；YR—断路器跳闸线圈

故此时过电流保护的动作电流的整定计算公式为

$$L_{op}=\frac{K_{rel}K_{w}}{K_{re}K_{i}}\quad I_{30} \tag{5-9}$$

式中各系数的取值与式（5－9）相同。由于其 I_{op} 减小，从式（5－12）可知，能提高保护的灵敏度 S_p。

上述低电压继电器的动作电压按躲过母线正常最低工作电压 U_{min} 而整定，当然，其返回电压也应躲过 U_{min}，也就是说，低电压继电器高于 U_{min} 时不动作，只有在母线电压低于 U_{min} 时才动作。因此低电压继电器动作电压的整定计算公式为

$$U_{op}=\frac{U_{min}}{K_{rel}K_{re}K_{u}}\approx(0.57\sim0.63)\ \frac{U_N}{K_u} \tag{5-10}$$

式中　U_{min}——母线最低工作电压，取（0.85～0.95）U_N；

U_N——线路额定电压；

K_{rel}——保护装置的可靠系数，可取 1.2；

K_{re}——低电压继电器的返回系数，可取 1.25。

5.4.3 电流速断保护

1. 电流速断保护的组成及速断电流的整定

电流速断保护实际上就是一种瞬时动作的过电流保护。其动作时限仅仅为继电器本身的固有动作时间，它的选择性不是依靠时限，而是依靠选择适当的动作电流来解决。对于 GL 型电流继电器，直接利用继电器本身结构，既可完成反时限过电流保护，又可完成电流速断保护，不用额外增加设备，非常简单经济。

对于 DL 型电流继电器，其电流速断保护电路如图 5－53 所示。

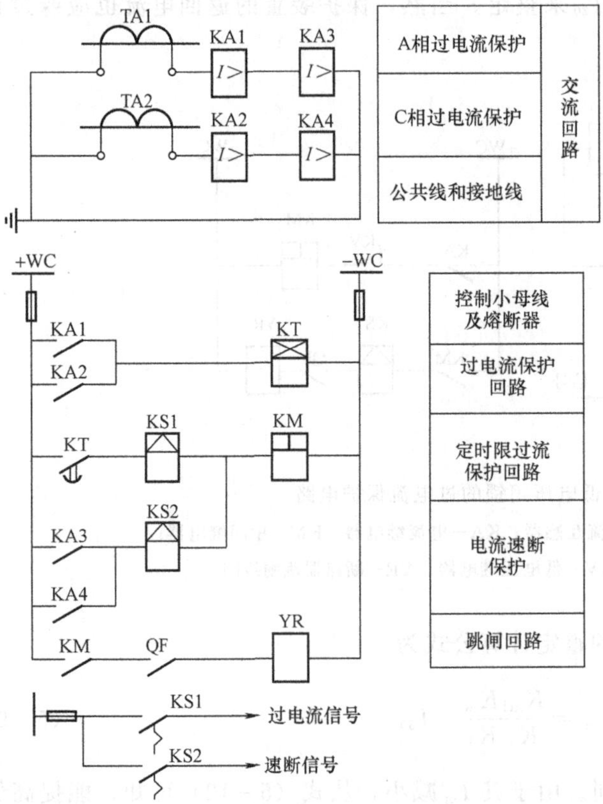

图 5－53 输电线路定时限过电流保护和电流速断保护展开图

图 5－53 是同时具有定时限电流保护和电流速断保护展开图，图中 KA1、KA2、KT、KS1 与 KM 构成定时限过电流保护，KA3、KA4、KS2 与 KM 构成电流速断保护。与图 5－49 比较可知，电流速断保护装置只是比定时限过电流保护装置少了时间继电器。

为了保证保护装置动作的选择性，电流速断保护继电器的动作电流（即速断电流）I_{qb} 应按躲过它所保护线路末端的最大短路电流（即三相短路电流）来整定。只有这样，才能避免在后一级速断保护所保护线路的首端发生三相短路时的误跳闸。因后一段线路距离很近，阻抗很小，所以速断电流应躲过其保护线路末端的最大短路电流。

如图 5－54 所示电路中，WL1 末端 k1 点的三相短路电流，实际上与其后一段 WL2 首端 k2 点的三相短路电流是近乎相等的。因此可得电流速断保护动作电流（速断电流）的整定计算公式为

$$I_{qb}=\frac{K_{rel}K_{w}}{K_{i}}I_{k.max} \tag{5-11}$$

式中 K_{rel}——可靠系数，DL 型继电器取 1.2～1.3，对 GL 型继电器取 1.4～1.5，脱扣器取 1.8～2.0。

2. 电流速断保护的死区及其弥补

由于电流速断保护的动作电流是按躲过线路末端的最大短路电流来整定的，因此在靠近线路末端的一段线路上发生的不一定是最大的短路电流（例如两相短路电流）时，

电流速断保护装置就不可能动作。也就是说，电流速断保护实际上不能保护线路的全长，这种保护装置不能保护的区域，就称为死区，如图 5－54 所示。

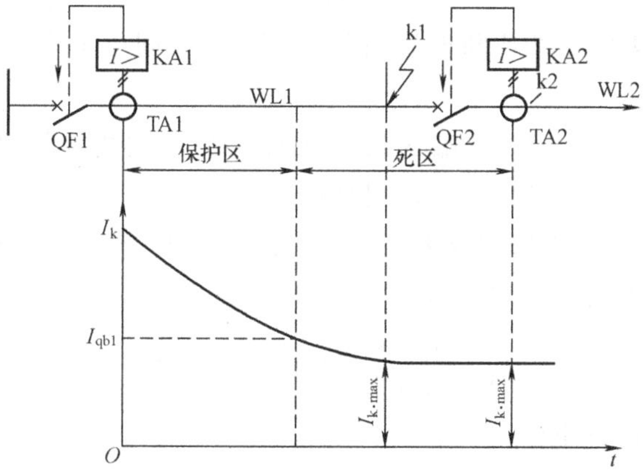

图 5－54　线路电流速断保护的保护区和死区

$I_{k.max}$—前一级保护应躲过的最大短路电流；I_{qb1}—前一级保护整定的一次速断电流

为了弥补速断保护存在死区的缺陷，一般规定，凡装设电流速断保护的线路，都必须装设带时限的过电流保护，且过电流保护的动作时间比电流速断保护至少长一个时间级差 $\Delta t=0.5\sim0.7s$，而且前后级过电流保护的动作时间符合阶梯原则，以保证选择性。

在速断保护区内，速断保护作为主保护，过电流保护作为后备保护；而在速断保护的死区内，则过电流保护为基本保护。

3. 电流速断保护的灵敏度

按规定，电流速断保护的灵敏度应按其保护装置安装处（即线路首端）的最小短路电流（可用两相短路电流来代替）来校验。因此，电流速断保护的灵敏度必须满足的条件是

$$S_p=\frac{K_w I_k^{(2)}}{K_i I_{qb}}\geqslant 1.5\sim 2 \tag{5-12}$$

式中　$I_k^{(2)}$——线路首端在系统最小运行方式下的两相短路电流。

【例 5－1】　已知线路末端 $I_k^{(1)}=1300A$，计算电流 $I_i=100A$，且 $K_w=\sqrt{3}$，$K_i=315/5$，取 $K_{rel}=1.5$，$K_{re}=0.8$，试整定 GL－15/10 型电流继电器的电流速断倍数。

解　根据过电流保护动作电流整定公式 $I_{OP}=\frac{K_{rel}k_w}{K_{re}K_i}I_{1max}$ 和 $I_{1ml}=2I_i$ 可得

$$I_{OP}=\frac{1.5\times\sqrt{3}}{0.8\times(315/5)}\times200=10.309(A)$$

由公式（5－11）得

$$I_{qb}=\frac{1.5\times\sqrt{3}}{315/5}\times1300=53.6\ (A)$$

故速断电流倍数应整定为

$$n_{qb}=\frac{53.6A}{11A}=4.87$$

由于GL型电流继电器的速断电流倍数 n_{qb} 在2～8间可平滑调节，因此 n_{qb} 不必修正为整数。

【例5-2】 整定装于WL2首端KA2的GL-15/10型电流继电器的速断电流倍数，并校验其过电流保护和电流速断保护的灵敏度。

解 (1) 整定速断电流倍数取 $I_{op}=6A$，$K_{rel}=1.5$，$K_{w}=1$，$K_{i}=100/5$，WL2末端 $I_{k}^{(1)}=400A$，故由公式（5-11）得

$$I_{qb}=\frac{1.5\times1}{100/5}\times400=30\ (A)$$

则速断电流倍数应整定为

$$n_{qb}=\frac{30A}{6A}=5$$

(2) 过电流保护的灵敏度校验根据式（5-12），其中 $I_{k}^{(2)}\min=0.866I_{k}^{(1)}=0.866\times400=346A$ 故其保护灵敏系数为

$$S_{F}=\frac{1\times346}{20\times6}=2.88>1.5$$

由此可见，KA2整定的动作电流（6A）满足灵敏度要求。

(3) 电流速断保护灵敏度的校验根据式（5-12），其中 $I_{k}^{(2)}=0.866\times1100A=953A$，保其故护灵敏系数为

$$S_{F}=\frac{1\times953}{20\times30}=1.59>1.5$$

由此可见，KA2整定的动作电流（倍数）也满足灵敏度要求。

5.4.4 单相接地保护

架空线路的单相接地保护，一般采用由三个电流互感器同极性并联所组成的零序电流互感器，如图5-55（a）所示。一般供电用户的高压线路不长，很少采用。

对于电缆线路，则采用图5-55（b）所示的专用零序电流互感器的接线。注意电缆头的接地线必须穿过零序电流互感器的铁心，否则零序电流（不平衡电流）不穿过零序电流互感器的铁芯，保护就不会动作。

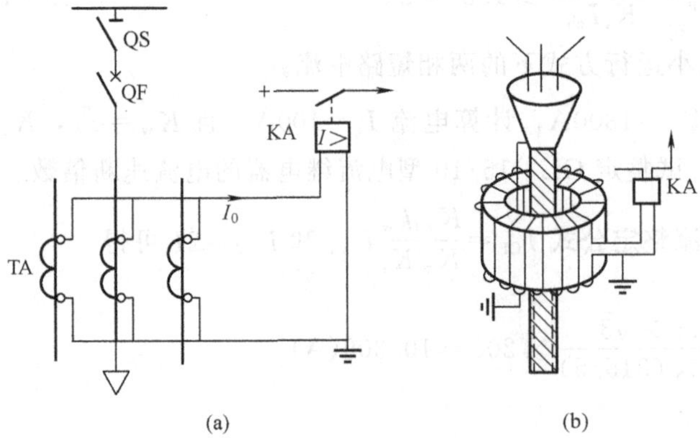

图5-55 零序电流保护装置

（a）架空线路用；（b）电缆线路用

5.5 电力变压器的继电保护

5.5.1 概述

(1) 高压侧为 6～10kV 的车间变电所的主变压器，通常装设有带时限的过电流保护和电流速断保护。如果过电流保护的动作时间范围为 0.5～0.7s，也可不装设电流速断保护。

(2) 容量在 800kVA 及以上的油浸式变压器（如安装在车间内部，则容量在 400kVA 及以上时），还需装设瓦斯保护。

(3) 并列运行的变压器容量（单台）在 400kVA 及以上，以及虽为单台运行但又作为备用电源用的变压器有可能过负荷时，还需装设过负荷保护，但过负荷保护只动作于信号，而其他保护一般动作于跳闸。

(4) 如果单台运行的变压器容量在 10 000kVA 及以上，两台并列运行的变压器容量（单台）在 6300kVA 及以上时，则要求装设纵联差动保护来取代电流速断保护。

高压侧为 35kV 及以上的工厂总降压变电所主变压器，一般应装设过电流保护、电流速断保护和瓦斯保护。

本节只介绍中小型工厂常用的 6～10kV 配电变压器的继电保护，包括瓦斯保护、过电流保护、电流速断保护和过负荷保护，着重介绍变压器的瓦斯保护。

5.5.2 变压器的瓦斯保护

变压器的瓦斯保护是保护油浸式变压器内部故障的一种基本保护。瓦斯保护又称气体保护，其主要元件是气体继电器，它装在变压器的油箱和储油柜之间的连通管上，如图 5-56 所示；图 5-57 所示为 FJ—80 型开口杯式气体继电器的结构示意图。

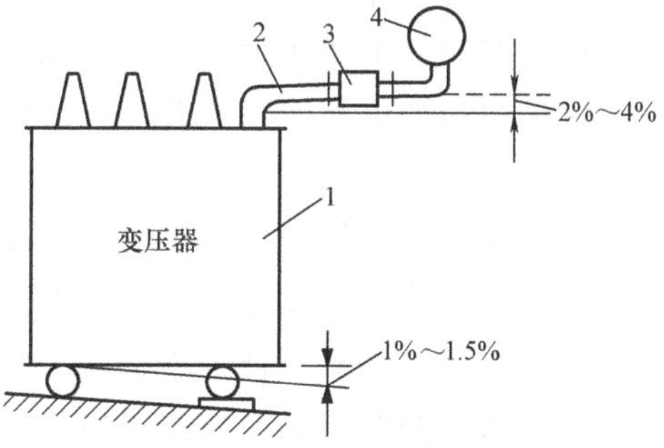

图 5-56 气体继电器在变压器上的安装

1—变压器油箱；2—连通管；3—气体继电器；4—储油柜

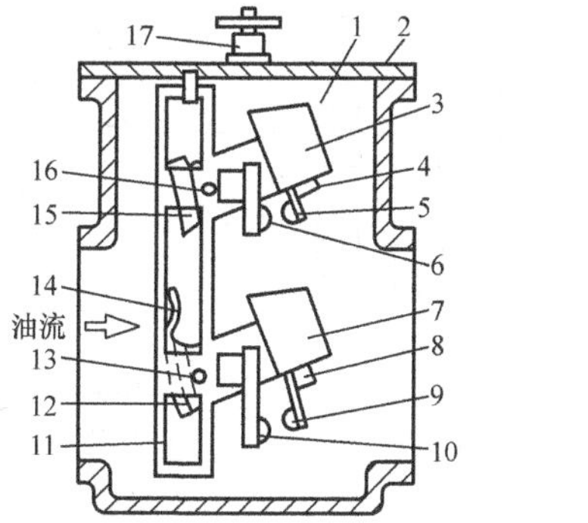

图 5-57 FJ—80 型气体继电器的结构示意图

1—容器；2—盖；3—上油杯；4—永久磁铁；5—上动触点；6—上静触点；7—下油杯；8—永久磁铁；9—下动触点；10—下静触点；11—支架；12—下油杯平衡锤；13—下油杯转轴；14—挡板；15—上油杯平衡锤；16—上油杯转轴；17—放气阀

在变压器正常工作时，气体继电器的上、下油杯中都是充满油的，油杯因其平衡锤的作用使其上下触点都是断开的。当变压器油箱内部发生轻微故障致使油面下降时，上油杯因其中盛有剩余的油使其力矩大于平衡锤的力矩而降落，从而使上触点接通，发出报警信号，这就是轻瓦斯动作。当变压器油箱内部发生严重故障时，由于故障产生的气体很多，带动油流迅猛地由变压器油箱通过连通管进入储油柜，在油流经过气体继电器时，冲击挡板，使下油杯降落，从而使下触点接通，直接动作于跳闸，这就是重瓦斯动作。

如果变压器出现漏油，将会引起气体继电器内的油也慢慢流尽。这时继电器的上油杯先降落，接通上触点，发出报警信号，当油面继续下降时，会使下油杯降落，下触点接通，从而使断路器跳闸。

气体继电器只能反应变压器内部的故障，包括漏油、漏气、油内有气、匝间故障、绕组相间短路等，而对变压器外部端子上的故障情况则无法反应。因此，变压器除设置瓦斯保护外，还需设置过电流、速断或差动等保护。

5.5.3 变压器的过电流保护、电流速断保护和过负荷保护

1. 变压器的过电流保护

变压器的过电流保护装置一般都装设在变压器的电源侧。无论是定时限还是反时限，变压器过电流保护的组成和原理与输电线路的过电流保护完全相同。

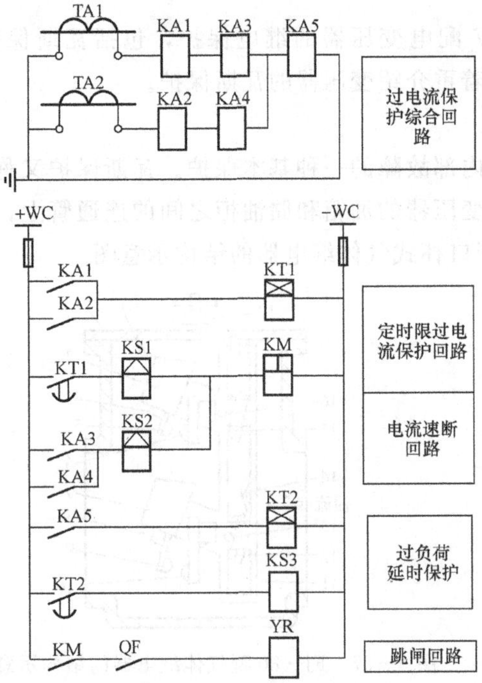

图 5－58 变压器的定时限过电流保护、电流速断保护和过负荷保护的综合电路的展开图

变压器的定时限过电流保护、电流速断保护和过负荷保护的综合电路如图 5－58 所示，它是按分开表示法绘制的展开图。

变压器过电流保护的动作电流整定计算公式，也与输电线路过电流保护基本相同，只是 I_{Lmax} 应取为（1.5～3）I_{1NT}，（I_{1NT}为变压器的额定一次电流）。变压器过电流保护的动作时间，也按阶梯原则整定。但对车间变电所来说，由于它属于电力系统的终端变电所，因此其动作时间可整定为最小值 0.5s。

变压器过电流保护的灵敏度，按变压器低压侧母线在系统最小运行方式时发生两相短路（换算到高压侧的电流值）来校验。其灵敏度的要求也与线路过电流保护相同，即 $S_p \geqslant 1.5$；当作为后备保护时可以使 $S_p \geqslant 1.2$。

2. 变压器的电流速断保护

变压器的过电流保护动作时限大于 0.5s 时，必须装设电流速断保护。电流速断保护的组成、原理，也与输电线路的电流速断保护完全相同。

变压器电流速断保护的动作电流（速断电流）的整定计算公式，也与输电线路的电流

速断保护基本相同，只是 $I_{k.max}$ 应取低压母线三相短路电流周期分量有效值换算到高压侧的电流值，即变压器电流速断保护的动作电流按躲过低压母线三相短路电流来整定。

变压器速断保护的灵敏度，按变压器高压侧在系统最小运行方式时发生两相短路的短路电流 $I_k^{(2)}$ 来校验，要求 $S_p \geqslant 1.5$。

变压器的电流速断保护，与输电线路的电流速断保护一样，也有死区（不能保护变压器的全部绕组）。弥补死区的措施，也是配备带时限的过电流保护。

考虑到变压器在空载投入或突然恢复电压时将出现一个冲击性的励磁涌流，为避免速断保护误动作，可在速断保护整定后，将变压器空载试投若干次，以检验速断保护是否会误动作。根据经验，当速断保护的一次动作电流比变压器额定一次电流大 2～3 倍时，速断保护一般能躲过励磁涌流，不会误动作。

【例 5-3】 某降压变电所装有一台 10/0.4kV、1000kVA 的电力变压器。已知变压器低压母线三相短路电流 $I_k^{(3)}=13\text{kA}$，高压侧继电保护用电流互感器电流比为 100/5A，继电器采用 GL-25 型，接成两相两继电器式。试整定该继电器的反时限过电流保护的动作电流、动作时间及电流速断保护的速断电流倍数。

解 （1）过电流保护的动作电流整定。取 $K_{rel}=1.3$，而 $K_w=1$、$K_{re}=0.8$、$K_i=100/5=20$，则

$$I_{op}=2I_{1NT}=2\times 100(\sqrt{3}\times 10)=115.5\ (\text{A})$$

故

$$I_{op}=\frac{1.3\times 1}{0.8\times 20}\times 115.5=9.38\ (\text{A})$$

因此，动作电流 I_{op} 整定为 9A。

（2）过电流保护动作时间的整定。考虑此为终端变电所的过电流保护，故其 10 倍动作电流的动作时间整定为最小值 0.5s。

（3）电流速断保护的速断电流的整定。取 $K_{rel}=1.5$，而

$$I_{k.max}=13\times\frac{0.4}{10}=520\ (\text{A})$$

$$I_{qb}=\frac{1.5\times 1}{20}\times 520=39\ (\text{A})$$

因此，速断电流倍数整定为

$$n_{qb}=39/9\approx 4.3$$

3. 变压器的过负荷保护

变压器的过负荷保护是用来反应变压器正常运行时出现的过负荷情况，只在变压器确有过负荷可能的情况下才予以装设，一般动作于信号。

变压器的过负荷在大多数情况下都是三相对称的，因此过负荷保护只需要在一相上装一个电流继电器。在过负荷时，电流继电器动作，再经过时间继电器给予一定延时，最后接通信号继电器发出报警信号。过负荷保护的动作电流按躲过变压器额定一次电流 $I_{LN.T}$ 来整定，其计算公式为

$$I_{op(OL)}=(1.2\sim 1.5)I_{1NT}/K_i \tag{5-13}$$

式中　K_i——电流互感器的电流比。

过负荷保护的动作时间一般取 10～15s。

5.5.4　变压器低压侧的单相短路保护

变压器低压侧的单相短路保护，可采取下列措施之一：

(1) 低压侧装设三相均带过电流脱扣器的低压断路器。这种低压断路器，既作低压侧的主断路器，操作方便，便于自动投入，提高供电可靠性，又可用来保护低压侧的相间短路和单相短路。这种措施在低压配电保护电路中得到广泛应用。DW16 型低压断路器还具有所谓第四段保护，专门用作单相接地保护（注意：仅对 TN 系统的单相金属性接地有效）。

(2) 低压侧三相装设熔断器保护。这种措施既可以保护变压器低压侧的相间短路也可以保护单相短路，但由于熔断器熔断后更换熔体需要一定的时间，所以它主要适用于供电要求不高、不太重要的负荷的小容量变压器。

(3) 在变压器中性点引出线上装设零序过电流保护。其接线图如图 5-59 所示。

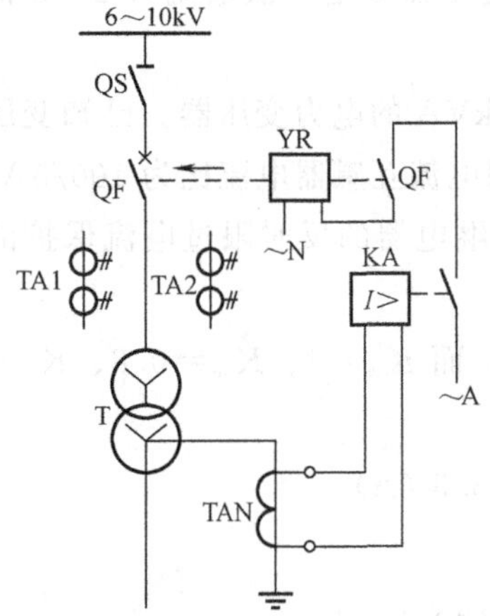

图 5-59　变压器的零序过电流保护

QF—高压断路器；TAN—零序电流互感器；KA—电流继电器；YR—断路器跳闸线圈

这种零序过电流保护的动作电流，按躲过变压器低压侧最大不平衡电流来整定，其整定计算公式为

$$I_{op(0)}=\frac{K_{rel}K_{dsq}}{K_i}I_{2NT} \tag{5-14}$$

式中　I_{2NT}——变压器的额定二次电流；

K_{dsq}——不平衡系数，一般取 0.25；

K_{rel}——可靠系数，一般取 1.2～1.3；

K_i——零序电流互感器的电流比。

零序过电流保护的动作时间一般取 0.5～0.7s。零序过电流保护的灵敏度，按低压干线末端发生单相短路校验，对架空线路 $S_p \geqslant 1.5$，对电缆线 $S_p \geqslant 1.2$。这一措施的保护灵敏度较高，但不经济，一般较少采用。

(4) 采用两相三继电器接线或三相三继电器接线的过电流保护。其接线如图 5-60

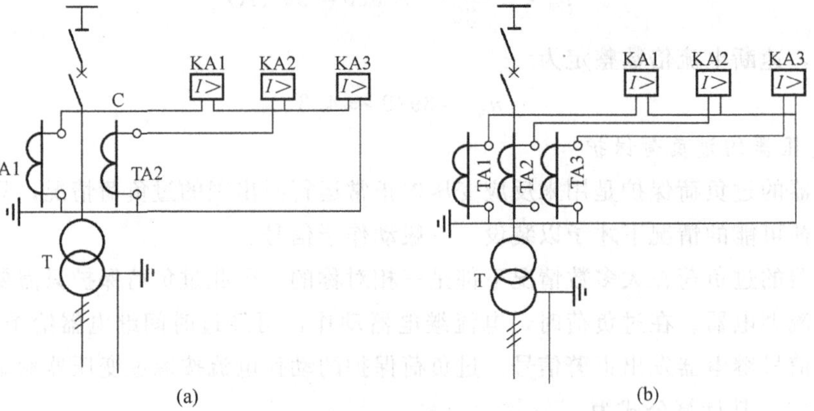

图 5-60　适用于变压器低压侧单相短路保护的两种接线方式

(a) 两相三继电器式；(b) 三相三继电器式

所示，这两种接线既能实现相间短路保护，又能实现对变压器低压侧的单相短路保护，且保护灵敏度比较高。

这里必须指出，通常作为变压器保护的两相两继电器式接线和两相一继电器式接线均不宜作为低压单相短路保护的接线方式。

1）两相两继电器式接线（见图 5－61）适用于作相间短路保护和过负荷保护，而且它属于相电流接线，接线系数为 1，因此无论何种相间短路，保护装置的灵敏系数都是相同的。但若变压器低压侧发生单相短路，情况就不同了。如果是装设有电流互感器的一相（A 相或 C 相）所对应的低压相发生单相短路，继电器中的电流反应的是整个单相短路电流，这当然是符合要求的。但如果是未装有电流互感器的一相（B 相）所对应的低压相（b 相）发生单相短路，继电器的电流仅仅反应单相短路电流的 1/3，这就达不到保护灵敏度的要求，因此这种接线不适于作低压侧单相短路保护。

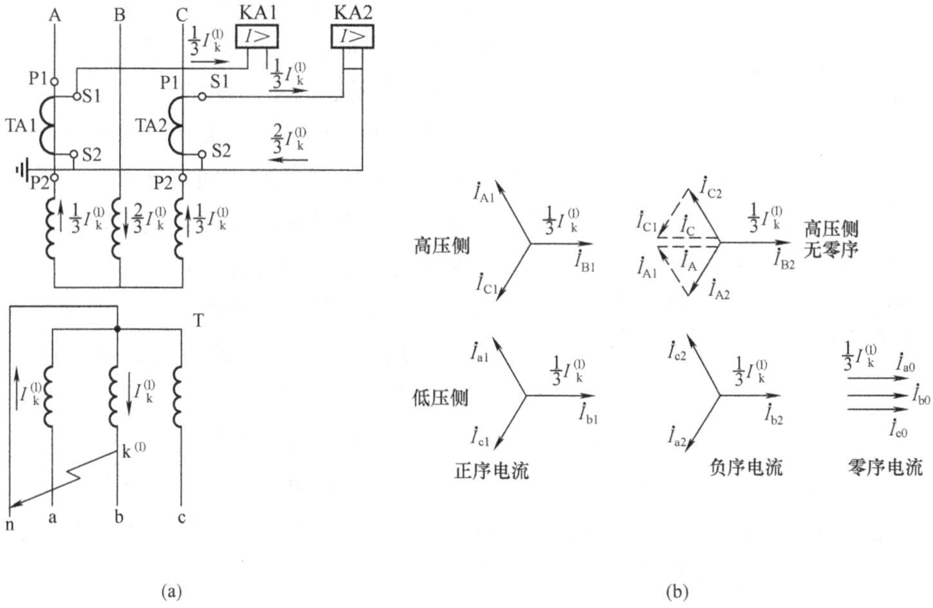

图 5－61　Yyn0 联结的变压器，高压侧采用两相两继电器的过电流保护（在低压侧发生单相短路时）

（a）电流分布；（b）电流相量分解

注：设变压器的电压比和互感器的变流比均为 1。

图 5－61（a）是未装电流互感器的 B 相所对应的低压侧 b 相发生单相短路时短路电流的分布情况。根据不对称三相电路的对称分量分析法，可将低压侧 b 相的单相短路电流分解为正序 $\dot{I}_{b1}=\dot{I}_{b}/3$，负序 $\dot{I}_{b2}=\dot{I}_{b}/3$ 和零序 $\dot{I}_{b3}=\dot{I}_{b}/3$。由此可绘出变压器低压侧各相电流的正序、负序和零序相量图，如图 5－61（b）所示。

低压侧的正序电流和负序电流通过三相三柱式变压器都要感应到高压侧去，但低压侧的零序电流 $\dot{I}_{a0}$、$\dot{I}_{b0}$、$\dot{I}_{c0}$ 都是同相的，其零序磁通在三相三柱式变压器铁芯内不可能闭合，因而也不可能与高压侧绕组相交链，变压器高压侧则无零序分量。所以高压侧各相电流就只有正序和负序分量的叠加，如图 5-61（b）所示。

由以上分析可知，当低压侧 b 相发生单相短路时，在变压器高压侧两相两继电器接线的继电器中只反应 1/3 的单相短路电流，灵敏度过低，所以这种接线方式不适用于作为低压侧单相短路保护。

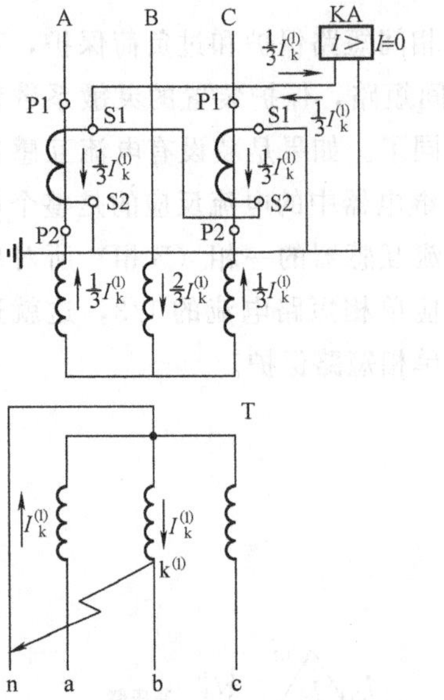

图 5-62　Yyn0 联结的变压器，高压侧采用两相一继电器的过电流保护在低压侧发生单相短路时电流分布

2）两相一继电器式接线见图 5-62，这种接线也适于作相间短路保护和过负荷保护，但对不同相间短路保护灵敏度不同，这是不够理想的。然而由于这种接线只用一个继电器，比较经济，因此小容量变压器也有采用这种接线。

值得注意的是，采用这种接线时，如果未装电流互感器的那一相对应的低压相发生单相短路，由图 5-62 可知，继电器中根本无电流通过，因此这种接线也不能作低压侧的单相短路保护。

5.5.5　变压器的差动保护

变压器的差动保护，主要用来保护变压器内部以及引出线和绝缘套管的相间短路故障，并且也可用于保护变压器内的匝间短路，其保护区在变压器一、二次侧所装电流互感器之间。

差动保护分纵联差动和横联差动两种形式，纵联差动保护用于单回路，横联差动保护用于双回路。这里将重点讲述变压器的纵联差动保护。

GB/T 50062—2008《电力装置的继电保护和自动装置设计规范》规定：10 000kVA及以上的单独运行变压器和 6300kVA 及以上的并列运行变压器，应装设纵联差动保护；6300kVA 及以下单独运行的重要变压器，也可装设纵联差动保护。当电流速断保护灵敏度不符合要求时，也可装设纵联差动保护。

1. 变压器的差动保护基本原理

图 5-63 是变压器差动保护的单相原理电路图。将变压器两侧的电流互感器同极性串联起来，使继电器跨接在两连线之间，于是流入差动继电器的电流就是两侧电流互感器二次电流之差，即 $I_{KA}=I''_1-I''_2$。在变压器正常运行或差动保护的保护区外 k1 点发生短路时，流入继电器 KA（或差动继电器 KD）的电流相等或相差极小，继电器 KA（或 KD）不动作，而在差动保护的保护区内 k2 点发生短路时，对于单端供电的变压器来说，$I''_2=0$，所以 $I_{kA}=I''_1$，超过继电器 KA（或 KD）所整定的动作电流 $I_{op(d)}$，使 KA（或 KD）瞬时动作，然后通过出口继电器 KM 使断路器 QF1、QF2 同时跳闸，将故障变压器退出，切除短路故障，同时由信号继电器发出信号。

2. 变压器差动保护动作电流的整定

变压器差动保护的动作电流 $I_{op(d)}$ 应满足以下三个条件：

（1）应躲过变压器差动保护区外短路时出现的最大不平衡电流 $I_{dsq.max}$，即

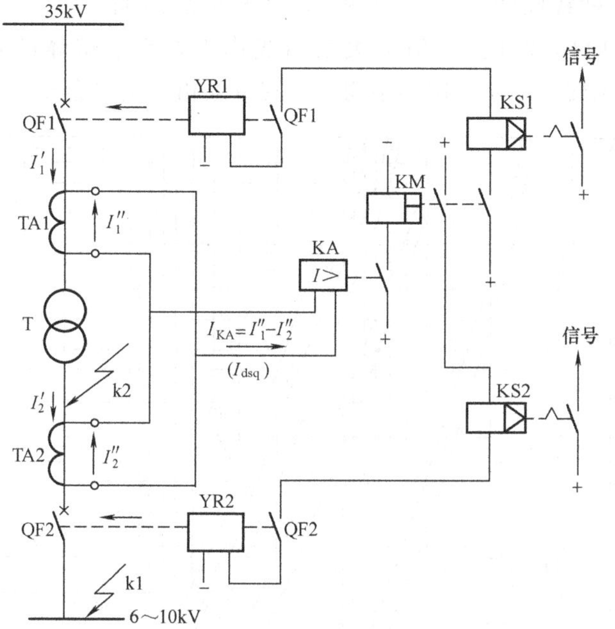

图 5－63 变压器差动保护的单相原理电路图

$$I_{op(d)}=K_{rel}I_{dsq.max}$$

式中 K_{rel}——可靠系数，可取 1.3。

(2) 应躲过变压器励磁涌流，即

$$I_{op(d)}=K_{rel}I_{1NT}$$

式中 I_{1NT}——变压器额定一次电流；

K_{rel}——可靠系数，可取 1.3～1.5。

(3) 动作电流应大于变压器最大负荷电流，防止在电流互感器二次回路断线且变压器处于最大负荷时，差动保护误动作，因此

$$I_{op(d)}=K_{rel}I_{L.max}$$

式中 $I_{L.max}$——最大负荷电流，取（1.2～1.3）I_{1NT}；

K_{rel}——可靠系数，取 1.3。

5.6 低压配电系统的保护

5.6.1 熔断器保护

1. 熔断器及其安秒特性曲线

熔断器包括熔管（又称熔体座）和熔体，通常串接在被保护的设备前或接在电源引出线上。当被保护区出现短路故障或过电流时，熔断器熔体熔断，使设备与电源隔离，免受电流损坏。因熔断器结构简单、使用方便、价格低廉，所以应用广泛。

熔断器的技术参数包括熔断器（熔管）的额定电压、额定电流、分断能力，以及熔

体的额定电流和安秒特性曲线。250V 和 500V 是低压熔断器，3～110kV 属高压熔断器。决定熔体熔断时间和通过电流的关系曲线称为熔断器熔体的安秒特性曲线，如图 5－64所示，该曲线只表示时限的平均值，其时限相对误差会高达±50%。

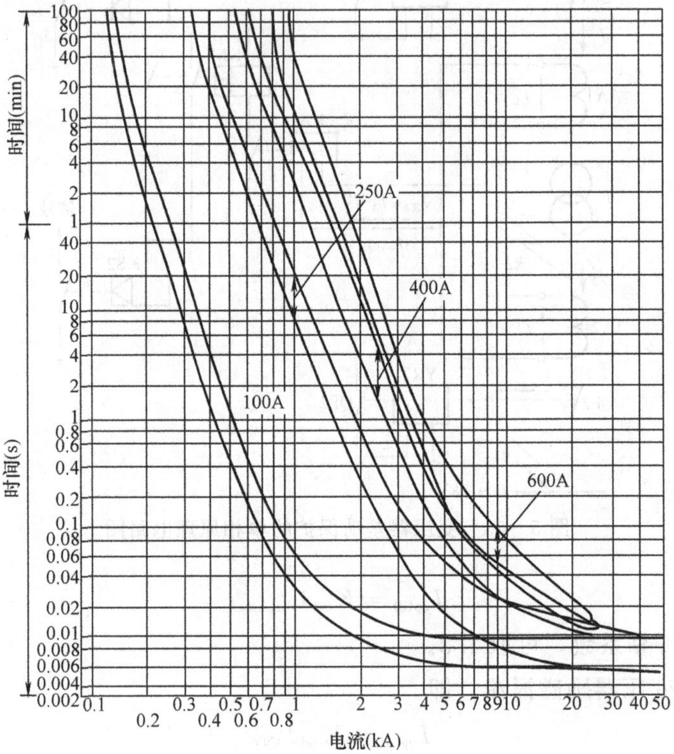

图 5－64　熔断器熔体的安秒特性曲线

2. 熔断器的选用及其与导线的配合

图 5－65 是由变压器二次侧引出的低压配电系统示意图。如采用熔断器保护，应在各配电线路的首端装设熔断器。熔断器只装在各相相线上，中性线是不允许装设熔断器的。

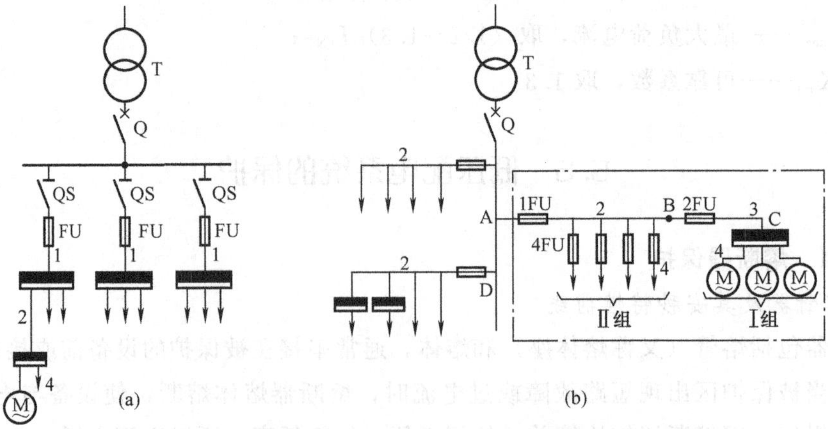

图 5－65　低压配电系统示意图

(a) 放射式；(b) 变压器干线式

1—干线；2—分干线；3—支干线；4—支线；Q—低压断路器（自动空气开关）

(1) 对保护输电线路和电气设备的熔断器，其熔体电流的选用可按以下条件进行：

1) 熔断器的熔体电流应不小于线路正常运行时的计算电流 I_{30}，即

$$I_{N.FE} \geqslant I_{30} \tag{5-15}$$

2) 熔断器熔体电流还应躲过由于电动机起动所引起的尖峰电流 I_{pk}，以使线路出现正常的尖峰电流而不致熔断，即

$$I_{N.FE} \geqslant kI_{pk} \tag{5-16}$$

式中 k——选择熔体时用的计算系数；

I_{pk}——尖峰电流。

计算系数 k 的值应根据熔体的特性和电动机的拖动情况来决定。设计规范中提供的数据如下：轻负荷起动时，起动时间在 3s 以下者，$k=0.25\sim0.35$；重负荷起动时，起动时间在3～8s 者，$k=0.35\sim0.5$；超过 8s 的重负荷起动或频繁起动、反接制动等，$k=0.5\sim0.6$。

对一台电动机，尖峰电流为 $k_{st.M}I_{N.M}$；对多台电动机

$$I_{pk}=I_{30}+(k_{st.Mmax}-1)I_{N.Mmax}$$

式中 $k_{st.Mmax}$——起动电流最大的一台电动机的起动电流倍数；

$I_{N.Mmax}$——起动电流最大的一台电动机的额定电流。

3) 为使熔断器可靠地保护导线和电缆，避免因线路短路或过负荷损坏甚至起燃，熔断器的熔体额定电流 $I_{N.FE}$必须和导线或电缆的允许电流 I_{al}相配合，因此要求

$$I_{N.FE} \leqslant k_{OL}I_{al} \tag{5-17}$$

式中 k_{OL}——绝缘导线和电缆的允许短路过负荷系数。

对电缆或穿管绝缘导线，$k_{OL}=2.5$；对明敷绝缘导线，$k_{OL}=1.5$；对于已装设有其他过负荷保护的绝缘导线、电缆线路而又要求用熔断器进行短路保护时，$k_{OL}=1.25$。

(2) 对于保护电力变压器的熔断器，其熔体电流可按下式选定

$$I_{FE}=(1.5\sim2.0)I_{NT} \tag{5-18}$$

式中 I_{NT}——变压器的额定一次电流，熔断器装设在哪一侧，就选用哪侧的额定值。

(3) 用于保护电压互感器的熔断器，其熔体额定电流可选用 0.5A，熔管可选用 RN2 型。

5.6.2 低压断路器保护

低压断路器又称低压自动开关，它既能带负荷通断电路，又能在短路、过负荷和失压时自动跳闸。低压断路器在配电系统中的配置和型号选择如下。

1. 低压断路器在低压配电系统中的配置

低压断路器在低压配电系统中的配置方式如图 5－66 所示。

在图 5－66 中，3、4 号的接法适用于低压配电出线；1、2 号的接法适用于两台变压器供电的情况。配置的刀开关 QK 是为了安全检修低压断路器用。如果是单台变压器供电，其变压器二次侧出线只需设置一个低压断路器即够。图 5－66 中，6 号出线是低压断路器与接触器 KM 配合运用，低压断路器用作短路保护，接触器用作电路控制器，供电动机频繁起动用；其次热继电器 KR 用作过负荷保护。5 号出线是低压断路器与熔

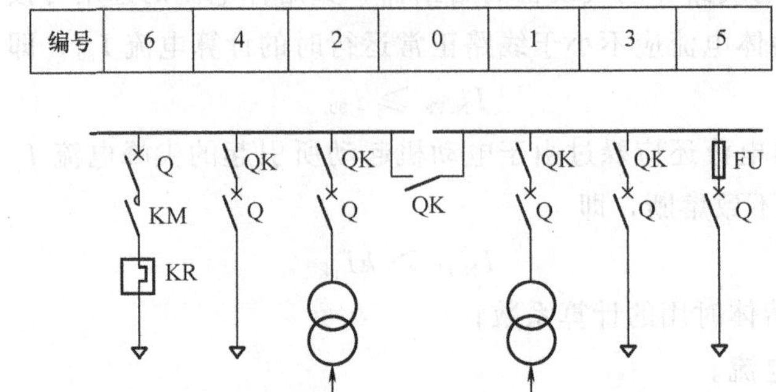

图 5-66　低压断路器在低压系统中常用的配置方式

Q—低压断路器；QK—刀开关；KM—接触器；KR—热继电器；FU—熔断器

断器的配合方式，适用于开关断流能力不足的情况，此时靠熔断器进行短路保护，低压断路器只在过负荷和失压时才断开电路。

2. 低压断路器中的过电流脱扣器

配电用低压断路器分为选择型和非选择型两种，所配备的过电流脱扣器有三种：①具有反时限特性的长延时电磁脱扣器，动作时间可以不小于 10s；②延时时限分别为 0.2、0.4、0.6s 的短延时脱扣器；③动作时限小于 0.1s 的瞬时脱扣器。对于选择型低压断路器必须装有第②种短延时脱扣器；而非选择型低压断路器一般配置第①和③种脱扣器，其中长延时用作过负荷保护，短延时或瞬时均用于短路故障保护。我国目前普遍应用的为非选择型低压断路器，短路保护特性以瞬时动作方式为主。

低压断路器各种脱扣器的电流整定如下：

(1) 长延时过电流脱扣器（即热脱扣器）的整定。这种脱扣器主要用于线路过负荷保护，故其整定值比线路计算电流稍大即可，即

$$I_{op(1)} \geqslant 1.1 I_{30} \tag{5-19}$$

式中　$I_{op(1)}$——长延时脱扣器（即热脱扣器）的整定动作电流。

但是，热元件的额定电流 I_{HN} 应比 $I_{op(1)}$ 大 10%～25%，即

$$I_{HN} \geqslant (1.1 \sim 1.25) I_{op(1)} \tag{5-20}$$

(2) 瞬时（或短延时）过电流脱扣器的整定。瞬时或短延时脱扣器的整定电流应躲开线路的尖峰电流 I_{pk}，即

$$I_{op(0)} \geqslant k_{rel} I_{pk} \tag{5-21}$$

式中　$I_{op(0)}$——瞬时或短延时过电流脱扣器的整定电流值；

k_{rel}——可靠系数。

短延时过电流脱扣器整定电流的调节范围为：对于容量在 2500A 及以上的断路器，为 3～6 倍脱扣器的额定值；对 2500A 以下，为 3～10 倍。瞬时脱扣器整定电流调节范围为：对 2500A 及以上的选择型自动开关，为 7～10 倍；对 2500A 以下，为 10～20 倍；对非选择型开关约为 3～10 倍。

对动作时间 $t_{op} \geqslant 0.4s$ 的 DW 型断路器取 $k_{rel}=1.35$，对动作时间 $t_{op} \leqslant 0.2s$ 的 DZ 型断路器 $k_{rel}=1.7 \sim 2$，对有多台设备的干线，可取 $k_{rel}=1.3$。

(3) 灵敏系数 S_p 为

$$S_p = I_{k.min}/I_{op(0)} \geqslant 1.5 \tag{5-22}$$

式中　$I_{k.min}$——线路末端最小短路电流；

$I_{op(0)}$——瞬时或短延时脱扣器的动作电流。

(4) 低压断路器过电流脱扣器整定值与导线的允许载电流 I_{al} 的配合。要使低压断路器在线路发生过负荷或短路故障时，能够可靠地保护导线不致过热而损坏，必须满足

$$I_{op(1)} < I_{al} \tag{5-23}$$

或

$$I_{op(0)} < 4.5 I_{al} \tag{5-24}$$

【例 5-4】 供电系统如图 5-67 所示，数据均标注在图上，试选择低压断路器（导线按 40℃ 温度校验）。

解　(1) 选用保护电动机用的 DZ 系列低压断路器。

因 $I_{30}=I_{N.M}=182.4A$，故选定低压断路器的额定电流 $I_{N.QF2}=200A$。

长延时脱扣器的整定电流为 $I_{op(1)}=1.1I_{30}=200$ (A)。

瞬时过电流脱扣器的整定电流整定为（k_{rel}取 1.7）

$$I_{op(0)} = k_{rel} I_{st.M} 1.7 \times 6.5 \times 182.4 = 2015 \text{ (A)}$$

选定 $I_{op(0)}=2000A$（10 倍额定值）。

灵敏系数

$$S_p = \frac{I_{k2}^{(2)}}{I_{op(0)}} = \frac{\sqrt{3}}{2} \times \frac{12.2}{2} = 5.29 > 1.5$$

所以，所选低压断路器合格。

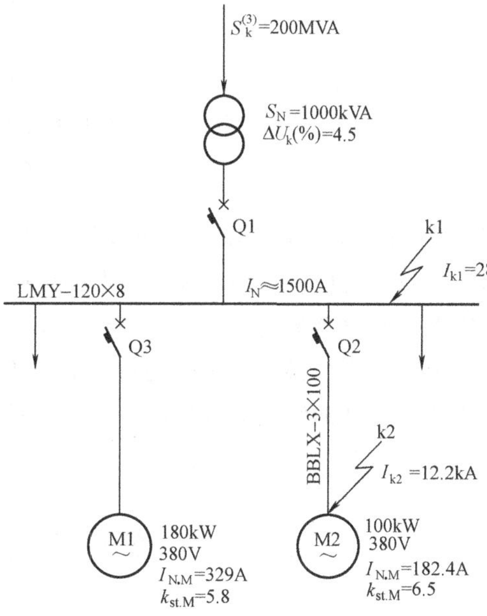

图 5-67 [例 5-4] 的供电系统图

配合导线 $I_{al} > I_{N.QF2}=200A$，选 BLX-3×100 型，得 40℃时 $I_{al}=224A$，因此满足 $I_{op(1)} < I_{al}$ 的要求。查附表 11，QF1 选用的型号为 DZ20-200，$I_{N.QF1}$ 为 200A。

(2) QF1 选用 DW 系列低压断路器用以保护变压器。因变压器二次侧额定电流 $I_N \approx 1500A$，低压断路器的额定电流 $I_{N.QF1}=1500A$；选用的长延时脱扣器电流整定为 $I_{al}=1500A$，短延时脱扣器动作时间整定为 0.4s，整定瞬时电流要考虑电动机起动时产生的峰值电流 I_{pk}，取 $K_{rel}=1.35$，于是得

$$I_{op(0)} = K_{rel} I_{pk} = 1.35 \times [1500 + (5.8-1) \times 329] = 4157 \text{ (A)}$$

可选定 $I'_{op(0)}=4000A$（3 倍额定电流以下），则

$$K_{rel}=\frac{I_{k1}^{(2)}}{I'_{op(0)}}=\frac{\sqrt{3}}{2}\times\frac{28.9}{4}=6.3>1.5$$

选用 LMY－120×8 型矩形铝母线，$T=40℃$ 时，$I_{al}=1550A>I_N$。

5.6.3 低压断路器与熔断器在低压电网保护中的配合

低压断路器与熔断器在低压电网中的设置方案如图 5－68 所示。若能正确选定其额定参数，使上一级保护元件的特性曲线在任何电流下都位于下一级保护元件安秒特性曲线的上方，便能满足保护选择性的动作要求。图 5－68（a）是能满足上述要求的，因此这种方案应用得最为普遍。

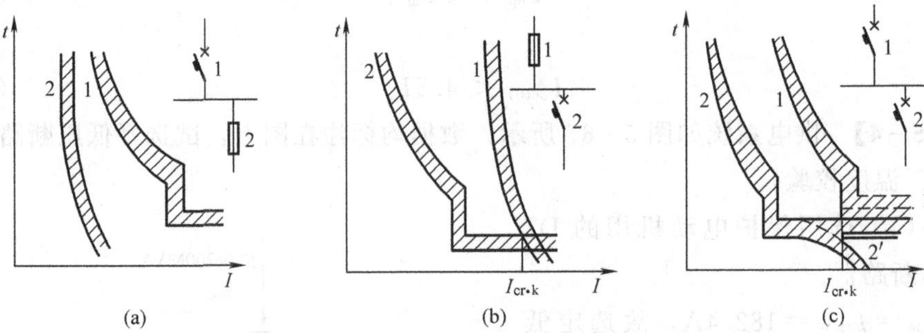

图 5－68 低压断路器与熔断器的设置

（a）正确；（b）、（c）错误

在图 5－68（b）中，如果电网被保护范围内的故障电流大于临界短路电流（图中两条曲线交点处对应的短路电流），则无法满足有选择地动作。图 5－68（c）中，如果要使两级低压断路器的动作满足选择性要求，必须使 1 处的安秒特性曲线位于 2 处的特性曲线之上。否则，必须使 1 处的特性曲线为 1′或 2 处的特性曲线为 2′。

由于安秒特性曲线是非线性的，为使保护满足选择性的要求，设计计算时宜用图解方法。在工程实际中，这种配合可通过调试解决。

5.7 工厂变电所二次回路和自动装置

5.7.1 二次回路概述

二次回路是指用来控制、指示、监测和保护一次电路运行的电路。二次回路又称二次系统。按功能分，二次回路可分为断路器控制回路、信号回路、保护回路、监测回路和自动化回路。为保证二次回路的用电，还有相应的操作电源回路等。供电系统的二次回路功能示意图如图 5－69 所示。

在图 5－69 中，断路器控制回路的主要功能是对断路器进行通、断操作，当线路发生短路故障时，电流互感器二次回路有较大的电流，相应继电保护的电流继电器动作，保护回路作出相应的动作：一方面，保护回路中的出口（中间）继电器接通断路器控制回路中的跳闸回路，使断路器跳闸，断路器的辅助触点起动信号系统回路发出声响和灯光信号；另一方面，保护回路中相应的故障动作回路的信号继电器向信号回路发出信

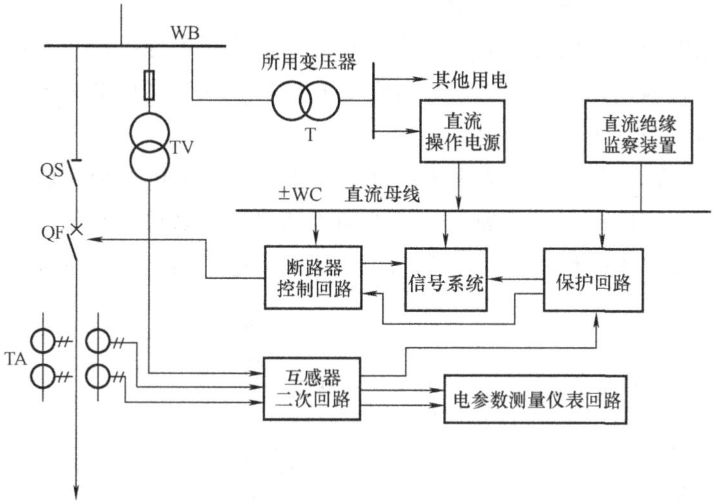

图 5-69　供电系统二次回路功能示意图

号，如光字牌、信号掉牌等。

操作电源主要是向二次回路提供所需的电源。电压、电流互感器还向监测、电能计量回路提供主回路的电流和电压参数。

二次回路图主要有二次回路原理图、二次回路原理展开图、二次回路安装接线图。二次回路原理图用来表示继电保护、断路器控制、监测等回路的工作原理，在原理图中继电器和其触点画在一起，由于导线交叉太多，故它的应用受到一定的限制。广泛应用的还是原理展开图。本章所介绍的断路器控制回路、信号回路等均采用原理展开图。二次回路安装接线图是在原理图或其展开图的基础上绘制的，为安装、维护时提供导线连接位置。

原理图或原理展开图通常是按功能电路（如控制回路、保护回路、信号回路）来绘制的，而安装接线图是以设备（如开关柜、仪表盘等中的设备）为对象绘制的。

5.7.2　操作电源

二次回路的操作电源主要有直流和交流两大类。直流操作电源主要有蓄电池和硅整流直流操作电源两种。对采用交流操作的断路器应采用交流操作电源，对应的所有二次回路，如保护回路继电器、信号回路设备、控制设备等，均采用交流形式。

1. 直流操作电源

(1) 蓄电池组供电的直流操作电源。在一些大中型变电所中，可采用蓄电池组作直流操作电源。蓄电池主要有铅酸蓄电池和镉镍蓄电池两种。

1) 铅酸蓄电池。单个铅酸蓄电池的额定端电压为 2V，充电后可达 2.7V，放电后可降到 1.95V，为满足 220V 的操作电压要求，电池组需要 230/1.95≈118（个）蓄电池。考虑到充电后端电压升高，为保证直流系统的正常电压，长期接入操作电源母线的蓄电池个数为 230/2.7≈88（个），而 118－88＝30（个）蓄电池用于调节电压，接于专门的调节开关上。

2）镉镍蓄电池。单个镉镍蓄电池的端电压额定值为1.2V，充电后可达1.75V，其充电可采用浮充电及强充电硅整流设备进行充电。镉镍蓄电池的特点是不受供配电系统影响，工作可靠，腐蚀性小，大电流放电性能好，功率大，强度高，寿命长，在工厂变配电所（大中型）中应用普遍。

(2) 硅整流直流操作电源。硅整流直流电源在工厂变配电所应用较广，按断路器操动机构的要求有电容储能（电磁操动）和电动机储能（弹簧操动）等类型。下面重点介绍硅整流电容储能直流操作电源。图5-70为硅整流电容储能直流系统原理图。

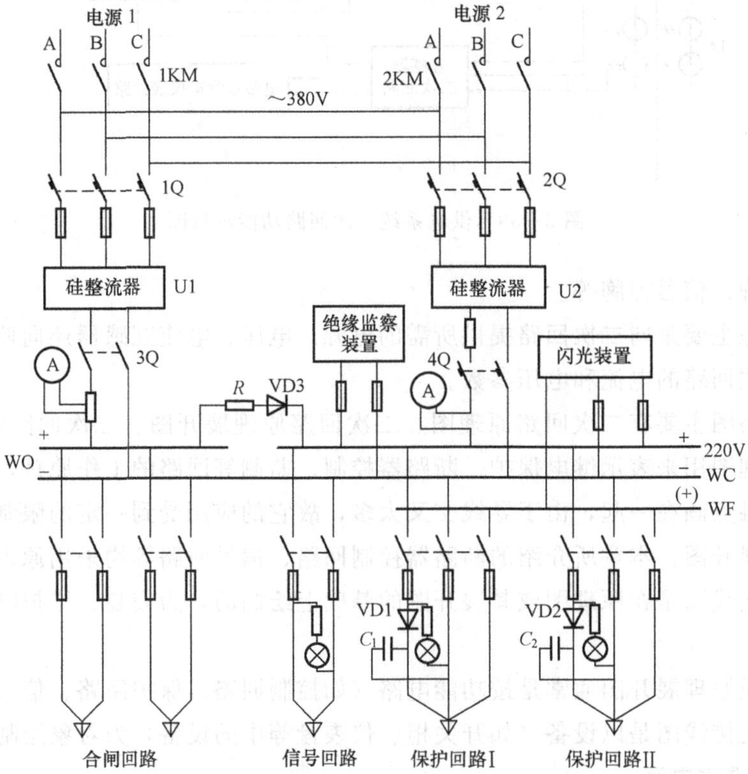

图5-70 硅整流电容储能直流系统原理图

硅整流的电源来自所用变压器低压母线，一般设一路电源进线，但为了保证直流操作电源的可靠性，可以采用两路电源和两台硅整流装置。硅整流器U1主要用做断路器合闸电源，并可向控制、保护、信号等回路供电，其容量较大。硅整流器U2仅向操作母线供电，容量较小。两组硅整流器之间用电阻R和二极管VD3隔开。VD3起到逆止阀的作用，它只允许从合闸母线向控制母线供电，而不能反向供电，以防在断路器合闸或合闸母线侧发生短路时，引起控制母线的电压严重降低，影响控制和保护回路供电的可靠性。电阻R用于限制在控制母线侧发生短路时流过硅整流器U1的电流，起保护VD3的作用。在硅整流器U1和U2前，也可以用整流变压器（图中未画）实现电压调节。整流电路一般采用三相桥式整流电路。

在直流母线上还接有绝缘监察装置和闪光装置，绝缘监察装置采用电桥结构，用以监测正负母线或直流回路对地绝缘电阻。当某一母线对地绝缘电阻降低时，电桥不平衡，检测继电器中有足够的电流流过，继电器动作发出信号。闪光装置主要提供灯光闪光电源，其工作原理示意图如图 5－71 所示，在正常工作时，（＋）WC 悬空，当系统或二次回路发生故障时，相应继电器 K1 动作（其线圈在其他回路中），K1 动断触点打开，K1 动合触点闭合，使信号灯 HL 接于闪光母线上，WC 的电压较低，HL 变暗，闪光装置电容充电，充到一定值后，继电器 K 动作，其动合触点闭合，使闪光母线的电压与正母线相同，HL 变亮，动断触点 K 打开，电容放电，使 K 电压降低，降低到一定值后，K 失电动作，动合触点 K 打开，闪光母线电压变低，闪光装置的电容又开始充电，重复上述过程。信号指示灯就发出闪光信号。

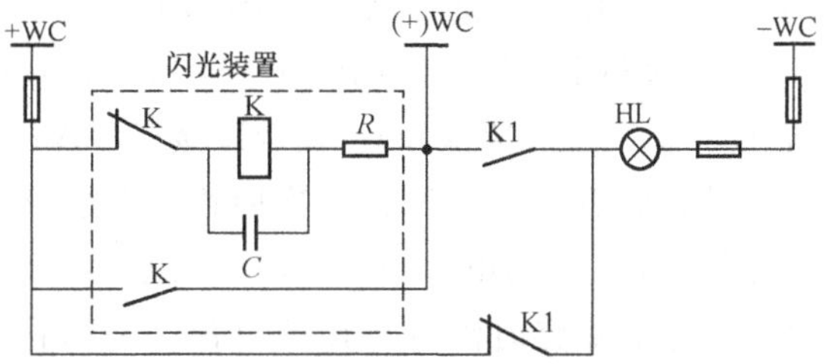

图 5－71　闪光装置工作原理示意图

直流操作电源的母线上，引出若干条线路，分别向各回路供电，如合闸回路、信号回路、保护回路等。在保护供电回路中，电容器所储存的电能仅在事故情况下，用作继电保护回路和跳闸回路的操作电源。

在变电所中，控制、保护、信号系统设备都安装在各自的控制柜中，为了方便使用操作电源，一般在屏顶设置（并排放置）操作电源小母线。屏顶小母线的电源由直流母线上的各回路提供。

2. 交流操作电源

交流操作电源的优点是：接线简单、投资低廉、维修方便。缺点是：交流继电器性能没有直流继电器完善，不能构成复杂的保护。因此，交流操作电源在小型工厂变配电所中应用较广，而对保护要求较高的大、中型变配电所宜采用直流操作电源。

交流操作电源可由两种途径获得：一是取自所用电变压器；二是当保护、控制、信号回路的容量不大时，可取自电流互感器、电压互感器的二次侧。

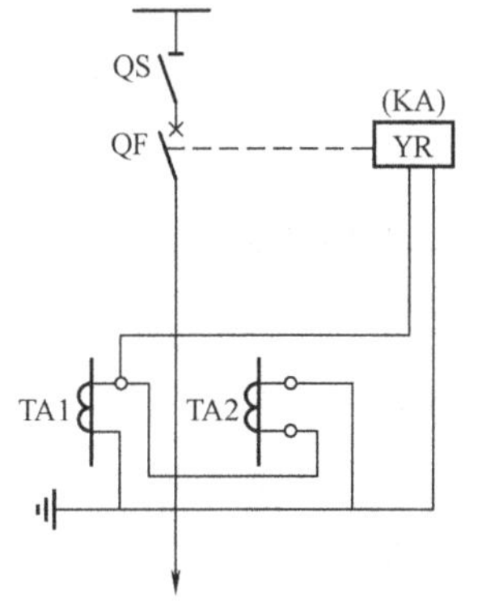

图 5－72　直接动作式过电流保护回路

QF—断路器；TA1、TA2—电流互感器；YR—断路器的跳闸线圈

当交流操作电源取自电流、电压互感器时，通常在电压互感器二次侧安装 100/220V 的隔离变压器，可以取得控制回路和信号回路的交流操作电源。但用于保护的操作电源不能取自电压互感器，只能取自电流互感器，才能利用短路电流本身进行保护，并使断路器跳闸从而切除故障。

（1）继电保护的交流操作方式。过电流保护的交流操作方式有三种：直接动作式、去分流跳闸式和速饱和变流器式。在交流操作方式下，采用 GL 型感应式电流继电器。

1）直接动作式。如图 5－72 所示，直接利用断路器手动操动机构内的过电流脱扣器（跳闸线圈）YR 作为过电流继电器（起动元件），可接成两相一继电器式或两相两继电器式接线。由于正常运行时，流过YR的电流较小，YR不会动作。当线路发生短路时，流过YR的电流很大，超过YR的动作值，YR动作，使断路器跳闸。这种操作方式虽然简单，但灵敏度不高，实际上较少应用。

2）去分流跳闸的操作方式。如图5－73所示，电流继电器的动断触点将跳闸线圈短路，正常运行时，跳闸线圈YR中无电流流过。当线路发生故障时，KA动作，其动断触点打开，使YR的短路分流支路去掉，使电流互感器二次电流全部流过YR，使断路器跳闸。这种去分流跳闸操作方式接线简单，使用了电流继电器作起动元件，提高了保护的灵敏度，在工厂供配电系统中应用广泛。

3）速饱和变流器式。如图5－74所示，在电流互感器二次回路中，接一个（中间）电流互感器TA3（速饱和），而YR接于TA3的二次回路中。当正常运行时，KA不动作，其动合触点断开，TA3二次回路中无电流。当线路发生短路故障时，KA动作，动合触点闭合，YR通电，由TA3提供跳闸电流使断路器跳闸。使用速饱和变流器的目的是：①限制短路时流过YR的电流，一般限制在7～12A以内；②减小电流互感器TA1和TA2的二次负荷阻抗。这种接线方式复杂，使用电器增多（如TA3），保护灵敏度有所下降（TA3串联在电流互感器二次回路中）。

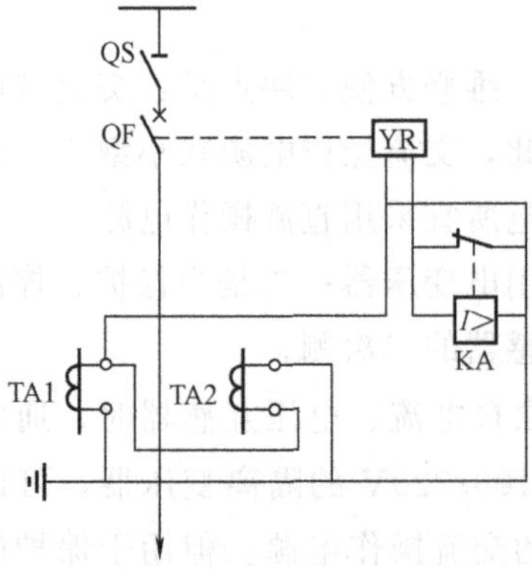

图5－73　去分流跳闸式过电流保护回路

KA—电流继电器（GL型）

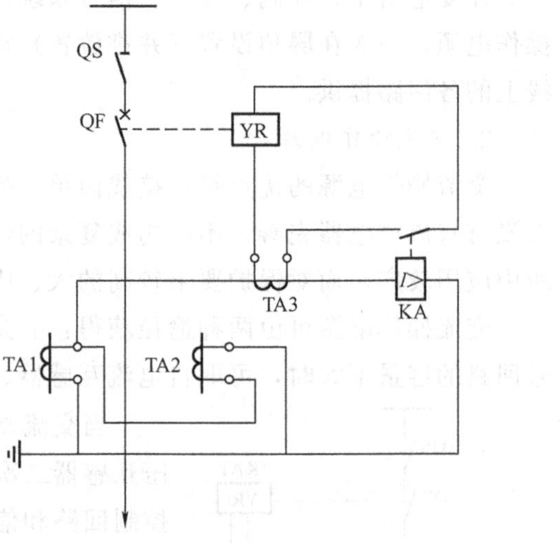

图5－74　速饱和变流器式过电流保护回路

TA3—速饱和变流器（互感器）

（2）控制回路、信号回路的交流操作电源。由于过电流保护的交流操作电源，通常取自电流互感器，而控制回路、信号回路的操作电源可取自电压互感器或所用电变压器，经控制变压器将电压变成220V，或直接使用所用电系统的某相。交流操作系统中，按各回路的功能不同，也设置相应的操作电源母线，如控制母线、闪光母线、事故信号和预告信号小母线等。各回路的电路结构与直流操作系统中相应回路的电路结构非常相似，原理也基本相同，差别在于交流操作系统均使用交流电气元件，直流操作系统均采用直流电气元件。

1）交流操作系统的闪光装置。交流操作系统的闪光装置有两种：一种由中间继电器和电磁式时间继电器组成；另一种是由闪光继电器构成。图 5－75 为由闪光继电器构成的闪光装置原理接线图，其动作原理与直流闪光装置原理相似。

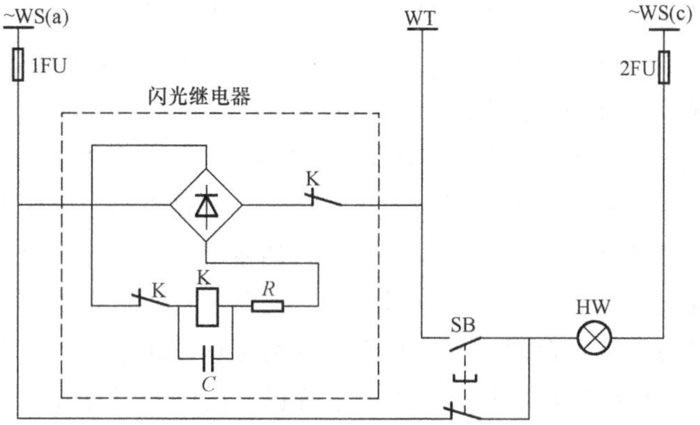

图 5－75 由闪光继电器构成的闪光装置原理接线图

～WS（a）、～WS（c）—交流信号小母线；WT—闪光小母线；

SB—试验按钮；HW—白色信号灯

2）交流操作系统中央信号装置。中央信号分事故信号和预告信号。事故信号是用于故障跳闸时的报警信号，预告信号是用于不跳闸故障的报警信号。在中小型工厂供配电系统中，出线回路不多，通常采用中央复归式不重复动作的中央信号。图 5－76 为中央复归式不重复动作的事故信号和预告信号接线图。

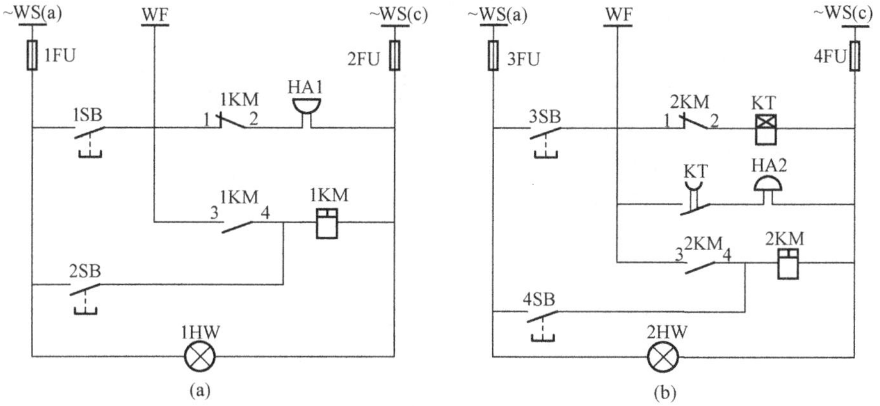

图 5－76 中央复归式不重复动作中央信号原理接线图

（a）中央事故信号接线图；（b）中央预告信号接线图

1SB、3SB—试验按钮；2SB、4SB—音响解除按钮；1KM、2KM—中间继电器；

KT—时间继电器；HA1—事故信号电笛；HA2—预告信号电铃

在图 5－76（a）中，当断路器因事故跳闸时，接于信号母线 WS（a）和事故音响信号母线间的回路（图中未画）接通（相当于 1SB 闭合），电笛 HA1 发出声响，按下事故音响信号解除按钮 2SB 后，1KM 通电，1KM（1—2）断开，音响被解除。1SB 为试验按钮，作音响试验用。

在图 5－76（b）中，3SB 为试验按钮，4SB 为预告音响信号解除按钮。当线路或一次设备出现不正常的运行状态时，接于 WS（a）和预告信号母线 WF 间的回路接通，时间继电器 KT 得电，其动合触点延时闭合，电铃 HA2（其图形形状与电笛图形不同）通电发出声响，按下 4SB，2KM 得电，2KM（1—2）断开，KT 失电，其延时闭合的动合触点瞬时打开，电铃 HA2 断电，音响被解除。

(3) 站用变压器。变电站的用电一般应设置专门的变压器供电，简称站用变。变电站的用电主要有室外照明、室内照明、生活区用电、事故照明、操作电源用电等，上述用电一般都分别设置供电回路，如图 5－77（a）所示。

一般至少应设有两台互为备用的所用电源。其中一台站用变压器应接至电源进线处（进线断路器的外侧），另一台则应接至与本变电站无直接联系的备用电源上。在站用变压器低压侧可采用备用电源自动投入装置，以确保所用电的可靠性。站用变压器接线如图 5－77（b）所示。

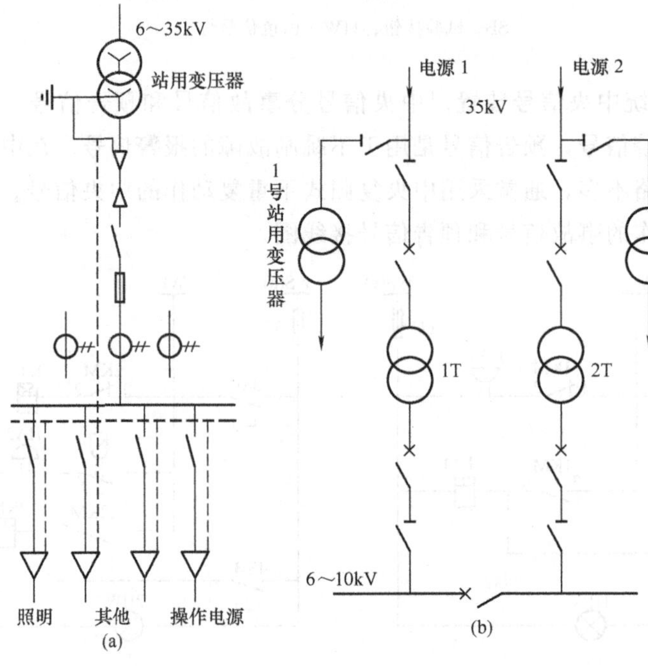

图 5－77　站用变压器接线示意图

(a) 站用电系统；(b) 站用变压器接线

5.7.3　高压断路器控制回路

1. 高压断路控制回路的要求

(1) 能手动和自动合闸与跳闸。

(2) 能监视控制回路操作电源及跳、合闸回路的完好性，应对二次回路短路或过负荷进行保护。

(3) 断路器操动机构中的合、跳闸线圈是按短时通电设计的，在合闸或跳闸完成后，应能自动解除命令脉冲，切断合闸或跳闸电源。

(4) 应具有防止断路器多次合、跳闸的防跳措施。

(5) 应具有反应断路器状态的位置信号和手动或自动合、跳闸的显示信号，断路器的事故跳闸回路，应按不对应原理接线。

(6) 对于采用气压、液压和弹簧操动机构的断路器，应有压力是否正常、弹簧是否拉紧到位的监视和闭锁回路。

2. 电磁操动机构的断路器控制回路

(1) 控制开关。控制开关是断路器控制回路和信号回路的主要控制元件，由运行人员操作使断路器合、跳闸，在工厂变电所中常用的是 LW2 型系列自动复位控制开关。

1) LW2 型控制开关的结构。LW2 型控制开关结构如图 5－78 所示。

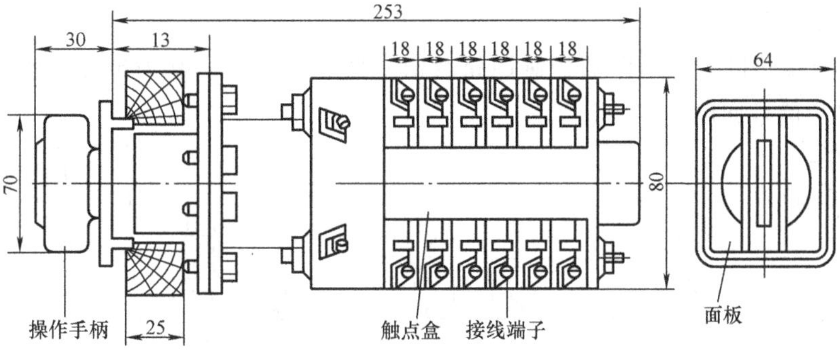

图 5－78　LW2 型控制开关外形结构

控制开关的手柄和安装面板，安装在控制屏前面，与手柄固定连接的转轴上有数节（层）触点盒，安装于屏后。触点盒的节数（每节内部触点形式不同）和形式可以根据控制回路的要求进行组合。每个触点盒内有四个定触点和一个旋转式动触点，定触点分布在盒的四角，盒外有供接线用的四个引出线端子，动触点处于盒的中心。动触点的形式有两种基本类型：一种是触点片固定在轴上，随轴一起转动，如图 5－79 (a) 所示；另一种是触点片与轴有一定角度的自由行程，如图 5－79 (b) 所示，当手柄转动角度在其自由行程内时，可保持在原来位置上不动，自由行程有 45°、90°、135°三种。

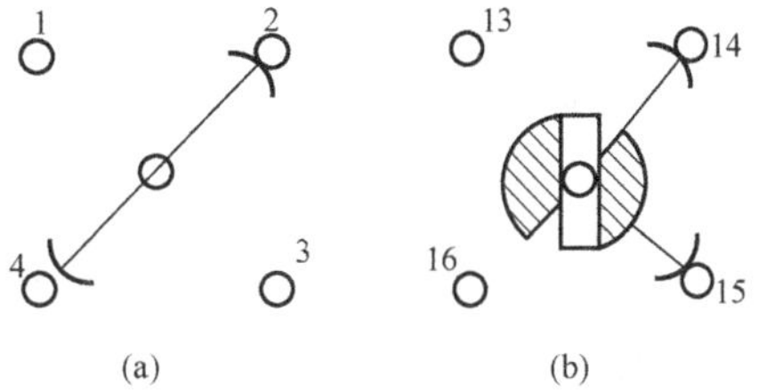

图 5－79　固定与自由行程触点示意图

(a) 固定触点；(b) 有自由行程触点

2) LW2 型控制开关触点图表。表 5－5 给出了 LW2—Z—1a・4・6a・40・20/F8 型控制开关的触点。

表 5-5　LW2—Z—1a·4·6a·40·20/F8 型控制开关的触点

手柄和触点盒形式		F—8	1a		4		6a			40			20					
触点号			1—3	2—4	5—8	6—7	9—10	9—12	10—11	13—14	14—15	13—16	17—19	17—18	18—20	21—23	21—22	22—24
位置	跳闸后（TD）	←	—	·	—	—	—	—	·	—	·	—	—	—	·	—	—	·
	预备合闸（PC）	↑	·	—	—	—	·	—	—	·	—	—	—	·	—	—	·	—
	合闸（C）	↗	—	—	·	—	—	·	—	—	—	·	·	—	—	·	—	—
	合闸后（CD）	↑	·	—	—	—	·	—	—	—	—	·	·	—	—	·	—	—
	预备跳闸（PI）	←	—	·	—	—	—	—	·	·	—	—	—	·	—	—	·	—
	跳闸（T）	↙	—	—	—	·	—	—	·	—	·	—	—	—	·	—	—	·

注　“·”表示接通；“—”表示断开。

控制开关有六个位置，其中“跳闸后”和“合闸后”为固定位置，其他为操作时的过渡位置。有时用字母表示 6 种位置，“C”表示合闸，“T”表示跳闸，“P”表示“预备”，“D”表示“后”。

（2）电磁操动机构的断路器控制回路及信号回路。图 5-80 为电磁操动机构的断路器控制回路及信号回路。

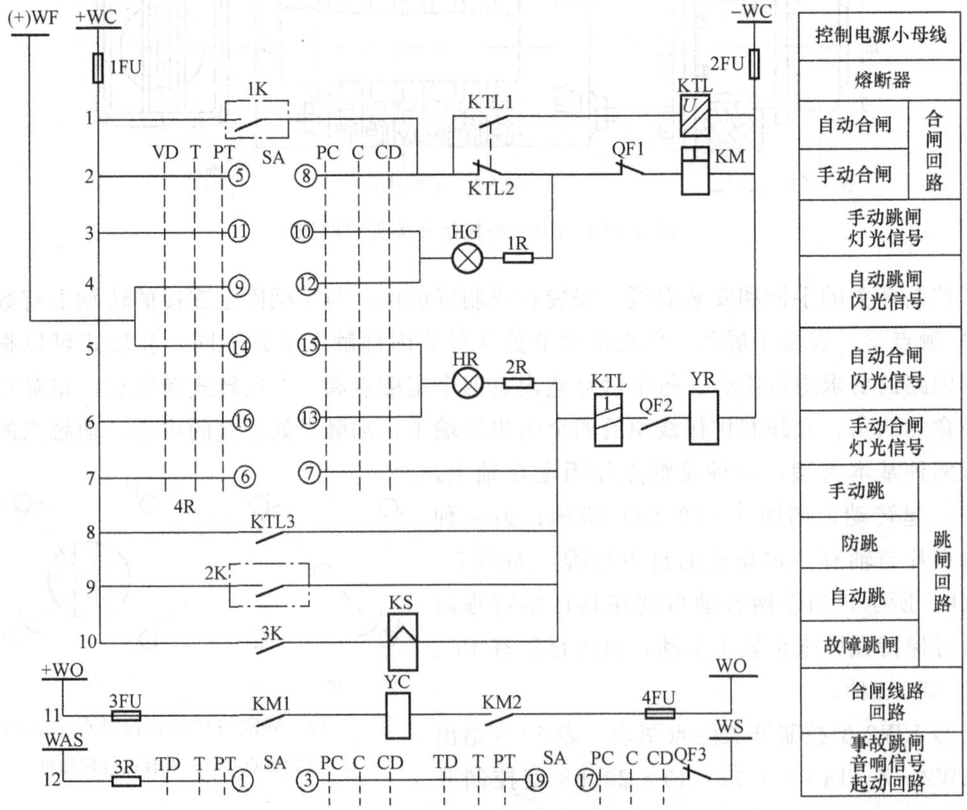

图 5-80　电磁操动机构的断路器控制回路及信号回路

WC—控制小母线；WF—闪光信号小母线；WO—合闸小母线；WAS—事故音响小母线；KTL—防跳继电器；HG—绿色信号灯；HR—红色信号灯；KS—信号继电器；KM—合闸接触器；YC—合闸线圈；YR—跳闸线圈；SA—控制开关

1）断路器的手动操作过程。

① 合闸过程。设断路器处于跳闸状态，此时控制开关 SA 处于跳闸后（TD）位置，其触点 10—11 通，QF1 通，HG 绿灯亮，表明断路器是断开状态，在此通路中，因电阻 1R 存在，合闸接触线圈 KM 不足以使其触点闭合。

将控制开关 SA 顺时针旋转 90°，此位置是预备合闸位置（PC），9—10 通，将信号灯接闪光母线（＋）WF 上，绿灯 HG 闪光，表明控制开关的位置与合闸后位置相同，但断路器仍处于跳闸后状态，这是利用不对应原理接线，同时提醒运行人员核对操作对象是否有误，如无误后，再将 SA 置于合闸（C）位置（继续顺时针旋转 45°）。在此位置上，5—8 通，使合闸接触器 KM 接通于＋WC 和－WC 之间，KM 动作，其触点 KM1 和 KM2 闭合使合闸线圈 YC 通电，断路器合闸。断路器合闸后，QF1 断开使绿灯熄灭，QF2 闭合，由于 13—14 通，所以红灯闪光。当松开 SA 后，在弹簧作用下，自动回到合闸后位置，13—16 通，使红灯发出平光，表明断路器已合闸，同时 9—10 通，为故障跳闸做好使绿灯闪光准备（此时 QF1 断开）。

② 跳闸过程。将控制开关 SA 逆时针旋转 90°置于预备跳闸（PT）位置，13—16 断开，而 13—14 接通闪光母线，使红灯 HR 发出闪光，表明 SA 的位置与跳闸后的位置相同，但断路器仍处于合闸状态。将 SA 继续旋转 45°而置于跳闸（T）位置，6—7 通，使跳闸线圈 YR 接通，此回路中的（KTL 线圈为电流线圈）YR 通电跳闸，QF1 合上，QF2 断开，红灯熄灭。当松开 SA 后，SA 自动回到跳闸后位置，10—11 通，绿灯发出平光，表明断路器已经跳开。

2）断路器的自动控制。断路器的自动控制通过自动装置的继电器触点，如图 5－50 中的 1K 和 2K 的闭合分别实现合、跳闸控制。自动控制完成后，灯信号 HR 或 HG 将出现闪光，表示断路器自动合闸或跳闸，运行人员将 SA 放在相应的位置上即可。

当断路器因故障跳闸时，保护出口继电器 3K 闭合，SA 的 6—7 触点被短接，YR 通电，断路器跳闸，HG 发出闪光。与 3K 串联的 KS 为信号继电器电流型线圈，电阻很小。KS 通电后将发出信号，表明断路器因故障跳闸。同时由于 QF3 闭合（12 支路）而 SA 是置合闸后（CD）位置，1—3、17—19 通，事故音响小母线 WAS 与信号回路中负电源接通（成为负电源）发出事故音响信号，如电笛或蜂鸣器发出声响。

3）断路器的“防跳”。如果没有 KTL 防跳继电器，在合闸后，若控制开关 SA 的触点 5—8 或自动装置触点 1K 被卡死，而此时遇到一次系统永久性故障，继电保护使断路器跳闸，QF1 闭合，合闸回路又被接通，出现多次跳闸—合闸现象。如果断路器发生多次跳跃现象，会使其毁坏，造成事故扩大，所以在控制回路中增设了防跳继电器 KTL。

防跳继电器 KTL 有两个线圈，一个是电流起动线圈，串联于跳闸回路，另一个是电压自保持线圈，经自身的动合触点并联于合闸回路中，其动断触点则串入合闸回路中。当用控制开关 SA 合闸（5—8 通）或自动装置触点 1K 合闸时，如合在短路故障上，防跳继电器 KTL 的电流线圈起动，KTL1 动合触点闭合（自锁），KTL2 动断触点打开，其 KTL 电压线圈也动作，自保持。断路器跳开后，QF1 闭合，即使触点 5—8

或 1K 卡死，因 KTL2 动断已断开，所以断路器不会合闸。当触点 5—8 或 1K 断开后，防跳继电器 KTL 电压线圈释放，动断触点才闭合。这样就防止了跳跃现象。

3. 弹簧操动机构的断路器控制回路

弹簧操动机构有使用交流操作电源和直流操作电源两种。使用直流操作电源的弹簧操动控制回路如图 5－81 所示。

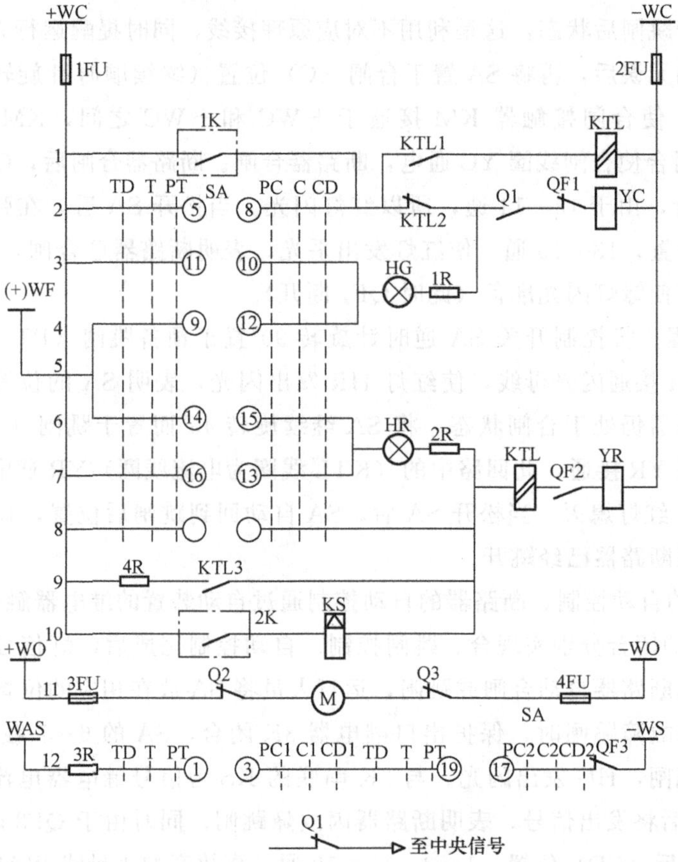

图 5－81　直流操作电源的弹簧操动机构的断路器控制回路及信号回路

M—储能电动机；Q1～Q3—弹簧操动机构辅助触点

图 5－81 中，由于弹簧操动机构储能耗用功率小，所以合闸电流小，在断路器控制回路中，合闸回路可用控制开关直接接通合闸线圈 YC。当弹簧操动机构的弹簧未拉紧时，辅助触点 Q1 打开，不能合闸，Q2 和 Q3 闭合，使储能电动机接通电源储能，使弹簧拉紧，Q1 闭合，而 Q2 和 Q3 断开，电动机停止储能。断路器是利用弹簧存储的能量进行合闸的，合闸后，弹簧释放，电动机接通，又能储能，为下次动作（合闸）做准备。

图 5－82 为交流操作弹簧操动机构的断路器控制回路，它的工作原理与直流操作弹簧操动机构的断路器控制回路原理相似。

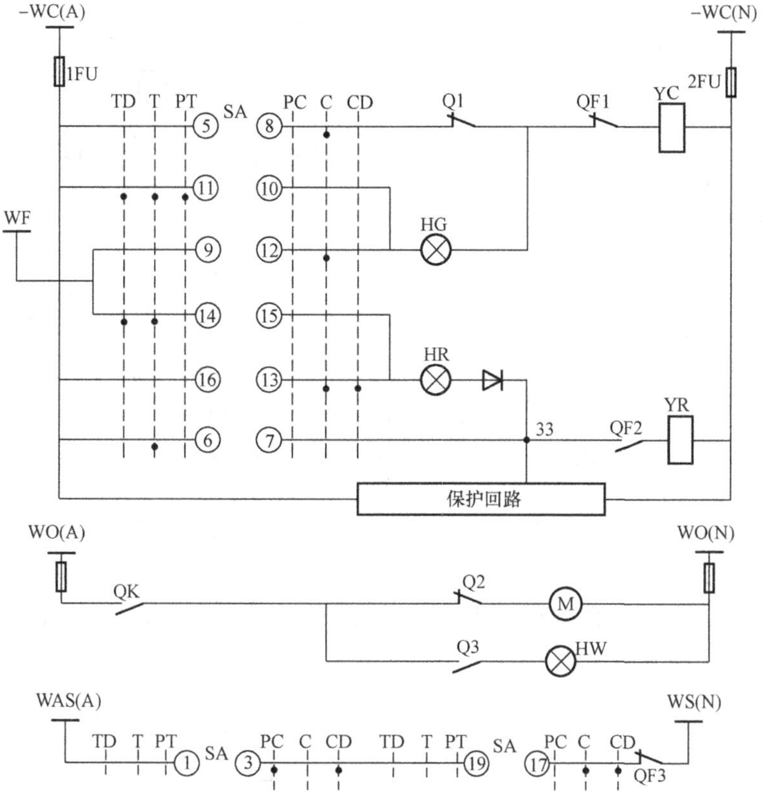

图 5-82 交流操作弹簧操动机构的断路器控制回路

M—储能电动机（交流）；WO（A)—交流操作母线（A相）；

WO（N)—交流操作母线（N线）；HW—白色信号灯

4. 备用电源自动投入装置

在对供电可靠性要求较高的工厂变配电所中，通常采用两路及以上的电源进线、或互为备用，或一为主电源、另一为备用电源。当主电源线路中发生故障而断电时，需要把备用电源自动投入运行，以确保供电可靠，通常采用备用电源自动投入装置（简称APD)。

(1) 对备用电源自动投入装置的要求：

1) 工作电源不论何种原因（故障或误操作）消失时，APD应动作。

2) 应保证在工作电源断开后，备用电源电压正常时，才投入备用电源。

3) 备用电源自动投入装置只允许动作一次。

(2) 备用电源自动投入装置。由于变电所电源进线及主接线的不同，对所采用的APD要求和接线也有所不同，有采用直流操作电源的，也有采用交流操作电源的。电源进线运行方式有主（用）电源（工作电源）方式和备用电源方式，也有互为备用电源方式。

(3) 主电源与备用电源方式的APD接线。图5-83所示为采用直流操作电源的备用电源自动投入装置原理接线图。

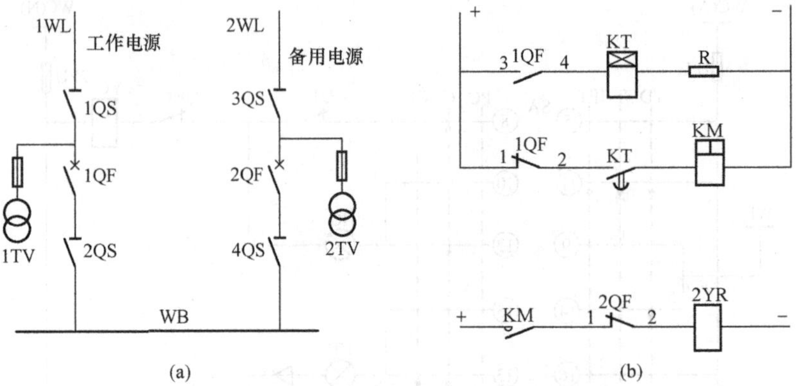

图 5 - 83　备用电源自动投入原理接线图

(a) 对应的主接线图；(b) 备用电源自动投入装置接线图

(4) 双电源互为备用的 APD 接线。当双电源进线互为备用时，要求任一主工作电源消失时，另一路备用电源的自动投入装置动作。双电源进线的两个 APD 接线是相似的，如图 5 - 84 所示。该图的断路器采用交流操作的 CT7 型弹簧操动机构，其主电路一次接线见图 5 - 84 (a) 所示。

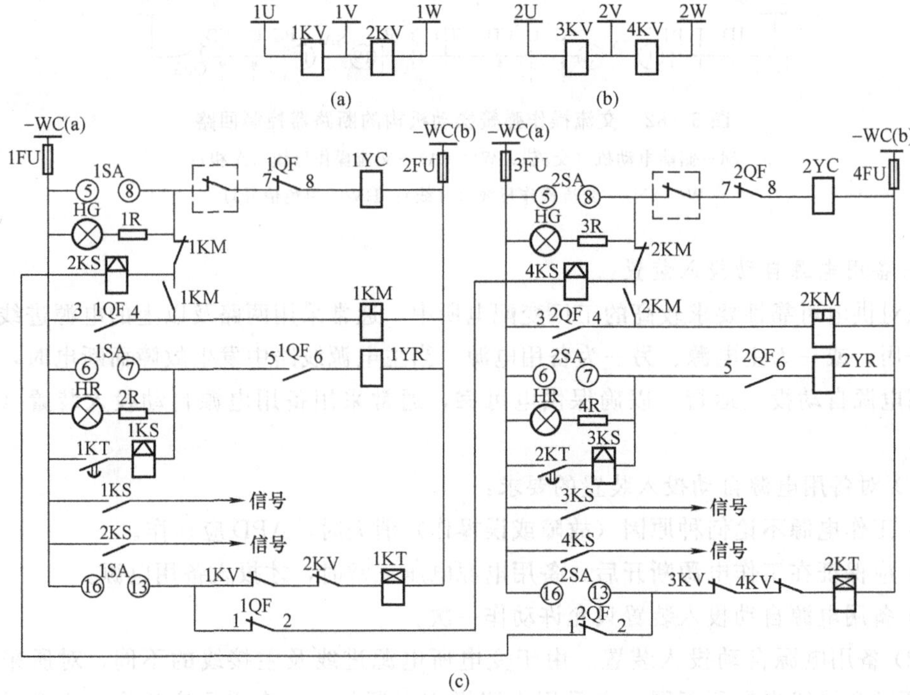

图 5 - 84　双电源互为备用的 AAT 原理接线

(a) 一段母线电压回路；(b) 二段母线电压回路；(c) AAT 控制电路

1KV～4KV—电压继电器；1U、1V、1W、2U、2V、2W—分别为两路电源电压、互感器二次电压母线；

1SA、2SA—控制开关；1YC、2YC—合闸线圈；1KS～4KS—信号继电器；1KM、2KM—中间继电器；

1KT—时间继电器；1QF、2QF—断路器辅助触点当1WL工作时，2WL为备用。1QF在合闸位置，1SA的5—8、6—7不通，16—13通。1QF的辅助触点中动断触点打开，动合触点闭合。2QF在跳闸位置，2SA的5—8、6—7、13—16均断开。当1WL电源侧因故障而断电时，电压继电器1KV、2KV动断触点闭合，1KT动作，其延时闭合触点延时闭合，使1QF的跳闸线圈1YR通电跳闸。1QF（1—2）闭合，则2QF的合闸线圈2YC经1SA（16—13）→1QF（1—2）→4KS→2KM动断触点→2QF（7—8）→WC（b）通电，将2QF合上，从而使备用电源2WL自动投入，变配电所恢复供电。

同样当2WL为主电源时，发生上述现象后，1WL也能自动投入。在合闸电路中，虚框内的触点为对方断路器保护回路的出口继电器触点，用于闭锁AAT，当1QF因故障跳闸时，2WL线路中的AAT合闸回路便被断开，从而保证变配电所内部故障跳闸时，AAT不被投入。

思考题

5-1　对继电保护装置有哪些基本要求？什么叫做选择性动作？什么叫做灵敏性和灵敏系数？

5-2　电磁式电流继电器、时间继电器、信号继电器和中间继电器在继电保护装置中各起什么作用？各采用什么文字符号和图形符号？

5-3　什么叫过电流继电器的动作电流、返回电流和返回系数？如继电器返回系数过低有什么危害？

5-4　感应式电流继电器有哪些功能？动作时间如何调节？动作电流如何调节？

5-5　简要说明定时限过电流保护装置和反时限过电流保护装置的组成特点和整定方法。

5-6　分别说明过电流保护和电流速断保护是怎样满足供电系统对继电保护装置要求的。

5-7　在中性点不接地系统中，发生单相接地短路故障时，通常采用哪些保护措施？

5-8　什么叫低电压闭锁的过电流保护？在什么情况下采用？

5-9　带时限的过电流保护的动作时间整定时，时间级差考虑了哪些因素？电流速断保护的动作电流如何整定？

5-10　电力变压器通常设有哪些保护？对变压器低压侧单相接地进行保护有哪些方法？

5-11　对变压器的低压侧单相短路，有哪几种保护措施？最常用的单相接地保护措施是哪些？

5-12　瓦斯保护规定在什么情况下应予装设？在什么情况下轻瓦斯保护动作？什么情况下重瓦斯保护动作？

5-13　电压配电系统过电流保护采用什么方法？

5－14　简述熔断器熔体安—秒特性的含义，在选择熔体电流时应考虑哪些因素？

5－15　工厂变配所二次回路按功能分为哪几部分？各部分的作用是什么？

5－16　操作电源有哪几种？直流操作电源分为哪几种？各有何特点？

5－17　交流操作电源有哪些特点？可通过哪些途径获得电源？

5－18　继电保护的交流操作方式有哪几种？各有什么特点？哪一种比较常用？

5－19　试分析交流操作电源中闪光继电器的工作原理。

5－20　WC821 站用变保护测控装置使用在什么场合？

5－21　简述电磁机构断路器手动合闸、跳闸的操作过程。

5－22　断路器控制回路应满足哪些要求？解读断路器控制电路原理图。

5－23　WCB821 保护装置主菜单包含哪些内容？

5－24　WCB821 保护装置有哪些保护？

5－25　WCB821 保护装置如何进行参数设置？

第6章

电气设备的防雷与接地

6.1 雷电的类型

雷电过电压又称大气过电压或外部过电压，是指雷云放电现象在电力网中引起的过电压。雷电过电压一般分为直击雷、间接雷击和雷电侵入波三种类型。

（1）直击雷过电压是遭受直击雷击时产生的过电压。经验表明，直击雷击时雷电流可高达几百千安，雷电电压可达几百万伏。遭受直击雷击时均难免灾难性结果，因此必须采取防御措施。

（2）间接雷击过电压，又简称感应雷过电压，是雷电对设备、线路或其他物体的静电感应或电磁感应所引起的过电压。图 6-1 所示为架空线路上由于静电感应而积聚大量异性的束缚电荷，在雷云的电荷向其他地方放电后，线路上的束缚电荷被释放形成自由电荷，向线路两端运行，形成很高的过电压。经验表明，高压线路上感应雷可高达几十万伏，低压线路上感应雷也可达几万伏，对供电系统的危害很大。

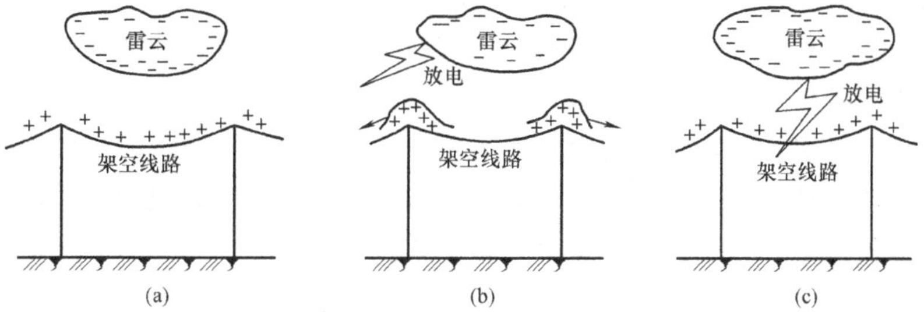

图 6-1　架空线路上的感应过电压

（a）雷云在线路上方时；（b）雷云对地或其他放电时；（c）雷云对架空线路放电时

（3）雷电侵入波是感应雷的另一种表现，是由于直击雷或感应雷在电力线路的附近、地面或杆塔顶点，从而在导线上感应产生的冲击电压波，它沿着导线以光速向两侧流动，故又称为过电压行波。行波沿着电力线路侵入变配电所或其他建筑物，并在变压器内部引起行波反射，产生很高的过电压。据统计，雷电侵入波造成的雷害事故，要占所有雷害事故的 50％～70％。

6.2 防雷设计

建筑物的防雷设计，应认真调查地质、地貌、气象、环境等条件，雷电活动规律，以及被保护物的特点等，来决定防雷措施，做到安全可靠、技术先进、经济合理。

6.2.1 防雷装置

防雷装置是接闪器、避雷器、引下线和接地装置等的总和，图 6－2 和图 6－3 所示为不同的防雷装置的设置组合。

1. 接闪器

接闪器是专门用来接受直击雷的金属物体。接闪的金属杆称为避雷针；接闪的金属线称为避雷线，或称为架空地线；接闪的金属带、网称为避雷带、避雷网。

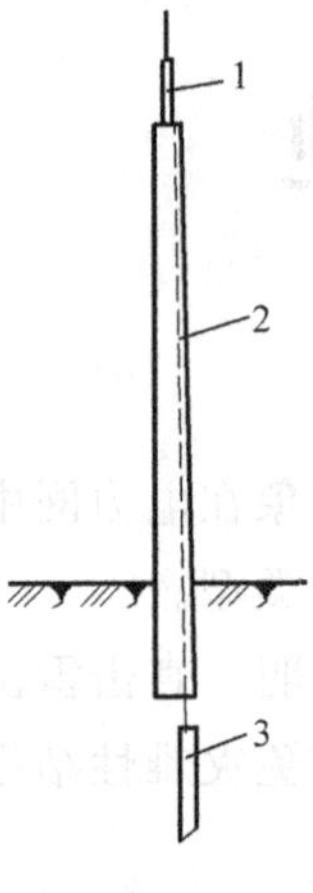

图 6－2 避雷针结构示意图

1—避雷针；2—引下线；3—接地装置

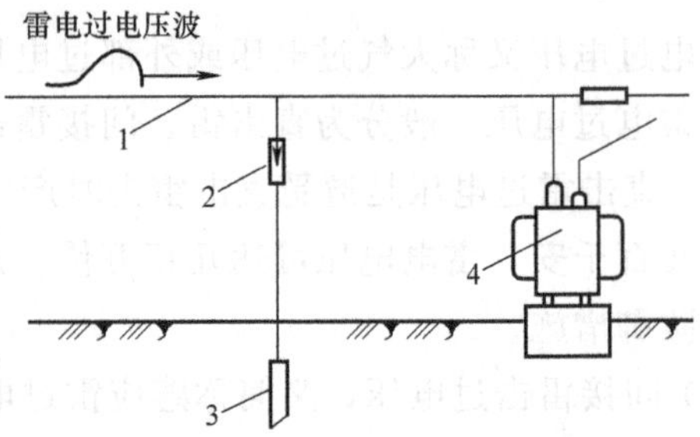

图 6－3 避雷器装置示意图

1—架空线路；2—避雷器；3—接地体；4—电力变压器

（1）避雷针。避雷针一般采用镀锌圆钢（针长 1m 以下时，直径不小于 12mm；针长1～2m 时，直径不小于 16mm）或镀锌钢管（针长 1m 以下时，直径不小于 20mm；针长1～2m 时，直径不小于 25mm）制成。它通常安装在电杆、构架或建筑物上。它的下端通过引下线与接地装置可靠连接，如图 6－2 所示。

避雷针实质是引雷针，它把雷电流引入地下，从而保护了附近的线路、设备和建筑物等。经验表明，避雷针的确避免了许多直击雷击的事故发生，但同时也因为避雷针是引雷针，所以做得不好的避雷针甚至会带来事故。

（2）避雷线。避雷线一般用截面不小于 35mm^2 的镀锌钢绞线，架设在架空线或建筑物的上面，以保护架空线或建筑物免遭直击雷击。由于避雷线既是架空的又是接地的，也称为架空地线。避雷线的功能和原理与避雷针基本相同。

（3）避雷网和避雷带。避雷网和避雷带主要用来保护高层建筑物免遭直击雷击和感应雷击。避雷网和避雷带宜采用圆钢和扁钢，优先采用圆钢。圆钢直径不小于 9mm、扁钢截面不小于 49mm^2，其厚度不小于 4mm。当烟囱上采用避雷环时，其圆钢直径不小于 12mm、扁钢截面不小于 100mm^2，其厚度不小于 4mm。

建筑物防雷类别确定滚球半径和避雷网格尺寸见表 6－1。

表 6－1　建筑物防雷类别确定滚球半径和避雷网格尺寸

建筑物防雷类别	滚球半径（m）	避雷网格尺寸（m）
第一类防雷建筑物	30	≤5×5 或 6×4

续表

建筑物防雷类别	滚球半径（m）	避雷网格尺寸（m）
第二类防雷建筑物	45	≤10×10 或 12×8
第三类防雷建筑物	60	≤20×20 或 24×16

2. 避雷器

避雷器是用来防止雷电产生的过电压波沿线路侵入变配电所或其他建筑物内，以免危及被保护设备的绝缘，如图 6-3 所示。

避雷器主要有阀式避雷器、排气式避雷器、角形避雷器和金属氧化物避雷器等几种。

6.2.2　雷的防御

1. 直击雷的防御

防御直击雷的方法：

(1) 装设独立的避雷针。

(2) 在建筑物上装设避雷针或避雷线。

(3) 在建筑物屋面铺设避雷带或避雷网。

所有防雷装置都必须有可靠的引下线与合格的接地装置相焊连。除独立的避雷针外，建筑物上的防雷引下线应不少于两根。这既是为了可靠，又是对雷电流进行分流，防止引下线上产生过高的电位。防直击雷的接地装置的安全距离如图 6-4所示。避雷针与被保护物（如建筑物和配电装置）之间在空气中的间距，一般不小于 5m；在地下的接地装置之间的距离，一般不小于 2m。

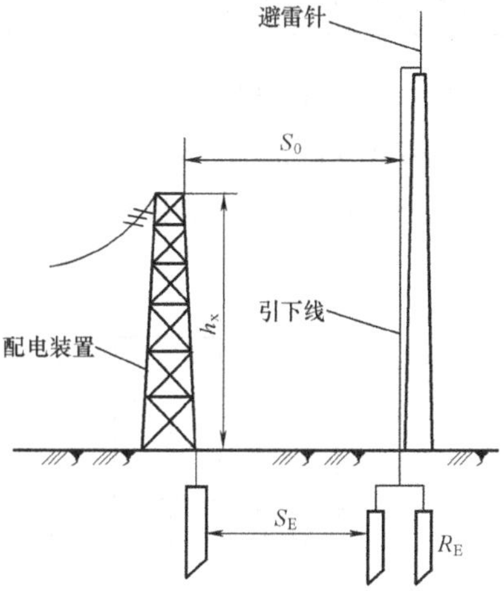

图 6-4　防直击雷的接地装置安全距离
S_0—避雷针与被保护物的间距；
S_E—地下接地装置的间距

2. 感应雷的防御

防御感应雷的方法如下：

(1) 在建筑物屋面沿周边装设避雷带，每隔 20m 左右引出接地线一根。

(2) 建筑物内所有金属物（如设备外壳、管道、构架等）均应接地，混凝土内的钢筋应绑扎或焊成闭合回路。

(3) 将突出屋面的金属物接地。

(4) 对净距离小于 100mm 的平行敷设的长金属管道，每隔 20～30m 用金属线跨接，避免因感应过电压而产生火花。

3. 雷电侵入波的防御

(1) 架空线雷电侵入波的防御。

1) 对 6～10kV 架空线，如有条件就采用 30～50m 的电缆段埋地引入，在架空线终端杆装避雷器，避雷器的接地线应与电缆金属外壳相连后直接接地，并连入公共地网。

2) 对没有电缆引入的 6～10kV 架空线，在终端杆处装避雷器，在避雷器附近除了装设集中接地线外，还应连入公共地网。

3）对低压进出线，应尽量用电缆线，至少应有50m的电缆段经埋地引入，在进户端将电缆金属外壳架相连后直接接地，并连入公共地网。

（2）变配电所雷电侵入波的防御。

1）在电源进线处，主变压器高压侧装设避雷器。要求避雷器与主变压器尽量靠近安装，相互间最大电气距离不超过表6-2的规定。同时，避雷器的接地端与变压器的低压侧中性点及金属外壳均应可靠接地。

表6-2　阀式避雷器至3～10kV主变压器的最大电气距离

雷雨季节经常运行的进线路数	1	2	3	≥4
避雷器至主变压器的最大电气距离（m）	15	23	27	30

2）3～10kV高压配电装置及车间变配电所的变压器，要求在每路进线终端和各段母线上都装有避雷器。避雷器的接地端与电缆头的外壳相连后必须可靠接地。图6-5所示为3～10kV高压配电装置避雷器的装设。

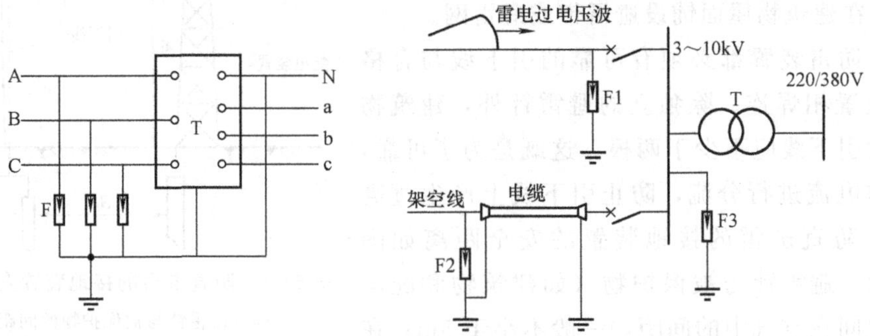

图6-5　3～10kV高压配电装置避雷器的装设

3）在低压侧装设避雷器。在多雷区、强雷区及向一级防雷建筑供电的Yyn0和Dyn11联结的配电变压器，应装设一组低压避雷器。

（3）高压电动机的防雷。高压电动机的防雷不能采用普通型的FS、FD系列避雷器，而要采用专用的保护旋转电动机的FCD系列磁吹式阀型避雷器，或用串联间隙的金属氧化物避雷器。

6.3　电气装置接地

6.3.1　接地的有关概念

在低压配电系统中，发生电击伤亡事故总是难以杜绝的。因此必须加强安全保护的技术措施。根据IEC标准，电击三道防线中，第二道防线就是要求可靠接地。

1. 接地和接地装置的概念

接地是保证人身安全和设备安全而采取的技术措施。“地”是指零电位，所谓接地就是与零电位的大地相连接。

TN—S 或 TN—C—S 系统接地，在我国俗称接零。“零”是指多相系统的中性点，所谓接零就是与中性点相连接，故接零又可称为接中性点。

接地体是埋入地中并直接与大地接触的金属导体，专门为接地而人为装设的接地体。由若干接地体在大地中相互用接地线连接起来的一个整体，称为接地网，如图 6－6 所示。

在正常或事故情况下，为保证电气设备可靠地运行，必须在供配电系统中某点实行接地，称为工作接地。出于安全目的，对人员能经常触及的、正常时不带电的金属外壳，因绝缘损坏而有可能带电的部分实行的接地，称为保护接地。只有在电压为 1000V 以下的中性点直接接地的系统中，才可采用接零保护作为安全措施，并实行重复接地，以减轻当中性线断裂时发生触电的危险。

2. 接地电流和对地电压

当电气设备发生接地故障时，电流就通过接地体向大地作半散开，这一电流称为接地电流，用 I_E 表示，如图 6－7 所示。试验证明，在离接地点 20m 处，实际散流电流为零。

对地电压 U_E 是指电气设备的接地部分（如接地的外壳等）与零电位的地之间的电位差。

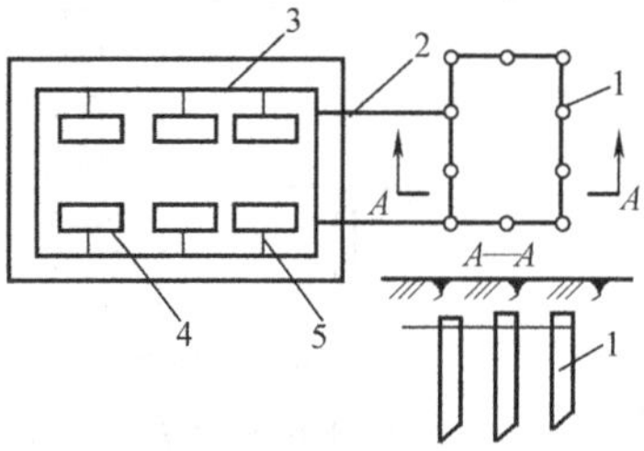

图 6－6 接地网示意图

1—接地体；2—接地线；3—接地干线；4—电气设备；5—接地支线

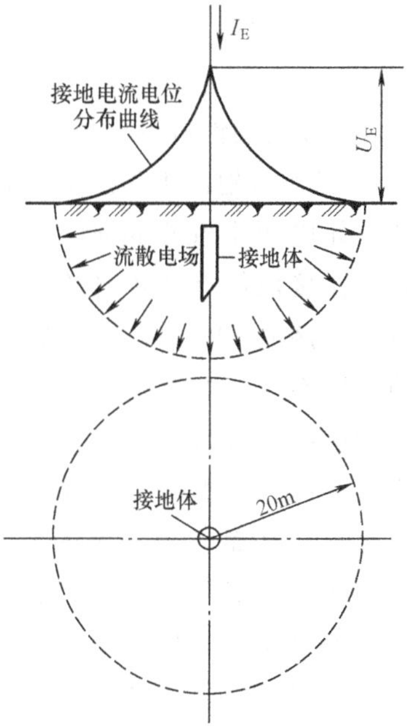

图 6－7 接地电流、对地电压及接地电位分布曲线

3. 接地的类型

(1) 按作用进行分类。

1) 防雷接地。防雷接地有防感应雷接地和防直击雷接地两种。以防止直击雷电作用而作的接地称为防直击雷接地；以防止雷电感应产生高电位、产生火花放电或局部发热，从而造成易燃、易爆物品燃烧或爆炸而作的接地称为防雷电感应接地。

2) 保护接地。保护接地是为保障人身安全、防止间接触电而将设备的外露可导电部分接地。保护接地的形式有两种：一是设备的外露可导电部分经各自的接地线直接接地，如 TT 和 IT 系统中的接地；二是设备的外露可导电部分经公共的 PE 线或经 PEN 线接地，这种接地形式，在我国过去习惯上称为保护接零，如图 6－8 所示。

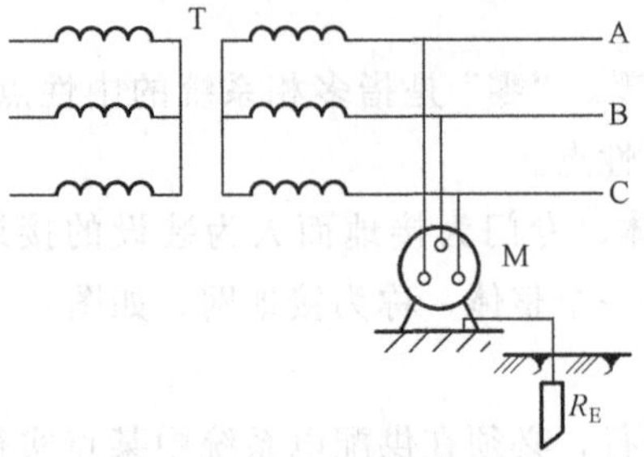

图 6-8 保护接地示意图

注意，在同一低压系统中，一般来说不能一部分采取保护接地，另一部分采用保护接零，否则当采取保护接地的设备发生单相接地故障时，采用保护接零设备的外露可导电部分将带上危险的过电压。

3）防静电接地。为防止可能产生或聚集的静电荷，对设备、管道和容器等进行的接地，称为防静电接地。设备在移动或物体在管道中流动时，因摩擦产生的静电，聚集在导管、容器或加工设备上，形成很高的电位，对人身安全和建筑物都有危害。防静电接地的作用是当静电产生后，通过静电接地线，把静电引向大地，从而防止静电产生后对人体和设备造成的危害。

4）防电蚀接地。地下埋设的金属体，如电缆金属外皮、金属导管等，接地后可防止电蚀侵入。

(2) 按功能性进行分类。

1）工作接地。工作接地是为保证电力系统和设备达到正常工作要求而进行的一种接地，如电源中性点接地、防雷装置的接地等。各种工作接地都有其各自的功能，例如，电源中性点直接接地，能在运行中维持三相系统中相线对地电压不变；电源中性点经消弧线圈接地，能在单相接地时消除接地点的断续电弧，防止系统出现过电压。至于防雷装置的接地，其功能是泄放雷电流，从而实现防雷的要求。如图 6-9 所示，相线 A、B、C 的公共连接处的接地为工作接地，电动机外壳与 PEN 线的连接为保护接零，右侧 PEN 线的再次接地为重复接地。

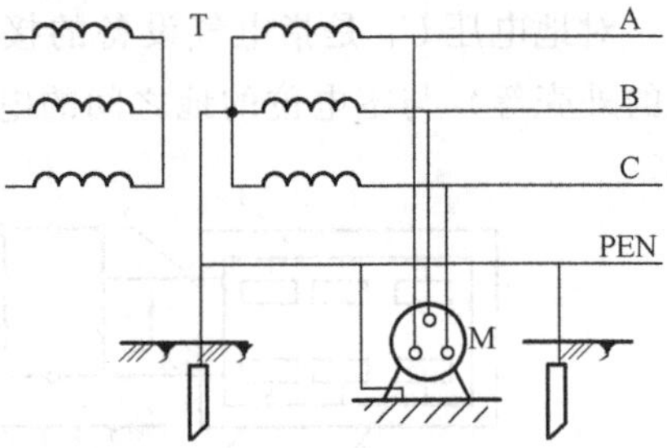

图 6-9 工作接地、重复接地和保护接地示意图

2）重复接地。为确保 PE 线或 PEN 线安全可靠，除在中性点进行工作接地外，还应在 PE 线或 PEN 线的下列地方进行重复接地：①在架空线路终端及沿线每 1km 处；②电缆和架空线引入车间或大型建筑物处。

3）屏蔽接地。屏蔽接地是为了防止和抑制外来电磁感应干扰，而将电气干扰源引入大地的一种接地，如对电气设备的金属外壳、屏蔽罩、屏蔽线的外皮或建筑物的金属屏蔽体等进行的接地。这种接地，既可抑制外来电磁干扰对电子设备运行的影响，也可减少某一电子设备产生的干扰影响其他电子设备。

4）逻辑接地。为了确保稳定的参考电位而将电子设备中适当的金属件进行的接地形式，即逻辑接地，如一般将电子设备的金属底板进行接地。通常把逻辑接地及其他信号系统的接地称为“直流地”。

5）信号接地。为保证信号具有稳定的基准电位而设置的接地，即信号接地。

4. 电气装置的接地和接地电阻

根据我国的规定，电气装置不带电的金属部位必须接地。

接地电阻是接地体的流散电阻与接地线和接地体电阻的总和。由于接地线和接地体的电阻相对很小，可忽略不计，因此接地电阻主要就是接地体的流散电阻。

工频接地电流流过接地装置所呈现的接地电阻，称为工频接地电阻，用 R_{Σ} 表示。雷电流流过接地装置所呈现的接地电阻，称为冲击接地电阻，用 R_{sh} 表示。

（1）自然接地体的利用。在设计和装设接地装置时，首先应考虑自然接地体的利用，以节约投资，节约钢材。如果实地测量所利用的自然接地体电阻能满足要求，而且这些自然接地体又满足热稳定条件时，就不必再装设人工接地装置。否则，应加装人工接地装置。

可作为自然接地体的有：与大地有可靠连接的建筑物的钢结构和钢筋、行车的钢轨、埋在地里的金属管道（但不包括可燃或有爆炸物质的管道），以及埋地敷设的不少于两根的电缆金属外皮等。对于变配电所来说，可利用建筑物钢筋混凝土基础作为自然接地体。利用自然接地体时，一定要保证良好的电气连接，在建筑物结构的结合处，除已焊接者外，凡用螺栓连接或其他连接的，都必须要采用跨接焊接，而且跨接线不小于规定值。

（2）人工接地体的装设。人工接地体是特地为接地体而装设的接地装置。人工接地体基本结构有两种：垂直埋设的人工接地体和水平埋设的人工接地体，如图 6－10 所示。人工接地体的接地电阻至少要占要求电阻值的一半以上。

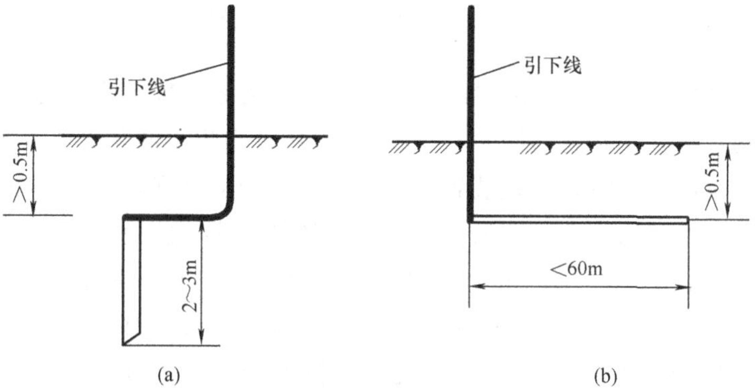

图 6－10　人工接地体的结构

（a）垂直埋设的人工接地体；（b）水平埋设的人工接地体

按 GB 50169—2016《电气装置安装工程接地装置施工及验收规范》的规定，钢接地体的最小尺寸不应小于表 6－3 的规定。对于 110kV 及以上变电所或腐蚀性较强场所的接地装置，应采用热镀锌钢材，或适当加大截面。

接地网的布置应尽量使地面电位分布均匀，以降低接触电压和跨步电压，加装均压带的接地网如图 6－11 所示。

表 6-3　　　　钢接地体的最小尺寸

种类、规格及单位		地上		地下	
		室内	室外	交流回路	直流回路
圆钢直径（mm）		6	9	10	12
扁钢	截面积（mm^2）	60	100	100	100
	厚度（mm）	3	4	4	6
角钢厚度（mm）		2	2.5	4	6
钢管管壁厚度（mm）		2.5	2.5	3.5	4.5

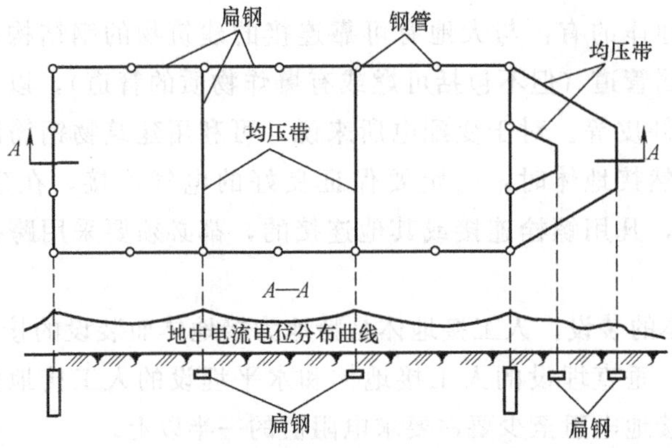

图 6-11　加装均压带的接地网

(3) 防雷装置接地的要求。避雷针宜装设独立的接地装置，防雷的接地装置及避雷针引下线的结构尺寸，应符合 GB 50057—2010《建筑物防雷设计规范》的规定。

为了防止雷击时雷电流在接地装置上产生的高电位对被保护的建筑物和配电装置及其接地装置进行反击闪络，危及建筑物和配电装置的安全，防直击雷的接地装置与建筑物和配电装置之间，应有一定的安全距离，此距离与建筑物的防雷等级有关。一般来说，空气中安全距离为大于 5m，地下为 3m。为了降低跨步电压，保障人身安全，防直击雷的人工接地体距离建筑物出入口或人行道的距离不应小于 3m，否则要采取其他措施。

6.3.2　低压配电系统的等电位连接

等电位连接，是指使电气装置各外露可导电部分及装置外的导电部分的电位作实质上相等的电气连接。等电位连接的作用是降低接触电压，保障人身安全。一个总等电位连接和局部等电位连接的示意图如图 6-12 所示。

按《低压配电设计规范》（GB 50054—2014）的规定：进行低压接地故障保护时，应在建筑物内作总等电位连接（用文字符号 MEB 表示）；当电气装置或某一部分的接地故障保护不能满足规定要求时，还应在局部范围作局部等电位连接（用文字符号 LEB 表示）。

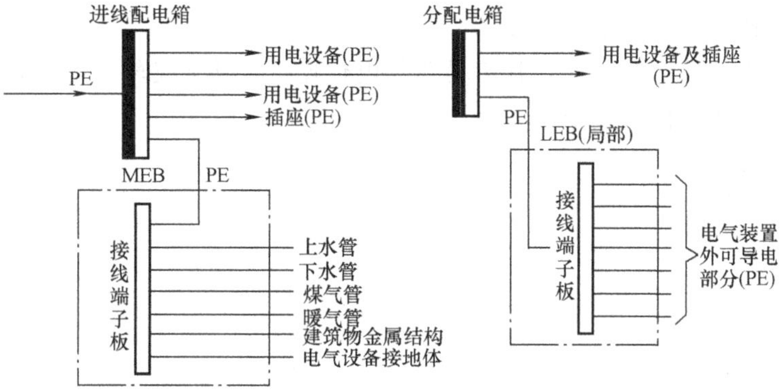

图 6-12　总等电位连接和局部等电位的连接

MEB—总等电位连接；LEB—局部等电位连接

电位差是引起电气事故的重要起因。我国以前对电网和线路的安全比较重视，但忽视了电位差的危害。实际上，尤其是在低压配电系统中，电位差的存在是造成人身电击、电气火灾以及电气、电子设备损坏的重要原因。

总等电位连接，是在建筑物的电源线路进线处，将 PE 干线或 PEN 线与电气装置的接地干线、建筑物金属构件及各种金属都相互作电气连接，使它们的电位基本相等，如图 6-12所示的 MEB 部分。

辅助等电位连接是总等电位连接的辅助措施，它是某一局部范围内的等电位连接，如在远离总等电位的连接处、非常潮湿及触电危险性大的局部地域进行的补充等电位连接，如图 6-12 所示的 LEB 部分。

在一般电气装置中，要求等电位连接系统的导通良好，从等电位连接端子到被连接体末端的阻抗不大于 4Ω。

注意，无论是总等电位连接，还是辅助等电位连接，与每一电气装置的其他接地系统只可连接一次。

思考题

6-1　雷电的种类有哪几类？它们分别是怎样产生的？

6-2　对直击雷、感应雷和雷电侵入波分别采用什么防雷措施？

6-3　变电所如何进行防雷？

6-4　高压架空线如何进行防雷？

6-5　避雷针、避雷器、避雷带各主要用在什么场合？

6-6　什么叫接触电压和跨步电压？

6-7　什么叫接地装置？它由哪几部分组成？有什么作用？

6-8　什么叫工作接地？什么叫重复接地？什么叫保护接地？

6-9　国家对设备的接地电阻值有什么要求？

6－10　什么是接地和接零？

6－11　为什么要用等电位连接？

6－12　什么是等电位连接？什么是总等电位连接？什么是辅助等电位连接？

6－13　如何测量接地电阻？

第7章

供配电系统的运行维护和检修

变配电站内变配电设备的正常运行，是保证变配电所能够安全、可靠和经济地供配电的关键所在。通过对变配电设备缺陷和异常情况的监视，及时发现设备运行中出现的缺陷和故障，及早采取相应措施防止事故的发生和扩大，从而保证变配电所能够安全可靠地供电。

7.1 变配电所的巡视检查

1. 变配电站的值班制度

工厂变配电站的值班方式有轮班制和无人值班制。如果变配电所的自动化程度高、信号监测系统完善，就可以采用无人值班制。

2. 变配电站的巡视检查制度

变配电站的值班人员对设备应经常进行巡视检查。巡视检查分为定期巡视、特殊巡视和夜间巡视。

3. 变配电站的巡视期限

(1) 有人值班的变配电站，应每日巡视一次，即每昼夜巡一次。35kV及以上的变配电站，要求每班（三班制）巡视一次。

(2) 无人值班的变配电室，应在每周高峰负荷时段巡视一次，夜巡一次。

(3) 在打雷、刮风、雨雪、浓雾等恶劣天气里，应对室外装置进行白天或夜间的特殊巡视。

(4) 对于户外多尘或含腐蚀性气体等不良环境中的设备，巡视次数要适当增加。无人值班的设备，每周巡视不应少于两次，并应作夜间巡视。

(5) 新投运或出现异常的变配电设备，要及时进行特殊巡视检查，密切监视变化。

4. 变配电设备的巡视检查方法

变配电站电气设备巡视检查方法有：①通过看、听、闻、摸等为主要检查手段，发现运行中设备的缺陷及隐患；②使用工具和仪表，进一步探明故障性质。对于较小的障碍，也可在现场及时排除。

常用的巡视检查方法有：

(1) 看。值班人员用肉眼对运行设备可见部位的外观变化进行观察来发现设备的异常现象。如变色、变形、位移、破裂、松动、打火冒烟、渗油漏油、断股断线、闪络痕迹、异物搭挂、腐蚀污秽等，都可通过此法检查出来。另外，通过对监测仪表的监测，也可发现一些异常。因此，目测法是设备巡查中最常用的方法之一。

（2）听。变电所的一、二次电磁式设备（如变压器、互感器、继电器、接触器），正常运行通过交流电后，其线圈铁芯会发出均匀节律和一定响度的“嗡嗡”声；而当设备出现故障时，会夹着噪声，甚至有“噼啪”的放电声。可以通过正常时和异常时的音律、音量变化来判断设备故障的性质。

（3）闻。电气设备的绝缘材料一旦过热，会使周围的空气产生一种异味。当正常巡查中嗅到这种异味时，应仔细寻查观察，发现过热的设备与部位，直至查明原因。

（4）摸。对不带电且外壳可靠接地的设备，检查其温度或温升时可以用手去触试检查。二次设备出现发热或振动时，也可用手触法进行检查。

7.2 电力变压器的运行与维护

1. 变压器的巡视维护内容

（1）仪表监视电压、电流是否正常，判断负荷是否在正常范围之内。变压器一次电压变化范围应在额定电压的5%以内，避免过负荷情况；三相电流应基本平衡，对于Yyn0接线的变压器，中性线电流不应超过低压绕组额定电流的25%。

（2）温度计及温控装置，看油温及温升是否正常。上层油温一般不宜超过85℃，最高不应超过95℃。干式变压器和其他型号的变压器参看各自的说明书。

（3）冷却系统的运行方式是否符合要求，如冷却装置（风扇、油、水）是否运行正常，各组冷却器、散热器温度是否相近。

（4）变压器的声音是否正常。正常的声响为均匀的“嗡嗡”声，如声响较平常沉重，表明变压器过负荷；如声音尖锐，说明电源电压过高。

（5）绝缘子（瓷绝缘子、套管）是否清洁，有无破损裂纹、严重油污及放电痕迹。

（6）储油柜、充油套管、外壳是否有渗油、漏油现象，有载调压开关、气体继电器的油位、油色是否正常。油面过高，可能是冷却器运行不正常或内部故障（铁心发热、线圈层间短路等），油面过低可能有渗油、漏油现象。变压器油通常为淡黄色，长期运行后呈深黄色。如果颜色变深变暗，说明油质变坏；如果颜色发黑，表明炭化严重，不能使用。

（7）变压器的接地引线、电缆、母线有无过热现象。

（8）外壳接地是否良好。

（9）冷却装置控制箱内的电气设备、信号灯的运行是否正常；操作开关，联动开关的位置是否正常；二次线端子箱是否严密，有无受潮及进水现象。

（10）变压器室门、窗、照明应完好，房屋不漏水，通风良好，周围无影响其安全运行的异物（如易燃、易爆和腐蚀性物体）。

（11）当系统发生短路故障或天气突变时，值班人员应对变压器及其附属设备进行特殊巡视。巡视检查的重点是：

1）当系统发生短路故障时，应立即检查变压器系统有无爆裂、断脱、移位、变形、焦味、烧损、闪络、烟火和喷油等现象。

2）下雪天气，应检查变压器引线接头部分有无落雪立即融化或蒸发冒气现象，导电部分有无积雪、冰柱。

3）大风天气，应检查引线摆动情况以及是否搭挂杂物。

4）雷雨电气，应检查瓷套管有无放电闪络现象（大雾天气也应进行此项检查），以及避雷器放电记录器的动作情况。

5）气温骤变时，应检查变压器的油位和油温是否正常。

6）大修及安装的变压器运行几个小时后，应检查散热器排管的散热情况。

2. 变压器的投运与停运

（1）变压器的投运。新装或检修后的变压器投入运行前，一般应进行全面检查，确认其符合运行条件，才可投入试运行。检查项目如下：

1）变压器本体、冷却装置和所有附件无缺陷、不渗油。

2）轮子的制动装置牢固。

3）油漆完好，相色标志正确，接地可靠。

4）变压器顶盖上无杂物遗留。

5）事故排油设施完好，消防设施齐全。

6）储油柜、冷却装置、净油器等油系统上的油门均打开，油门指示正确。

7）电压切换装置的位置符合运行要求，有载调压切换装置的远方操动机构动作可靠，指示位置正确。

8）变压器的相位和绕组的联结组别符合并列运行要求。

9）温度指示正确，整定值符合要求。

10）冷却装置试运行正常。

11）保护装置整定值符合规定，操动和联动机构动作灵活、正确。

（2）变压器的停运。进行主变压器停电操作时，操作的顺序是：停电时先停负荷侧，后停电源侧。这是因为：多电源的情况下，先停负荷侧，可以防止变压器反送电；若先停电源侧，一旦发生故障，可能造成保护装置误动或拒动，从而延长故障切除时间，并且可能扩大故障范围。

（3）变压器的试运行。所谓变压器试运行，就是指变压器开始送电并带一定负荷运行 24h 所经历的全部过程。变压器投入运行时，应先按照倒闸操作的步骤，合上各侧的隔离开关，接通操作能源，投入保护装置和冷却装置等，使变压器处于热备用状态。变压器投入并列运行前，应先核对相位是否一致。送电后，检查变压器和冷却装置的所有焊缝和连接面，有无渗、漏油现象。

3. 变压器故障及异常运行的处理

变压器是变电所的核心设备，如果发生了异常运行，轻则影响供电系统的正常运行，重则引发事故，带来经济、安全两方面的损失。所以，运行维护人员对变压器故障及异常运行必须具备一定的基本处理方法。

（1）响声异常的故障原因及处理方法。变压器正常运行时，会发出较低的均匀“嗡嗡”声。

1）若“嗡嗡”声变得沉重且不断增大，同时上层油温也有所上升，但是声音仍是连续的，这表明变压器过载。可开启冷却风扇等冷却装置，增强冷却效果，同时适当调整负荷。

2）若发生很大且不均匀的响声，间有爆裂声和“咕噜”声，这可能是由于内部层间、匝间绝缘击穿；如果杂有“噼啪”放电声，很可能是内部或外部的局部放电所致。碰到这些情况，可将变压器停运，消除故障后再使用。

3）若发生不均匀的振动声，可能是某些零件发生松动，可安排大修进行处理。

（2）油温异常的原因和处理方法。温度过高，会使绝缘的老化速度比正常工作条件下快得多，从而缩短变压器的使用年限，甚至有时还会引发事故。

油浸式变压器的上层油温严格控制在95℃以下。若在同样负荷条件下油温比平时高出10℃以上，冷却装置运行正常，负荷不变但温度不断上升，则很可能是内部故障，如铁芯发热、匝间短路等。这时应立即停运变压器。

（3）油位异常的原因和处理方法。

1）变压器严重缺油时，内部的铁芯、绕组就会暴露在空气中，使绝缘受潮，同时露在空气中的部分绕组因无油循环散热，导致散热不良而引发事故。引起油位过低的原因有很多，如渗油漏油，放油后未补充，负荷低而冷却装置过度冷却等。如果是过冷却引起的，则可适当增加负荷或停止部分冷却装置；如果出现轻瓦斯信号，在气体继电器窗口中看不见油位，则应将变压器停运。

2）油位过高还可能是补油过多或负荷过大，这时，可放油或适当减少负荷。

3）此外，还要注意假油现象。如果在负荷变化、温度变化后，油位不发生变化，则可能是假油位。这是由于防爆管的通气管堵塞、油标管堵塞或油枕呼吸器堵塞等原因造成的。

（4）保护异常。

1）轻瓦斯的动作。可取瓦斯气体分析：如不可燃，放气后继续运行，并分析原因，查出故障；如可燃，则停运，查明情况，消除故障。

2）重瓦斯动作。很可能是内部发生短路或接地故障，这时不允许强送电，需进行内部检查，直至试验正常，才能把变压器重新投入运行。

（5）外表异常。

1）渗油漏油。可能是连接部位的胶垫老化开裂或螺钉松动。

2）套管破裂、内部放电、防爆管破损。这些故障严重时会导致防爆管玻璃破损，因此，应停用变压器，等待处理。

3）变压器着火。将变压器立即从系统中隔离，同时采取正确的灭火措施。

7.3 配电设备的巡视与维护

配电装置担负着受电和配电任务，是变配电所的重要组成部分。对配电装置同样也应进行定期巡视检查，以便及时发现运行中出现的设备缺陷和故障，并采取相应措施及早予以消除。

7.3.1 断路器

1. 断路器的巡视维护内容

(1) 分合位置的红绿信号灯、机械分合指示器与断路器的状态是否一致。

(2) 负荷电流是否超过当时环境温度下的允许电流，三相电流是否平衡，内部有无异常声音。

(3) 各连接头的接触是否良好，接头温度、箱体温度是否正常，有无过热现象。

(4) 检查绝缘子（瓷绝缘子、套管）是否清洁完整、无裂纹和破损，有无放电、闪络现象。

(5) 检查操动机构、操作电压、操作气压及操作油压是否正常，其偏差是否在允许范围内。

(6) 检查端子箱内的二次接线端子是否受潮，有否锈蚀现象。

(7) 检查高压带电显示器，看三相指示是否正常、是否亮度一致。

(8) 检查设备的接地是否良好。

(9) 检查油断路器的油色、油位是否正常，本体各充油部位是否有渗油漏油现象。

(10) 检查 SF_6 断路器的气体压力是否正常。

(11) 检查真空断路器的真空是否正常，有无漏气声。

2. 断路器的常见故障和处理

(1) 接头（触头）和箱体过热。可能是接头、触头接触不良或过负荷，可降低负荷，必要时进行停电处理。

(2) 拒绝合闸。可能是本体或操动机构的原因（如弹簧储能故障），也可能是操作回路的原因。这时，应拉开隔离开关将故障断路器停电；如该回路必须马上合闸，送电可采用旁路断路器代替。

(3) 拒绝跳闸。可能是机械方面的原因（如跳闸铁芯卡位，操作能源压力不足），也可能是操作回路的原因。这时可拉开该回路的母线侧隔离开关，使拒分的断路器脱离电源。如果油断路器出现爆裂、放电声，SF_6 断路器或真空断路器发生严重漏气，则应立即将故障断路器停电。

3. 有接地线的断路器的送停电操作

(1) 送电操作。手车装入柜内的初始位置系实验位置，首先，将辅助回路的插头插好，在主回路没有接通的情况下，单独对手车进行操作实验，确认分合闸是否正常。送电操作：关闭所有柜门并锁好，确认接地开关在分闸位置，插入摇把顺时针转动，推进丝杠直到被锁住时取下摇把，手车在工作位置定位，主回路接通，断路器处于准备位置，此时，可通过控制回路对断路器进行操作。

(2) 停电操作。先将断路器分闸，插入摇把逆时针转动，推进丝杠直到实验位置，取下摇把，插入接地摇把，顺时针转动 90°，将接地开关合闸，打开后门可进行安全维护。

7.3.2 隔离开关和负荷开关

1. 隔离开关和负荷开关的巡视检查内容基本一致

(1) 检查分合状态是否正确，是否符合运行方式的要求，其位置信号指示器、机械位置指示器与隔离开关的实际状态是否一致。

(2) 检查负荷电流是否超过当时周围环境温度下开关的允许电流。

(3) 检查开关的本体是否完好，三相触头是否同期到位。

(4) 运行的开关，触头接触是否良好，有否过热及放电现象。拉开的开关，其断口距离及张开的角度是否符合要求。

(5) 保持绝缘子清洁完整，表面无裂纹和破损，无电晕，无放电闪络现象。

(6) 检查操动机构各部件是否变形、锈损，连接是否牢固，有否松动脱落现象。

(7) 接地的隔离开关，接地是否牢固可靠，接地的可见部分是否完好。

2. 隔离开关的异常及处理

(1) 接头或触头发热。可能是接触不良或过负荷。可适当降低负荷，也可将故障隔离开关退出运行；无法退出时，可加强通风冷却，同时创造条件，尽快停电处理。

(2) 带负荷误拉、合隔离开关。

1) 误拉隔离开关。如果刀片刚离开刀口（已起弧）应立即将未拉开的隔离开关合上。如果隔离开关已拉开，则不允许再合上，用同级断路器或上一级断路器断开电路后方可合隔离开关。

2) 误合隔离开关。误合的隔离开关，不允许再拉开，只有用断路器先断开该回路电路后，才能拉开。

7.3.3 互感器

互感器的巡视检查内容：

(1) 绝缘子套管是否完好，清洁，有无裂纹放电现象。

(2) 检查油位、油色是否正常，有无渗油漏油现象。

(3) 呼吸器是否畅通，是否有受潮变色现象。

(4) 接线端子是否牢固，是否有发热现象。

(5) 运行中的互感器声音是否正常，是否冒烟及有异常气味。

(6) 接地是否牢固且接触良好。

7.3.4 电力电容器

电力电容器的巡视检查内容如下：

(1) 检查电容器电流是否正常，三相是否平衡（电力电容器的各相电流之差应不大于10%），有无不稳定及激振现象。

(2) 检查放电用电压互感器指示灯是否良好，放电回路是否完好。

(3) 检查电容器的声音是否正常，有否“吱吱”放电声。

(4) 检查外壳是否变形，有无渗油漏油现象。

(5) 套管是否清洁，有无放电闪络现象；回路导体应紧固，接头不过热；绝缘架、绝缘台的绝缘应良好，绝缘子应清洁无损。

(6) 保护熔断器是否良好。

(7) 无功补偿自动控制器应运行正常，电容器组的自动投切动作应正常，功率因数应在设定范围内。

(8) 外壳接地是否良好、完整。

7.3.5　二次系统的巡视检查

1. 硅整流电容储能直流装置的巡视检查

(1) 检查硅整流器的输入和输出电压是否在正常运行值范围内。

(2) 接触器、继电器和调压器的触头接触是否良好，有无过热或放电现象。

(3) 调压器转动手柄是否灵活，有无卡阻。

(4) 硅整流器件应清洁，连接的焊点或螺栓应牢固无松动。

(5) 检查电容器的开关应在充电位置，电容器外壳洁净、无变形、无放电；连接线无虚焊、断线。

2. 铅酸蓄电池组的巡视检查

(1) 当蓄电池采用浮充电方式时，值班人员要根据直流负载的大小，监视或调整浮充电源的电流，使直流母线电压保持额定值，并使蓄电池总是处于浮充电状态下工作。每个蓄电池电压应保持在2.15V，变动范围为2.1～2.2V。如果电压长期高于2.35V，会产生过充；低于2.1V，则会产生欠充。过充或欠充都会影响蓄电池的使用寿命。

(2) 蓄电池室及电解液温度应保持在100～300℃，最低不低于50℃，最高不高于350℃。

(3) 检查极板的颜色和形状。充好电后的正极板应是红褐色，负极板是深灰色的；极板应无断裂、弯曲现象，极板间应无短路或杂物充塞。

(4) 电池外壳无破裂、无漏液。

(5) 蓄电池各接头连接应紧固，无腐蚀现象。

7.4　电缆线路的运行与维护

电缆线路的作用与架空线路的作用相同，在电力系统中起到连接、输送电能和分配电能的作用。当架空线的走线或安全距离受到限制或输配电发生困难时，采用电缆线路就成为一种较好的选择。

电缆线路具有成本高、查找故障困难等缺点，所以必须做好线路的运行维护工作。

1. 巡视期限

对电缆线路要做好定期巡视检查工作：

(1) 敷设在土壤、隧道、沟道中的电缆，每三个月巡视一次。

(2) 竖井内敷设的电缆，至少每半年巡视一次。

(3) 变电所、配电室的电缆及终端头的检查，应每月一次。

(4) 如遇大雨、洪水及地震等特殊情况或发生故障时，需临时增加巡视次数。

2．巡视检查内容

(1) 负荷电流不得超过电缆的允许电流。

(2) 电缆、中间接头盒及终端温度正常，不超过允许值。

(3) 引线与电缆头接触良好，无过热现象。

(4) 电缆和接线盒清洁、完整，不漏油，不流绝缘膏，无破损及放电现象。

(5) 电缆无受热、受压、受挤现象；直埋电缆线路，路面上无堆积物和临时建筑，无挖掘取土现象。

(6) 电缆钢铠正常，无腐蚀现象。

(7) 电缆保护管正常。

(8) 充油电缆的油压、油位正常，辅助油系统不漏油。

(9) 电缆隧道、电缆沟、电缆夹层的通风、照明良好，无积水；电缆井盖齐全并且完整无损。

(10) 电缆的带电显示器及护层过电压防护器均正常。

(11) 电缆无鼠咬、白蚁蛀蚀的现象。

(12) 接地线良好，外皮接地牢固。

7.5 车间配电线路的运行维护

1．巡视期限

车间配电线路一般由车间维修电工每周巡视检查一次，对于多尘、潮湿、高温、有腐蚀性及易燃易爆等特殊场所应增加巡视次数。线路停电超过一个月以上，重新送电前应做一次全面检查。

2．巡视项目

(1) 检查导线发热情况。裸母线正常运行时最高允许温度一般为70℃。若过高，母线接头处的氧化加剧，接触电阻增大，电压损耗加大，供电质量下降，甚至可能引起接触不良或断线。

(2) 检查线路负荷是否在允许范围内。负荷电流不得超过导线的允许载流量，否则导线过热会使绝缘层老化加剧，严重时可能引起火灾。

(3) 检查配电箱、开关电器、熔断器、二次回路仪表等的运行情况。着重检查导体连接处有无过热变色、氧化、腐蚀等情况，连线有无松脱、放电和烧毛现象。

(4) 检查穿线铁管、封闭式母线槽的外壳接地是否良好。

(5) 敷设在潮湿、有腐蚀性气体的场所的线路和设备，要定期检查绝缘，绝缘电阻值不得低于0.5MΩ。

(6) 检查线路周围是否有不安全因素存在。

在巡视中发现的异常情况，应记入专用记录本内，重要情况应及时汇报。

3．线路运行中突遇停电的处理

电力线路在运行中，可能会突然停电，这时应按不同情况分别处理。

(1) 电压突然降为零时，说明是电网暂时停电。这时总开关不必拉开，但各路出线开关应全部拉开，以免突然来电时用电设备同时起动，造成过负荷，从而导致电压骤降，影响供电系统的正常运行。

(2) 双电源进线中的一路进线停电时，应立即进行切换操作（即倒闸操作），将负荷特别是重要负荷转移到另一路电源。若备用电源线路上装有电源自动投入装置，则切换操作会自动完成。

(3) 厂内架空线路发生故障使开关跳闸时，如开关的断流容量允许，可以试合一次。由于架空线路的多数故障是暂时性的，所以一次试合成功的可能性很大。但若试合失败，即开关再次跳开，说明架空线路上故障还未消除，并且可能是永久性故障，应进行停电隔离检修。

(4) 放射式线路发生故障使开关跳闸时，应采用分路合闸检查方法找出故障线路，并使其余线路恢复供电。

【例 7-1】 如图 7-1 所示的供配电系统，假设故障出现在 WL8 线路上，由于保护装置失灵或选择性不好，使 WL1 线路的开关越级跳闸，分路合闸检查故障的具体步骤如下：

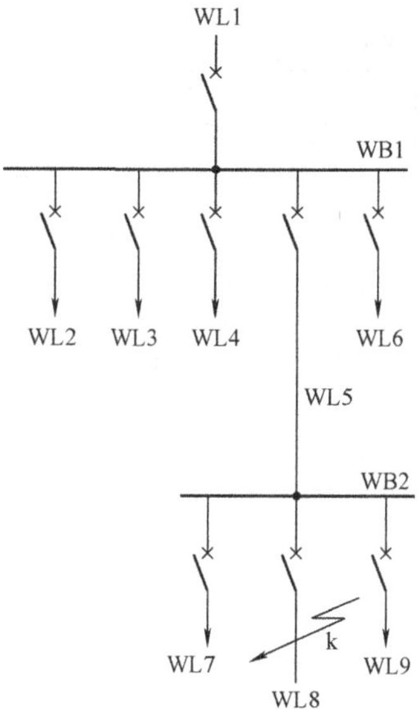

图 7-1 供配电系统分路合闸检查故障说明图

解 (1) 将出线 WL2～WL6 开关全部断开，然后合上 WL1 的开关，由于母线 WB1 正常运行，所以合闸成功。

(2) 依次试合 WL2～WL6 的开关，当合到 WL5 的开关时，因其分支线 WL8 存在故障，再次跳闸，其余出线开关均试合成功，恢复供电。

(3) 将分支线 WL7～WL9 的开关全部断开，然后合上 WL5 的开关。

(4) 依次合 WL7～WL9 的开关，当合到 WL8 的开关时，因其线路上存在故障，开关再次自动跳开，其余线路均恢复供电。

这种分路合闸检查故障的方法，可将故障范围逐步缩小，并最终查出故障线路，同时恢复其他正常线路的供电。

7.6 倒闸操作

电气设备通常有三种状态，即运行、备用（包括冷备用及热备用）、检修状态。电气设备由于周期性检查、试验或处理事故等原因，需操作断路器、隔离开关等电气设备来改变电气设备的运行状态，这种将设备由一种状态转变为另一种状态的过程叫倒闸，所进行的操作叫倒闸操作。

7.6.1 倒闸操作的基本知识

1. 设备工作状态的类型

电气设备的工作状态通常分为如下四种：

(1) 运行中。隔离开关和断路器已经合闸，使电源和用电设备连成电路。

(2) 热备用。电气设备的电源由于断路器的断开已停止运行，但断路器两端的隔离开关仍处于合闸位置。

(3) 冷备用。设备所属线路上的所有隔离开关和断路器均已断开。

(4) 检修中。不仅设备所属线路上的所有隔离开关和断路器已经全都断开，而且悬挂“有人工作，禁止合闸”的警告牌，并装设遮栏及安装临时接地线。

2. 电力系统设备的标准名称及编号

为了便于联系操作，利于管理，保证操作的正确性，应熟悉电力系统设备的标准名称，并对设备进行合理编号。电力系统的标准名称，见表 7－1。

表 7－1　　电力系统主要设备标准名称

编号	设备名称		调度操作标准名称
1	母线	母线	××（正、副或号）
		电抗母线	电抗母线
		旁路母线	旁路母线
2	开关	油断路器、空气断路器、真空断路器、SF_6断路器	××断路线（×号断路器）
		母线联络开关	母线（×）开关（×号开关）
		旁路、旁联开关	旁路开关、旁联开关
		母线分段开关	分段（×）开关
3	隔离开关	隔离开关	××刀闸（×号）刀闸
		母线侧隔离开关	母线刀闸（×母刀闸）
		线路侧隔离开关	线路刀闸
		变压器侧隔离开关	变压器刀闸
		变压器中性点接地用隔离开关	主变（××kV）中性点接地刀闸

编号	设备名称		调度操作标准名称
3	隔离开关	避雷器隔离开关	避雷器刀闸
		电压互感器隔离开关	压变刀闸
4	变压器	系统主变压器	×号主变
		变电所所用变压器	×号所用变
		系统联络变压器	×呈联变
		系统中性点接地变压器	接地变
5	电流互感器		流变
6	电压互感器		压变
7	电缆		电缆
8	电容器		×号电容器
9	避雷器		××避雷器
10	消弧线圈		×消弧线圈
11	调压变压器		×号调压变
12	电抗器		电抗器
13	耦合电容器		耦合电容器
14	阻波器		阻波器
15	三相重合闸		重合闸
16	过载连切装置		过载连切装置

目前我国设备的编号还没有统一的标准，但有些电力系统和有些地区按照历史延续下来的习惯对设备进行编号，以便调度工作及倒闸操作。所以，各供电部门可按照本部门的历史习惯对设备进行编号。在编号时要注意一一对应，无重号现象，要能体现设备的电压等级、性质、用途以及与馈电线的相关关系，并且有一定的规律性，便于掌握和

记忆。

3. 电力系统常用的操作术语

为了准确进行倒闸操作，应熟悉电力系统的操作术语，见表7-2。

表7-2 电力系统常见操作术语

编号	操作术语	含义
1	操作命令	值班调度员对其所管辖的设备为变更电气接线方式和事故处理而发布的倒闸操作命令
2	合上	把断路器或隔离开关放在接通位置
3	拉开	把断路器或隔离开关放在切断位置
4	跳闸	设备自动从接通位置改成断开位置
5	倒母线	母线隔离开关从一组母线倒换至另一组母线
6	冷倒	开关在热备用状态，拉开母线隔离开关，合上（另一组）母线隔离开关
7	强送	设备因故障跳闸后，未经检查后即送电
8	试送	设备因故障跳闸后，经初步检查后再送电
9	充电	不带电设备与电源接通
10	验电	用校验工具验明设备是否带电
11	放电	设备停用后，用工具将静电放去
12	挂（拆）接地线或合上（拉开）接地开关	用临时接地线（或接地开关）将设备与大地接通（或拆开）
13	带电拆装	在设备带电状态下进行拆断或接通安装
14	短接	用临时导线将断路器或隔离开关等设备跨越（旁路）连接
15	拆引线或接引线	架空线的引下线或弓字线的接头拆断或接通
16	消弧线圈从×调到×	消弧线圈调分接头
17	线路事故抢修	线路已转为检修状态，当检查到故障点后，可立即进行事故抢修工作
18	拉路	将向用户供电的线路切断停止送电
19	校验	预测电气设备是否在良好状态，如安全自动装置、继电保护等
20	信号掉牌	继电保护动作发出信号
21	信号复归	将继电保护的信号牌恢复原位
22	放上或取下熔断器（或连接片）	将保护熔断器（或继电保护连接片）放上或取下
23	启用（或停用）××（设备）××（保护）×段	将××（设备）××（保护）×段跳闸连接片投入（或断开）
24	××保护由跳××断路器改为跳××断路器	××保护由投跳××断路器，改为投跳××断路器而不跳原来断路器（如同时跳原来断路器，则应说明改为跳××××断路器）

7.6.2 倒闸操作技术

电气设备的操作、验电、挂地线是倒闸操作的基本功。为了保证操作的正常进行，需熟练掌握这些基本功。

1. 电气设备的操作

（1）断路器的操作。

1）断路器不允许现场带负载手动合闸。手动合闸速度慢，易产生电弧灼烧触头，从而导致触头损坏。

2）断路器拉合后，应先查看有关的信息装置和测量仪表的指示，判断断路器的位置，而且还应该到现场查看其实际位置。

3）断路器合闸送电或跳闸后试发，工作人员应远离现场，以免因带故障合闸造成断路器损坏时，发生意外。

4）拒绝拉闸或保护拒绝跳闸的断路器，不得投入运行或列为备用。

（2）高压隔离开关的操作。

1）手动闭合高压隔离开关时，应迅速果断，但在合到底时不能用力过猛，防止产生的冲击导致合过头或损坏支持绝缘子。如果一合上隔离开关就发生电弧，应将开关迅速合上，并严禁往回拉，否则，将会使弧光扩大，导致设备损坏更严重。如果误合了隔离开关，只能用断路器切断回路后，才允许将隔离开关拉开。

2）手动拉开高压隔离开关时，应慢而谨慎，一般按“慢—快—慢”的过程进行操作。刚开始要慢，便于观察有无电弧。如有电弧应立即合上，停止操作，并查明原因。如无电弧，则迅速拉开。当隔离开关快要全部拉开时，应稍慢些，避免冲击绝缘子。切断空载变压器、小容量的变压器、空载线路和拉系统环路等时，虽有电弧产生，也应果断而迅速地拉开，促使电弧迅速熄灭。

3）对于单相隔离开关，拉闸时，先拉中相，后拉边相；合闸操作则相反。

4）隔离开关拉合后，应到现场检查其实际位置；检修后的隔离开关，应保持在断开位置。

5）当高压断路器与高压隔离开关在线路中串联使用时，应按顺序进行倒闸操作。合闸时，先合隔离开关，再合断路器；拉闸时，先拉开断路器，再拉隔离开关。这是因为隔离开关和断路器在结构上的差异：隔离开关在设计时，一般不考虑直接接通或切断负荷电流，所以没有专门的灭弧装置，如果直接接通或切断负荷电流会引起很大的电弧，易烧坏触头，并可能引起事故。而断路器具有专门的灭弧装置，所以能直接接通或者切断负荷电流。

2. 验电操作

为了保证倒闸过程的安全顺利地进行，验电操作必不可少。如果忽视这一步，可能会造成带电挂地线、相与相短路等故障，从而造成经济损失和人身伤害等事故，所以验电操作是一项很重要的工作，切不可等闲视之。

（1）验电的准备。验电前，必须根据所检验的系统电压等级来选择与电压相配的验电器。切忌“高就低”或“低就高”。为了保证验电结果的正确，有必要先在有电设备上检查验电器，确认验电器良好。如果是高压验电，操作人员还必须戴绝缘手套。

（2）验电的操作。

1）一般验电，不必直接接触带电导体，验电器只要靠近导体一定距离，就会发光

(或有声光报警)，而且距离越近，亮度（或声音）就越强。

2）对架构比较高的室外设备，须借助绝缘拉杆验电。如果绝缘杆勾住或顶着导体，即使有电也不会有火花和放电声。为了保证观察到有电现象，绝缘拉杆与导体应保持虚接或在导体表面来回蹭，如果设备有电，就会产生火花和放电声。

3. 装设接地线

验明设备已无电压后，应立即安装临时接地线，将停电设备的剩余电荷导入大地，以防止突然来电或感应电压。接地线是电气检修人员的安全线和生命线。

（1）接地线的装设位置。

1）对于可能送电到停电检修设备的各方面均要安装接地线，如变压器检修时，高低压侧均要挂地线。

2）停电设备可能产生感应电压的地方，应挂地线。

3）检修母线时，母线长度在10m及以下，可装设一组接地线。

4）在电气上不相连接的几个检修部位，如隔离开关、断路器分成的几段，各段应分别验电后，进行接地短路。

5）在室内，短路端应装在装置导电部分的规定地点，接地端应装在接地网的接头上。

（2）接地线的装设方法。必须由两人进行，一人操作规程，一人监护。装设时，应先检查地线，然后将良好的接地线接到接地网的接头上。

7.6.3　倒闸操作步骤

倒闸操作有正常情况下的操作和有事故情况下的操作两种。在正常情况下应严格执行倒闸操作票制度。《电业安全工作规程》规定：在1kV以上的设备上进行倒闸操作时，必须根据值班调度员或值班负责人的命令，受令人复诵无误后执行。操作人员应按规定格式（见表7-3）填写操作票。

表7-3　　倒闸操作票

操作开始时间		终了时间
操作任务：		
	顺序	操作项目
		全面检查
		以下空白
备注：已执行章		

操作人：　　　　监护人：　　　　值班长：

变配电所的倒闸操作可以参照下列步骤进行：

(1) 接受主管人员的预发命令。在接受预发命令时，要停止其他工作，并将记录内容向主管人员复诵，核对其正确性。对枢纽变电所等处的重要倒闸操作，应有二人同时听取和接受主管人员的命令。

(2) 填写操作票。值班人员根据主管人员的预发令，核对模拟图，核对实际设备，参照典型操作票，认真填写操作票，在操作票上逐项填写操作项目。填写操作票的顺序不可颠倒，字迹要清楚，不得涂改，不得用铅笔填写。在事故处理、单一操作、拉开接地开关或拆除全所仅有的一组接地线时，可不用操作票，但应该将上述操作记录于运行日志或操作记录本上。操作票里应填入如下内容：应拉合的断路器和隔离开关；检查断路器和隔离开关的位置；检查负载分配；装拆接地线；安装或拆除控制回路、电压互感器回路的熔断器；切换保护回路并检验是否确无电压。

(3) 审查操作票。操作票填写完毕后，写票人自己应进行核对，认为确定无误后，再交监护人审查。监护人应对操作票的内容逐项审查，对上一班预填的操作票，即使不是在本班执行，也要根据规定进行审查。审查中若发现错误，应由操作人重新填写。

(4) 接受操作命令。在主管人员发布操作任务或命令时，监护人和操作人应同时在场，仔细听清主管人员发布的命令，同时要核对操作票上的任务与主管人员所发布的是否完全一致，并由监护人按照填写好的操作票向发令人复诵，经双方核对无误后，在操作票上填写发令时间，并由操作人和监护人签名。这样，这份操作票才合格可用。

(5) 预演。操作前，操作人、监护人应先在模拟图上按照操作票所列的顺序逐项唱票预演，再次对操作票的正确性进行核对，并相互提醒操作的注意事项。

(6) 核对设备。到达操作现场后，操作人应先站准位置核对设备名称和编号，监护人核对操作人所站的位置、操作设备名称及编号是否正确无误。检查核对后，操作人穿戴好安全用具，眼看编号，准备操作。

(7) 唱票操作。当操作人准备就绪，监护人按照操作票上的顺序高声唱票，每次只准唱一步。严禁凭记忆不看操作票唱票，严禁看编号唱票。此时操作人应仔细听监护人唱票并看准编号，核对监护人所发命令的正确性。当操作人认为无误时，开始高声复诵并用手指向编号，做出操作手势。严禁操作人不看编号瞎复诵。在监护人认为操作人复诵正确，两人一致认为无误后，监护人发出“对，执行”的命令，操作人方可进行操作并记录操作开始时间。

(8) 检查。每一步操作完毕后，应由监护人在操作票上该步骤处打一个“√”号，同时两人应到现场检查操作的正确性，如设备的机械指示、信号指示灯和表计变化情况等，用以确定设备的实际分合位置。监护人勾票后，应告诉操作人下一步的操作内容。

(9) 汇报。操作结束后，应检查所有操作步骤是否全部执行，然后由监护人在操作票上填写操作的结束时间，并向主管人员汇报。对已执行的操作票，在工作日志和操作记录本上做好记录，并将操作票归档保存。

(10) 复查评价。变配电所值班负责人要召集全班，对本班已执行完毕的各项操作进行复查，评价总结经验。

思考题

7-1　变电所的巡检包括哪些内容？

7-2　如何对油浸式变压器运行进行维护？

7-3　油浸式变压器出现的异常情况主要有哪些？如何处理？

7-4　断路器的常见故障有哪些？如何处理？

7-5　当发生突然停电事故时，变配电所值班人员应如何处理？

7-6　如图7-1所示，假设故障出现在WL9线路上，由于保护装置失灵或选择性不好，使WL1线路的开关越级跳闸，请写出分路合闸检查方法的步骤。

7-7　倒闸操作的步骤主要有哪些？

第8章

变电站设备实训项目

8.1 基本要求

1. 实训目的

实训是教学过程的一个重要环节，必须认真搞好。实训的目的是：

(1) 配合理论教学，使学生增加供电方面的感性知识，巩固和加深供电方面的理性知识，提高课程教学质量。

(2) 培养学生使用各种常用设备仪表进行供电方面实训的技能，并培养其分析处理实训数据和编写实训报告的能力。

(3) 培养严肃认真、细致踏实、重视安全的工作作风和团结协作、注意节约、爱护公物、讲究卫生的优良品质。

2. 要求

(1) 每次实训前，必须认真预习有关实训指导书，明确实训任务、要求和步骤，结合复习有关理论知识，分析实训线路，并要牢记实训中应注意的问题，以免在实训中出现差错或发生事故。

(2) 每次实训时，首先要检查设备仪表是否齐备、完好、适用，了解其型号、规格和使用方法，并按要求抄录有关铭牌数据；然后按实训要求合理安排设备仪表位置，接好实训线路。实训者自己先检查无误后，再请指导教师检查。只有指导教师检查认可同意方可合上电源。

(3) 实训中，要做好对现象、数据的观测和记录，要注意仪表指示不宜太大和太小。如仪表指示太大，超过满刻度，可能损坏仪表；如仪表指示太小，读数又困难，则误差太大。仪表的指示以在满刻度的 1/3～3/4 之间为宜。因此实训时要正确选择仪表的量程，并在实训过程中根据指示情况及时调整量程。调整量程时，应切断电源。由于实训中要操作、读数和记录，所以同组同学要适当分工，互相配合，以保证实训顺利进行。

(4) 在实训过程中，要注意有无异常现象发生。如发现异常现象，应立即切断电源，分析原因，待故障消除后再继续进行实训。实训中，特别要注意人身安全，防止触电事故。

(5) 实训内容全部完成后，要认真检查实训数据是否合理和有无遗漏。实训数据经指导教师检查认可后，方可拆除实训线路。拆除实训线路前，必须先切断电源。实训结束后，应将设备、仪表复归原位，并清理好导线和实训桌面，做好周围环境的清洁卫生。

3. 实训报告

每次实训后，都要进行总结，编写实训报告，以巩固实训成果。实训报告应包括下列内容：

（1）实训名称，实训日期，班级，实训者姓名，同组者姓名。

（2）实训任务和要求。

（3）实训设备。

（4）实训线路。

（5）实训数据、图表。实训数据均取3位有效数字，按GB 8170—2008《数值修约规则与极限数值的表示和判定》的规定进行数字修约。绘制曲线必须用坐标纸，坐标轴必须标明物理量和单位，绘制的曲线必须和数据有相对应关系。

（6）对实训结果进行分析讨论，写出实训体会。

8.2 高压电器的认识

1. 实训目的

（1）通过对各种常用的高压电器的观察研究，了解它们的基本结构、工作原理、使用方法及主要技术性能等。

（2）通过对有关高压开关柜的观察研究，了解它们的基本结构、主接线方案、主要设备的布置及开关的操作方法等。

2. 实训设备

供实训观察研究的各种常用的高压电器（包括高压RN1型熔断器、RW型跌开式熔断器、高压隔离开关、高压负荷开关、高压断路器及各型操动机构）和高压开关柜（固定式、手车式）。

3. 高压电器的观察研究

（1）观察各种高压熔断器（包括跌开式熔断器）的结构。

（2）观察各种高压开关（包括隔离开关、负荷开关和断路器）及其操动机构的结构，了解其工作原理、性能和使用操作要求。

（3）观察各种高压电流互感器和电压互感器的结构，了解其工作原理和使用注意事项。

（4）观察高压开关柜的结构，了解其主接线方案和主要设备布置，并通过实际操作，了解其运行操作方法。对防误型开关柜，了解其如何实现“五防”要求。

（5）进行三相合闸同时性的检查。采用手动合闸，观察三只灯泡是否同时亮，以判断三相合闸接触是否同时。如不同时，则需对导电杆的行程进行调整。

4. 思考题

（1）高压隔离开关、高压负荷开关和高压熔断器在结构、性能和操作要求方面各有何特点？

（2）电流互感器的外壳上为什么要标上“二次绕组工作时不许开路”等字样？

（3）为什么要进行高压断路器三相合闸同时性的检查和调整？

8.3 低压电器的认识

1. 实训目的

（1）通过对各种常用低压电器的观察研究，了解它们的基本结构、工作原理、使用方法及主要技术性能等。

（2）通过对有关低压配电屏的观察研究，了解它们的基本结构、主接线方案、主要设备的布置及开关的操作方法等。

（3）通过低压断路器的脱扣试验，进一步了解低压断路器的结构和动作特性。

2. 实训设备

各种常用低压电器（包括各型低压熔断器、隔离开关、刀熔开关、负荷开关、低压断路器）、低压配电屏（固定式、抽屉式）和各类继电器（电流继电器、电压继电器）。进行低压断路器的脱扣试验，除有被试验的DZ型和DW型断路器外，还需有单相调压器（220V，9kVA）、单相变压器（220/36V，6kVA）、电流互感器（100/5A）、电流表、电气秒表、长余辉示波器等实训设备。

3. 低压电器的观察研究

（1）观察各种低压熔断器的结构，了解其工作原理、保护性能和使用方法。

（2）观察各种低压开关（包括刀开关、刀熔开关、负荷开关和短路器）的结构，了解其工作原理、性能和使用操作要求。

（3）观察低压电流互感器的结构，了解其工作原理和使用注意事项。

（4）观察低压配电屏的结构，了解其主接线方案和主要设备布置，并通过实际操作，了解其运行操作方法。

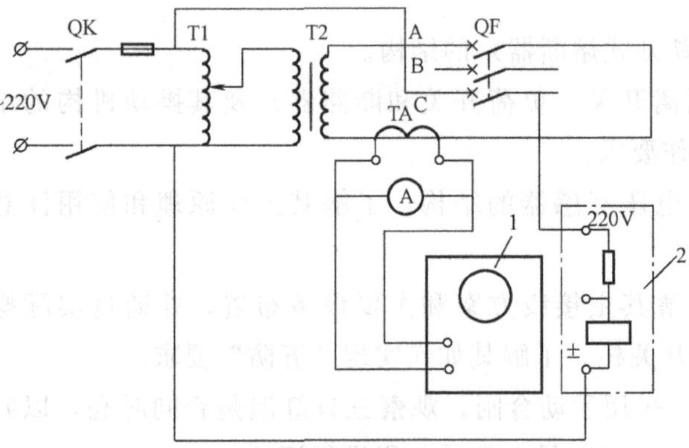

图8-1　低压断路器脱扣试验电路

1—长余辉示波器；2—周波积算器（电气秒表）

4. DZ型低压断路器的脱扣试验

（1）观察DZ型低压断路器的外形结构，记录其铭牌型号和规格。

（2）打开塑料盖，观察其灭弧装置、热脱扣器和电磁脱扣器的结构，低压断路器脱扣试验电路接线如图8-1所示。

（3）进行热脱扣试验。

1）按图8-1所示将电路接好，将调压器T1的输出电压调至零。

2）合上电源开关 QK 和断路器 QF，调节 T1，使通过断路器 QF 的电流 $I=2I_N$（I_N 为断路器的热脱扣器额定电流）。

3）断开 QK，使电气秒表回零。

4）合上 QK，电气秒表开始计时，直到热脱扣器动作使断路器 QF 跳闸时止，电气秒表停走，由此可得热脱扣器动作时间。

5）合上 QK 和 QF，调节 T1，使通过 QF 的电流分别调为 $I=3I_N$、$5I_N$、$10I_N$，重测热脱扣器动作时间。

6）将试验所得的动作（脱扣）时间 t 与对应的动作电流倍数（I/I_N）记入表 8-1 中，并绘出其动作特性曲线，即动作时间 t 与动作电流倍数（I/I_N）的关系曲线。

表 8-1　　DZ 型低压断路器脱扣试验数据

动作电流倍数（I/I_N）	2	3	5	10	>10
动作时间 t（s）					

（4）瞬时脱扣试验。

1）由于断路器瞬时脱扣时，电流瞬时很大，而电流表指针因有惯性关系，反应不了这一电流，因此需借助长余辉示波器。在测量瞬时脱扣电流之前，先调节调压器 T1，使 $I=200A$，并调节示波器的 Y 轴放大器，使 200A 电流波形的幅值恰好为 1 格（保持不变）。

2）调节调压器 T1，使通过低压断路器的电流达到瞬时脱扣电流，这时断路器瞬时跳闸。

3）保持 T1 手柄不动，使电气秒表回零。

4）再合上低压断路器 QF，记录示波器中电流波形的幅值和周期数，换算成电流值和时间。

5）如果断路时间超过 0.06s，说明电流未达到瞬时脱扣电流。因为 DZ 型低压断路器的瞬时脱扣时间一般不会超过 0.06s，可调节 T1，增大电流重测。

6）将试验所得的瞬时脱扣时间 t 与对应的瞬时动作电流倍数（I/I_N）记入表8-2中，并将此瞬时脱扣的动作时间 t 与瞬时电流倍数（I/I_N）补充绘入动作特性曲线上。

5. DW 型低压断路器的脱扣试验

（1）观察 DW 型低压断路器的外形结构，记录其铭牌型号和规格。

（2）拆下灭弧罩，观察灭弧结构及触头系统和各种脱扣器、合闸电磁铁的结构。

（3）进行脱扣试验：仍按图 8-1 所示电路接好线路，试验步骤也如 DZ 型的脱扣试验，按表 8-2 测定不同动作电流倍数（I/I_N）时的动作（脱扣）时间 t，并记入该表，同时绘出其动作特性曲线。

表 8-2　　DW 型低压断路器脱扣试验数据

脱扣器	长延时	短延时	瞬时
动作电流倍数（I/I_N）			
动作时间 t（s）			

6. 思考题

(1) 从结构上看，限流式熔断器与非限流式熔断器有何区别？

(2) 从结构看，DZ 型低压断路器与 DW 型低压断路器有何不同？

(3) 从动作特性看，DZ 型低压断路器与 DW 型低压断路器有何不同？

(4) 低压断路器的瞬时脱扣，即为瞬时，为何有延时？

8.4 定时限过电流保护

1. 实训目的

(1) 了解 DL 型、DS 型、DX 型和 DZ 型等电磁式继电器的结构、接线、动作原理及使用方法。

(2) 学会组成定时限过电流保护，了解其工作原理。

(3) 掌握定时限过电流保护动作电流的整定原则和方法。

2. 实训设备

实训设备见表 8-3。

表 8-3　实训设备

设　备	型　号	数　量
电流继电器	DL-11	2 只
时间继电器	DS-111	2 只
信号继电器	DX-11	2 只
中间继电器	DZ-11	2 只
交流电流表		1 只
单相调压器		1 只
滑线电阻		2 只
灯泡		2 只

3. 实训电路

(1) 简化原理电路如图 8-2 所示。

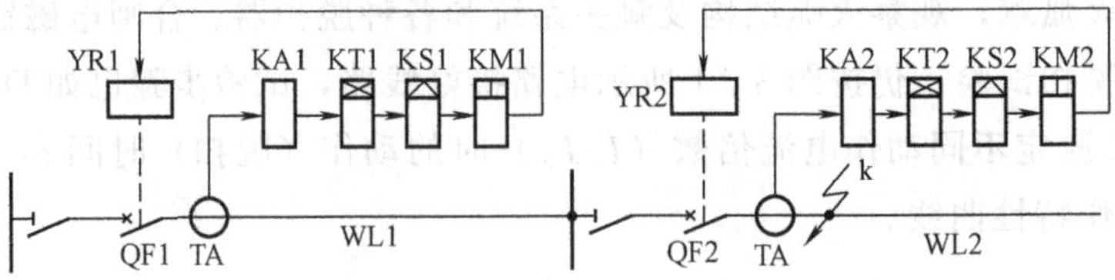

图 8-2　两级定时限过电流保护简化原理电路

(2) 模拟实训电路如图 8-3 所示。

4. 实训步骤

(1) 按图 8-3 接好线路，将调压器的输出电压调至零，将模拟 WL1 阻抗的电阻 R1

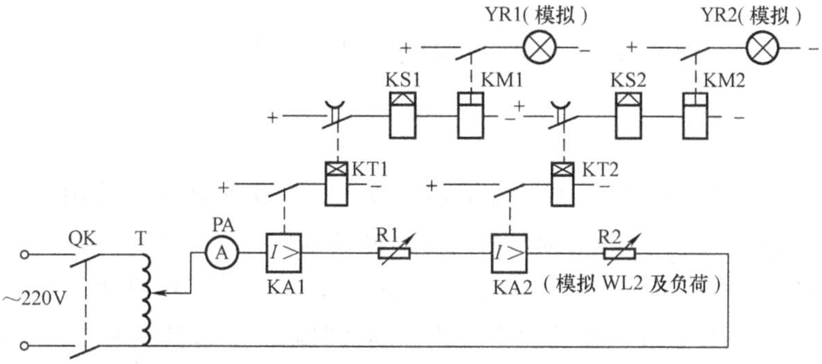

图 8-3　两级定时限过电流保护模拟实训电路

调至较小值，将模拟 WL2 及负荷阻抗的电阻 R2 调至较大值。

(2) 合电源开关 QK，并合上直流操作电源（如无直流操作电源，可用交流 220V 代替，但时间继电器等均需改用交流型），调节调压器 T，使通过电流表 A 的电流为 1～2A，此电流就假定为通过继电器 KA1 和 KA2 的最大负荷电流 $I'_{L.max}=(K_w/K_i)I_{L.max}$，随即拉开 QK。

(3) 整定计算 KA1 和 KA2 的动作电流：不仅动作电流 I_{op}要躲过 I，而且返回电流也要躲过 I，因此

$$I_{op}=K_{rel}I'_{L.max}/K_{re}$$

式中　K_{re}——继电器返回系数，取 0.8；

K_{rel}——可靠系数，取 1.2。

因此，动作电流应为

$$I_{op}=1.5I'_{L.max}$$

(4) 整定 KT1 或 KT2 的动作时间。假定已先整定 KT2 或 KT1 的动作时间。

如 KT2 的动作时间为 t_2，则 KT1 的动作时间 $t_1=t_2+0.5s$。

如 KT1 的动作时间为 t_1，则 KT2 的动作时间 $t_2=t_1-0.5s$。

(5) 将 R2 调至零，以模拟线路 WL2 首端发生三相短路。

(6) 再合上 QK，观察前后两级保护装置的动作情况。KA1 和 KA2 应同时起动，但模拟后一段线路断路器 QF2 的跳闸线圈 YR2 的灯泡应先亮，表示 QF2 应首先跳闸，而模拟前一段线路断路器 QF1 的跳闸线圈 YR1 的灯泡应后亮，表示 QF2 跳闸后，QF1 紧接着跳闸。实际上在正常情况下，QF2 跳闸后，短路故障被切除，KA1 应返回，因此 QF1 不会紧接着跳闸。

5. 思考题

(1) 定时限过电流保护动作电流的整定原则是什么？如何计算？如何整定？

(2) 定时限过电流保护动作时限的整定原则是什么？如何计算？如何整定？

(3) 正常情况下，在后一级保护动作使断路器跳闸以后，前一级保护动作会不会使断路器紧接着跳闸？为什么？

8.5 反时限过电流保护

1. 实训目的

(1) 了解 GL-25 型电流继电器的结构、接线、动作原理及其使用方法。特别要仔细观察其先合后断转换触点的结构及其先合后断的动作程序。

(2) 学会组成去分流跳闸的反时限过电流保护，了解其工作原理。

(3) 学会调整 GL 型继电器的动作电流和动作时限，了解其反时限动作特性和 10 倍动作电流的动作时限的概念。

2. 实训设备

实训设备见表 8-4。

表 8-4　实 训 设 备

设　备	型　号	数　量
电流继电器	GL-15 或 GL-25	1只
交流电流表		1只
单相调压器		1只
滑线电阻		1只
电气秒表		1只
灯泡	220V，15～40W	1只

3. 实训电路

(1) 去分流跳闸的反时限过电流保护实训。

1) 简化原理电路（一组）如图 8-4 所示。

2) 模拟实训电路如图 8-5 所示。

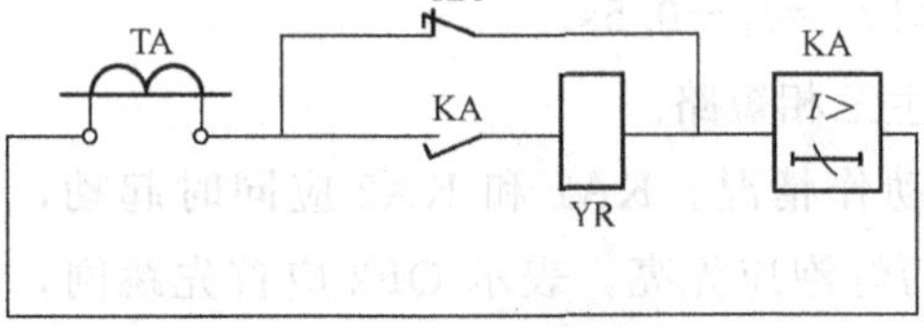

图 8-4　去分流跳闸的反时限过电流保护简化原理电路

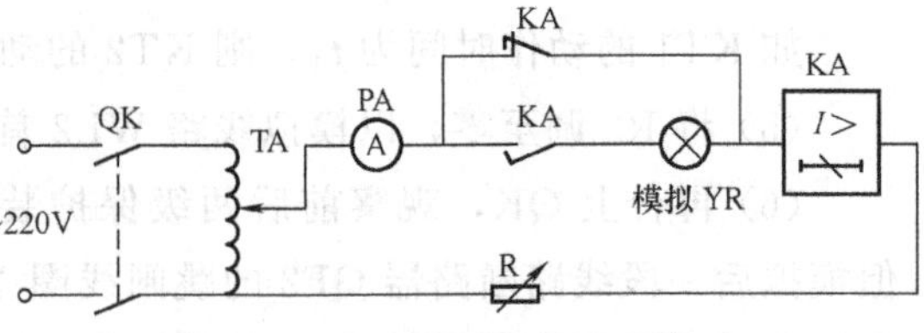

图 8-5　去分流跳闸的反时限过电流保护模拟实训电路

(2) GL 型电流继电器反时限动作特性曲线的测绘实训。将继电器的动断触点用绝缘纸隔开，只留其动合触点，按图 8-6 所示接成实训电路。

4. 实训步骤

(1) 去分流跳闸的反时限过电流保护实训。

1) 了解继电器的结构、接线，特别是要仔细观察其先合后断转换触点的结构和先合后断的动作程序，然后按图 8-5 所示接好线路，调压器输出电压调至零。

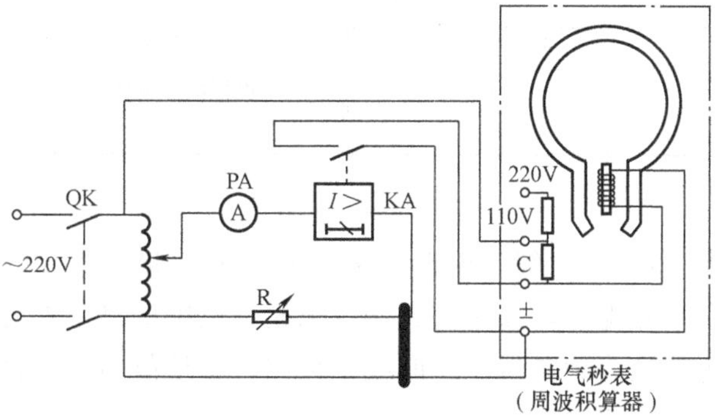

图 8-6　测绘 GL 型电流继电器动作特性曲线的实训电路

2）整定继电器的动作电流和动作时间。

3）调小电阻 R，即假设一次发生短路。合上 QK，调节调压器输出电压，使继电器动作，观察交流操作去分流跳闸的情况，模拟跳闸线圈 YR 的灯泡会闪光。

（2）GL 型电流继电器反时限动作特性曲线测绘实训。

1）按图 8-6 接好线路，调压器输出电压调至零。

2）整定动作电流和动作时间（10 倍动作电流时的动作时间）。

3）合上 QK，调节调压器输出电压，使通过继电器的电流依次为 1.5 倍、2 倍、3 倍、…，通过电气秒表（周波积算器）测出其动作时间。注意，每次调定电流后，拉开 QK，将电气秒表复位至零，然后再合上 QK，记下电流的动作时间（周波数乘 0.02s）。

5. 思考题

（1）在做去分流跳闸实训时，采用 220V、15W 灯泡来模拟跳闸线圈，为什么在继电器动作后，灯泡发生闪光现象？如果是接上实际的跳闸线圈，在继电器动作后，跳闸线圈的铁心会不会也出现跳动现象？

（2）改变 GL 型电流继电器动作电流应调整什么部位？改变动作时间应调整什么部位？10 倍动作电流的动作时限是什么意思？

（3）改变 GL 型继电器整定速断电流应调整什么部位？

8.6　电缆绝缘电阻的测量及故障的探测分析

1. 实训目的

（1）通过实训，了解电力电缆的基本结构。

（2）掌握电缆绝缘电阻的测量方法。

（3）学会电缆故障的探测分析方法。

2. 实训设备

实训设备见表 8-5。

表 8-5　　实 训 设 备

设　备	数　量	设　备	数　量
绝缘电阻表（500V）	1只	模拟故障电缆	1束
电力电缆	1段		

3. 实训步骤

利用一束包括黄（A相）、绿（B相）、红（C相）三根塑料导线和一根黑色塑料导线来模拟待测的三芯故障电缆，黑色塑料导线来模拟电缆的接地外皮。由实训指导教师在实训前对此模拟电缆人为地制造一些断线、短路、接地故障，并将故障部分用胶布缠好，作为故障电缆供实训用。

（1）观察实际的电力电缆外形结构。

（2）按表 8-6 测量要求用绝缘电阻表分别测量首端和末端相对外皮（地）及相间的绝缘电阻，并将测量结果记入表 8-6 内。

表 8-6　　故障电缆绝缘电阻的测量数据

测量顺序	相　间	单相对地
在首端测量		
在末端测量		
末端短接接地，在首端测量		

（3）按表 8-6 测量结果分析电缆故障的性质，并在实训指导教师认可下，将模拟电缆故障点的胶布拆开，验证分析的故障是否与实际相符。

4. 思考题

（1）从结构上看，电缆与一般绝缘线有何主要区别？

（2）用绝缘电阻表测电缆（或绝缘导线）的绝缘电阻时，为什么要将电缆（或绝缘导线）的绝缘层接到绝缘电阻表的“保护环”？不接“保护环”对测量结果有何影响？

（3）为什么不用万用表的欧姆挡来测量电缆的绝缘电阻？

8.7 接地电阻的测量及故障的探测分析

1. 实训目的

（1）了解接地电阻的种类及作用。

（2）掌握 ZC—8 型接地电阻测试仪的使用方法。

（3）学会接地故障的探测分析方法。

2. 实训设备

实训设备见表 8-7。

表 8-7　　实 训 设 备

设　备	数　量	设　备	数　量
ZC—8 型接地电阻测试仪	1只	连接导线	1段
接地电阻	1个	测量探棒	2只

3. 实训步骤

(1) 正确测量接地电阻三次取平均值。

(2) 由实训指导老师设定接地电阻故障，测量、对比并分析原因。

4. 思考题

(1) 接地电阻变大的危害有哪些？

(2) 减少接地电阻值的方法有几种？

8.8 电气一次接线识图

1. 实训目的

(1) 通过实训了解电气一次接线图的基本组成。

(2) 掌握电气一次接线识图的基本方法。

2. 实训设备

(1) 具有高低压联络功能的变配电系统。

(2) 一次接线图（见图 8－7）。

3. 实训步骤

(1) 识别图 8－7 中各符号代表的设备。

(2) 识别图 8－7 中基本接线形式。

(3) 解读图 8－7 所示一次接线完成功能。

4. 思考题

(1) 图 8－7 中有几种联络供电形式？

(2) 要给图 8－7 中线路 WL1、WL2 供电，有哪几种方式？

8.9 变电运行倒闸操作仿真

1. 实训目的

(1) 了解变电运行的方法。

(2) 掌握倒闸操作的基本步骤。

2. 实训设备

(1) 电气一次接线模拟盘。

(2) 电气一次接线仿真软件。

3. 实训步骤

(1) 熟悉倒闸操作的步骤：执行某一操作任务时，首先要掌握电气接线的运行方式、保护的配置、电源及负荷的功率分布情况，然后依据命令的内容填写操作票。操作项目要全面，顺序要合理，以保证操作的正确、安全。

(2) 熟悉、分析任务。

如图 8－8 所示某工厂 66/10kV 变配电所电气主接线运行方式。

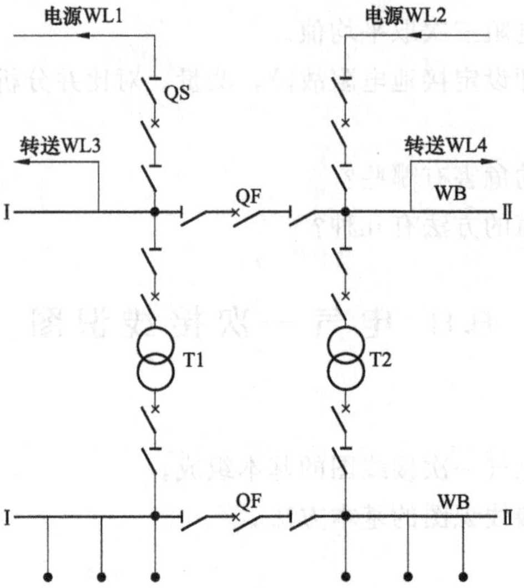

图 8－7　电气一次接线图

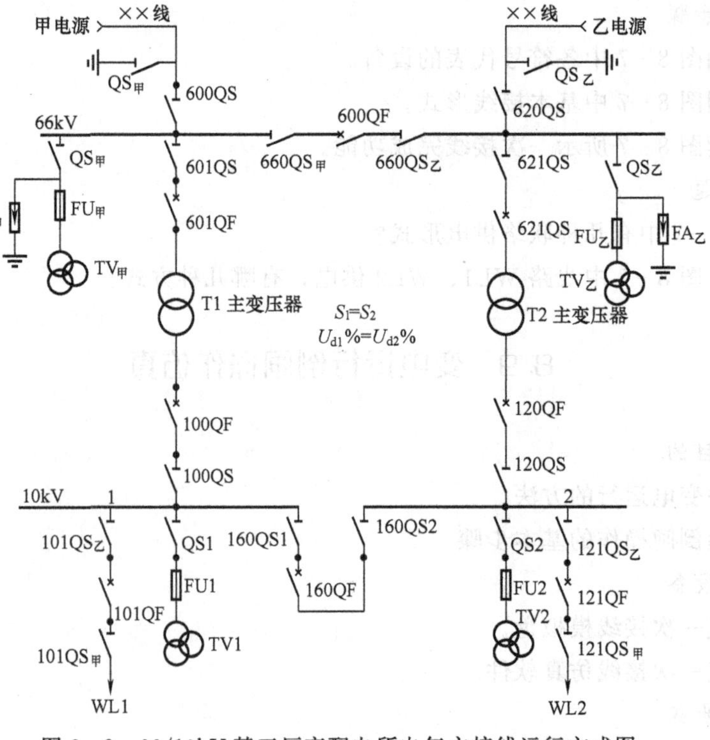

图 8－8　66/10kV 某工厂变配电所电气主接线运行方式图

填写线路 WL1 的停电操作票。

（3）倒闸操作仿真。

1）停电检修 101 断路器，填写 WL1 停电倒闸操作票，其停电操作详见表 8－8。

表 8-8　　变配电所倒闸操作票

编号 03—01

操作开始时间 2018 年 3 月 30 日 8 时 30 分，终了时间 30 日 8 时 49 分		
操作任务：10kVⅠ段 WL1 线路停电		
	顺　　序	操　作　项　目
	(1)	拉开 WL1 线路 101 断路器
	(2)	检查 WL1 线路 101 断路器确在开位，开关盘表计指示正确 0A
	(3)	取下 WL1 线路 101 断路器操作直流熔断器
	(4)	拉开 WL1 线路 101 甲刀开关
	(5)	检查 WL1 线路 101 甲刀开关确在开位
	(6)	拉开 WL1 线路 101 乙刀开关
	(7)	检查 WL1 线路 101 乙刀开关确在开位
	(8)	停用 WL1 线路保护跳闸连接片
	(9)	在 WL1 线路 101 断路器至 101 乙刀开关间三相验电确无电压
	(10)	在 WL1 线路 101 断路器至 101 乙刀开关间装设 1 号接地线一组
	(11)	在 WL1 线路 101 断路器至 101 甲刀开关间三相验电确无电压
	(12)	在 WL1 线路 101 断路器至 101 甲刀开关间装设 2 号接地线一组
	(13)	全面检查
		以下空白
备注： 已执行章		

操作人：　　　　监护人：　　　　值班长：

2）101 断路器检修完毕，恢复 WL1 线路送电的操作要与线路 WL1 停电操作票的操作顺序相反，但应注意恢复送电票的第（1）项应是“收回工作票”，第（2）项应是检查 WL1 线路上 101 断路器、101 甲刀开关间、2 号接地线一组和 WL1 线路上的 101 断路器、101 乙刀开关间、1 号接地线一组确定已拆除，或为“检查 1、2 号接地线，共两组确已拆除”；之后从第（3）项开始按停电操作票的相反顺序填写。

4. 思考题

（1）倒闸操作时，操作人应该注意哪些问题？

（2）倒闸操作时，监护人怎样做到安全监护？

8.10 高低压系统的认知与操作

以许继集团中意电气科技有限公司生产的高压变配电系统为案例，该成套设备可以开展电力系统微机保护的各类实验，高压供电和二次保护柜排列如图 8－9 所示。从左至右依此是：继电器柜，内装各类继电器，各类继电器不进入二次电路，通过微机保护测试仪可对各类继电器进行个体校验；2 台微机保护柜，内装微机线路保护装置 WGB－611A、微机变压器保护装置 WGB－631A、微机电动机保护装护装置 WGB－652、微机电容器保护装置 WGB－641；高压进线柜，内装 VS1 手车式户内高压真空断路器；高压计量柜，内装手车 PT、PT 熔断器，三相三线电子式有功无功电能表；高压出线柜，内装 VS1 手车式户内高压真空断路器。

图 8－9 高压供电及二次保护柜排列图

8.10.1 高压进线柜系统认知和操作

1. 实训目的

(1) 了解高压进线柜内的主要元器件。

(2) 熟悉高压进线柜的基本操作和要求。

(3) 掌握微机保护测控装置的功能设定和操作方法。

2. 系统结构简介

进线柜在整个供电系统中起着接受电能的作用，即电能由外部电源引入，通过进线柜后传入供电系统母排。高压进线柜如图 8－10 所示。

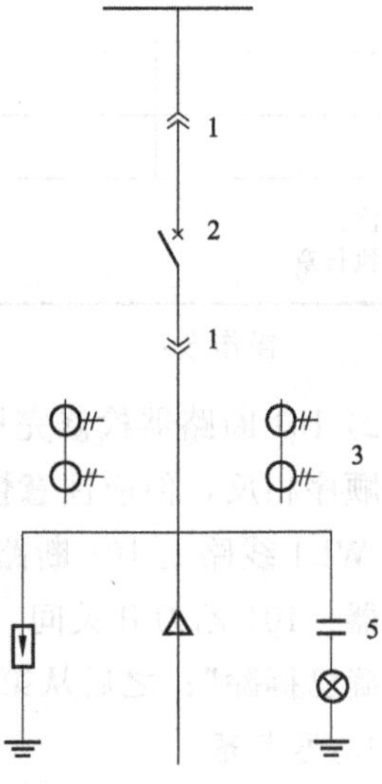

图 8－10 高压进线柜一次系统图

1—断路器手车航空插头，断路器手车和开关柜的电气连接就是通过航空插头；2—真空断路器；3—电流互感器；4—避雷器；5—带电显示器

3. KYN28－12 高压开关柜“五防”联锁操作要求

(1) 防止误分合断路器—断路器手车必须处于工作位置或试验位置时，断路器才能进行合、分闸操作。

(2) 防止带负荷移动断路器手车—断路器手车只有在断路器处于分闸状态下才能进行拉出或推入工作位置的操作。

(3) 防止带电合接地开关—断路器手车必须处于试验位置时，接地开关才能进行合闸操作。

(4) 防止带接地开关送电—接地开关必须处于分闸位置时，断路器手车才能推入工作位置进行合闸操作。

(5) 防止误入带电间隔—断路器手车必须处于试验

位置，接地开关处于合闸状态时，才能打开后门；没有接地开关的开关柜必须在高压停电后（打开后门电磁锁），才能打开后门。

注：KYN28－12高压开关柜在正常运行时，应闭门操作。

4. 实训项目

（1）高压开关柜系统认知实训。

（2）手动、自动和遥控合分断路器实训。

（3）二次控制回路原理实训。

（4）断路器操作机构原理实训。

（5）开关柜倒闸操作实训。

5. 实验内容

（1）观察高压进线柜主要元器件，对进线柜正确进行合分闸。详细了解高压柜的五防要求。

（2）VS1手车式户内高压真空断路器二次电路测试。

8.10.2　高压计量柜系统认知和操作

1. 实训目的

（1）了解高压计量柜内的主要元器件。

（2）熟悉高压计量柜的基本操作和要求。

2. 系统结构简介

计量柜是计量整个系统所使用的电能，以便于供电局进行计费。高压计量柜一次接线如图8－11所示。

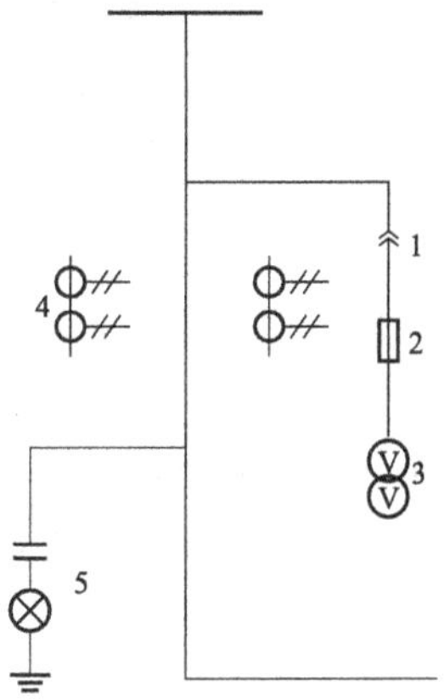

图8－11　高压计量柜一次系统图

电压互感器和电流互感器均为传递电量信息供给测量仪器、仪表和保护、控制装置的变换器，二者的区别是电流互感器传递的是电流信号，电压互感器传递的是电压信号。

高压熔断器是保护电压互感器，当电压互感器侧短路或发生其他故障时，高压熔断器自身熔断，避免电压互感器烧毁。

需注意的是，其他开关柜上所使用的电流互感器和电压互感器一般为0.5级，而计量柜内电流互感器和电压互感器要求准确级较高，一般不低于0.2级。

3. 实验项目

（1）电流互感器特性认知实训。

（2）电压互感器特性认知实训。

（3）电流互感器接线实训。

（4）电压互感器接线实训。

（5）电能表的接线认知及抄表实训。

4. 实验内容

（1）测量互感器一次线圈电阻和绝缘电阻，绘制特性曲线。

(2) 高压TV柜二次线路测试。

1) 测量电压互感器变比、电流互感器变比。

2) 三相电能表抄表实训。

3) 数字表参数设计。

8.10.3 高压出线柜认知和操作

1. 实验目的

(1) 了解高压出线柜内的主要元器件。

(2) 熟悉高压出线柜的基本操作和要求。

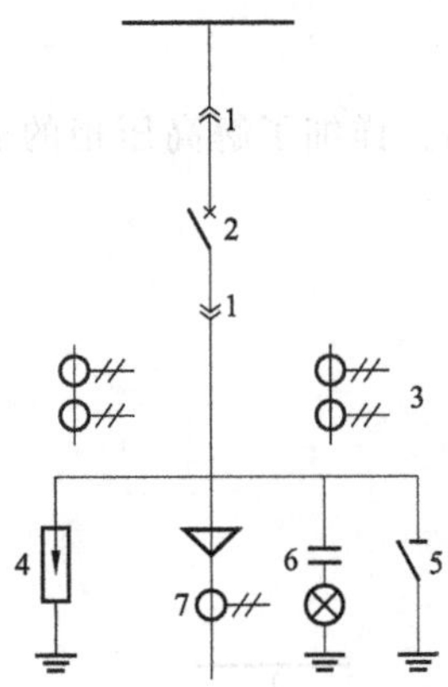

图8—12 高压出线柜一次接线图

2. 系统结构简介

断路器出线柜为供电系统中分配电能用。高压出线柜一次接线如图8-12所示。

3. 实验项目

(1) 高压配电设备的正常倒合闸操作、事故倒闸操作实训。

(2) 高压二次微机保护实训。

(3) 高压配电元器件认识实训。

(4) 电气设备检修、维护、保养实训。

(5) 手动和遥控合分断路器实训。

(6) 二次控制回路原理实训。

(7) 操作机构原理实训。

(8) 断路器拆装实训。

4. 基本操作

(1) 合闸分闸操作。合闸需旋转合闸分闸转换开关进行合闸，分闸需旋转合闸分闸转换开关使其分闸。

(2) 储能操作。在断路器合闸前，必须先将断路器储能，将储能旋钮打到通的位置，断路器每次合闸后会自动储能，储能完成后储能指示灯有指示。

(3) 就地和远控。就地远控转换开关在就地位置是断路器的合分闸只能在柜体面板上操作，在远方位置时断路器的合分闸只能在后台界面上操作。

8.10.4 三相变压器认知和测试

1. 实验目的

(1) 熟悉和掌握变压器空载实验和短路实验方法。

(2) 计算变压器空载和短路参数。

2. 系统简介

变压器为供电系统中改变电压等级用。变压器外形如图8-13所示。

3. 实验项目及内容

(1) 变压器空载参数测试。空载试验电压需要调制（1.1～2.2）U_{2n}，以此为选择电压表的依据。中小型电力变压器空载电流 $I_0\approx(4\%\sim16\%)\ I_n$，以此选择电流表与功率表的电流量程。变压器空载运行时功率因数甚低，一般在 0.2 以下时应选用低功率因数功率表测量功率以减少功率测量误差。

图 8－13　变压器外形图

变压器接通电源前，将调压器调在输出电压最小位置，以避免电流表和功率表被合闸瞬间的冲击电流所损坏。开关 Q 合闸后，调节电压至 1.2 U_{2n} 然后逐次降压。

每次测量空载电压 U_0，电流 I_0，损耗 P_0 及 U_{AX}，在（1.2～0.5）U_{2n} 范围内，共读取 6～7 组数据（包括 $U_0=U_{2n}$，在该点附近测点应较密）。根据测量结果给出以下结论：

1）绘制空载特性曲线。

$$U_0=f(I_0)$$
$$P_0=f(I_0)$$

2）按照 $U_0=U_{2n}=$________的数据，计算空载参数。

3）折算到高压侧的参数。

(2) 变压器短路参数测试。变压器短路实验通常在高压侧进行，其目的是测量短路电流 I_K，短路电压 U_K，短路损耗 P_K，计算短路阻抗 Z_K 和阻抗电压。短路实验时，低压侧短接，高压侧加上一个低电压，约为额定电压的 4.5%～10%，使短路电流 I_K，达到额定值。实验时用调压外施电压从零逐渐增大，直到高压侧短路电流达到额定电流 I_{1N}时，测出所加电压 U_K 和输入功率 P_K，并记录实验时的室温（℃）。根据测量结果给出以下结论：

1）绘制短路特性曲线

$$U_K=f(I_K)$$
$$P_K=f(I_K)$$

2）按照 $I_K=I_{1n}=$________的数据，计算短路参数。

3）求短路电压百分数 $[U_K(\%)=(U_K/U_1)\times 100\%]$。

(3) 变压器检修、维护、保养实训。

8.10.5　低压系统认知和操作

1. 实验目的

(1) 了解低压电气柜内的主要元器件安装结构。

(2) 掌握低压隔离柜的基本操作和要求。

2. 系统简介

低压系统由 4 台电气柜组成，从左向右分别是进线柜、电容补偿柜、抽屉式配电柜、负载柜，以及微机操作监控台，如图 8－14 所示。

图 8—14　低压电气柜

3. 实验内容

(1) 低压框架断路器的原理与接线。

(2) 电气设备检修、维护、保养实训。

(3) 运行操作实训。

(4) 自动无功功率补偿实验。

(5) 手动无功功率补偿实验。

(6) 无功补偿装置参数整定实验。

(7) 阻性负载、容性负载、感性负载功率因数认知与补偿。

(8) 配合高压柜进行高压计量实验。

8.10.6　微机监控计算机

1. 实训目的

(1) 了解监控计算机功能。

(2) 掌握监控计算机操作方法。

2. 系统结构简介

计算机监控示意图如图 8－15 所示。在线监控系统的运行界面分为：系统主菜单，系统工具栏，在线监控画面和系统任务栏四部分。其中，系统主菜单包含系统管理、系统监视、系统应用、系统维护、系统设置、图形监视、音响和帮助；其中系统管理主要用于用户登录/注销，修改密码和系统推出。系统监视包含报表系统（生成变电站各项信息的实时统计报表和历史统计报表）、曲线系统（生成变电站各项信息的实时曲线和历史曲线）、历史报警和实时报警。

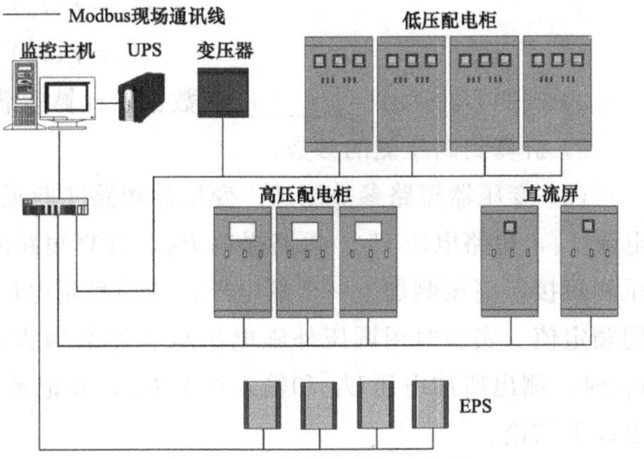

图 8－15　计算机监控示意图

3. 系统设计

系统设计包含五防设计、人工置数和在线设置，其中人工置数在进行用户身份验证后通过弹出的“实时库设计”对话框，选中某一间隔的测点后，可以进行人工置数。

4. 功能介绍

自动化系统的软、硬件设计是基于开放式系统规范要求，系统软件采用客服/服务器结构，可以减少网络负荷，提高系统配置的灵活性。在线监控系统是利用系统主菜单和工具栏对变电站全部设备的运行情况执行监视、测量、控制和协调的一种综合性的自动化系统，通过变电站综合自动化系统内各设备间相互交换信息，数据共享，完成变电站运行监视和控制任务。其运行界面分为：系统主菜单，系统工具栏，在线监控画面和系统任务栏四部分。在线监控系统可以在监控画面中进行数据监视和操作，在事件列表中进行越限报警，变位信息，操作结果的查询；可以使用实时曲线和历史曲线对数据进行趋势分析，并打印报表和接线图，同时可以进行事故追忆。

5. 系统登录

(1) 在线监控系统运行之前，必须首先在监控系统“数据库维护系统”中进行系统设置、网络配置及用户权限设置等操作。

(2) 数据库配置完成后，在线监控才能正常启动，否则启动时将会报错

(3) 启动 SQL Server“服务管理器”和监控系统“数据服务系统”，在线监控系统经过初始化与 AutopVision 系统接口、初始化 I/O 服务、初始化内存库、启动实时数据服务。

(4) 启动网络通讯服务、启动打印服务、启动实时报警服务、初始化下运行监控模块、启动规约解释服务、启动多媒体服务等过程，最后登录到监控系统。

8.11　站用变微机测控装置

8.11.1　三段式过流保护

1. 实训目的

(1) 熟悉 WCB-821 微机线路三段式过电流保护的原理。

(2) 掌握三段式过电流保护逻辑组态。

2. 实训原理

电流速断、限时电流速断和过电流保护都是反应电流增大而动作的保护，它们相互配合构成一整套保护，称做三段式电流保护。三段的区别主要在于起动电流的选择原则不同。其中速断和限时速断保护是按照躲开某一点的最大短路电流来整定的，而过电流保护是按照躲开最大负荷电流来整定的。

WCB-821 微机线路保护装置设有三段定时限过流保护，通过分别设置保护连接片控制这三段保护的投退，其中Ⅰ段可以通过控制字选择是否闭锁重合闸。过流Ⅲ段可通过控制字 YSFS 选择采用定时限还是反时限（若为 0，则过流Ⅲ段为定时限段，若为 1～3，则过流Ⅲ段分别对应三种不同的反时限段），根据国际电工委员会（IEC 255-4）和英国标准规范（BS142. 1996）的规定，本装置采用下列三个标准反时限特性方程，分别对应延时方式的 1～3。反时限特性方程如下：

一般反时限（方式 1）：$$t=\frac{0.14}{(I/I_p)^{0.02}-1}T_p$$

非常反时限（方式 2）：$$t=\frac{13.5}{(I/I_p)-1}T_p$$

极端反时限（方式 3）：$$t=\frac{80}{(I/I_p)^2-1}T_p$$

式中　I——故障电流；

I_p——反时限电流定值 I_{fsx}；

T_p——反时限时间定值 T_{fsx}；

t——动作时间。

式中，I_p 为电流基准值，取过流Ⅲ段定值 $I_{dz}3$；T_p 为时间常数，取过流Ⅲ段时间定值 T_3，范围为0.05～1s。其中反时限特性可由控制字YSFS选择（1为一般反时限，2为非常反时限，3为极端反时限）。微机线路三段式过电流保护原理如图8-16所示。

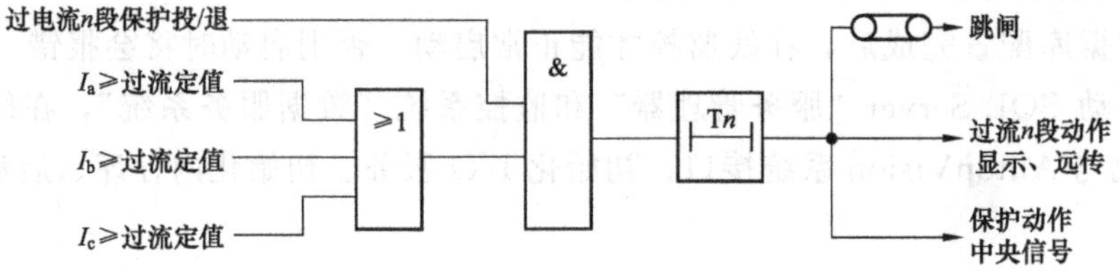

图8-16 WCB-821微机线路三段式过电流保护原理

Tn—n 段过流保护时限（n=1、2、3）

3. 实训内容

（1）电源投入。合上柜体内所有电源断路器，保护装置工作，保护装置控制相应断路器处于分位，绿色分闸指示灯亮。电压源、电流源对应仪表工作。

（2）连接片投入。通过对保护装置的操作，将过流Ⅰ段保护连接片投入，其他相关保护连接片退出（操作可参考保护装置说明书）。

（3）定值整定。通过对保护装置的操作，设置以下定值：

过流Ⅰ段定值　　1A

过流Ⅰ段时限　　1s

（4）按下厂用变压器保护对应断路器合闸按钮，将其断路器合上。断路器处于合位，红色合闸指示灯亮。

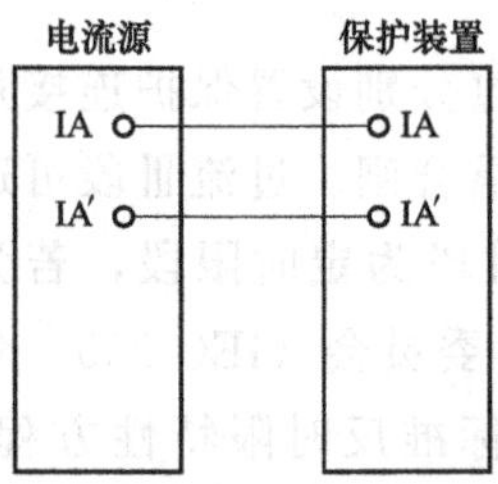

图8-17 接线图

（5）将电流源输出端子IA、IA′接至线路保护TA IA、IA′，接线如图8-17所示。

（6）检查接线线路正确无误后，按下“启动”按钮，逐渐增大A相电流至1A以上，至微机保护装置跳闸断路器，查看保护装置故障动作信息，并记录。

（7）修改过流Ⅰ段定值至2A，重复以上操作顺序做实验，并记录。

（8）同理过流Ⅱ段，过流Ⅲ段实验。

8.11.2 WCB-821微机厂用变低电压保护

1. 实训目的

（1）熟悉WCB-821微机厂用变低电压保护的原理。

（2）掌握低电压保护的逻辑组态。

2. 实训原理

WCB-821微机厂用变保护装置设置有低电压保护，可由软连接片进行投退。低电压保护在任一相有流（$I>0.2A$）或有合位没有跳位时才投入。另外TV断线后本保护投退由控制字 XGBH 控制，低电压保护原理如图 8－18 所示。

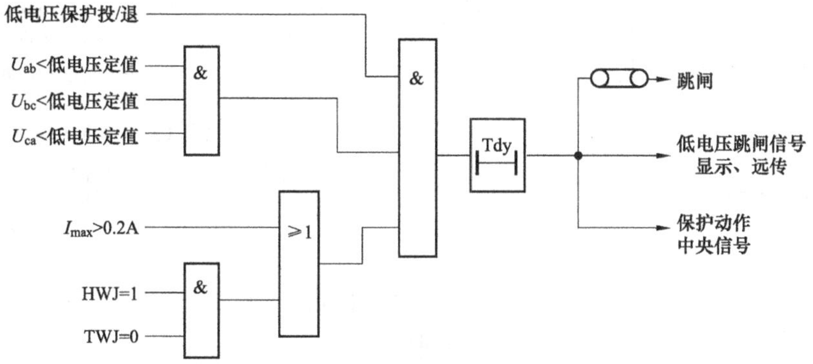

图 8－18　低电压保护原理

Tdy—低电压保护延时

3. 实验内容

(1) 电源投入。合上实验台漏电断路器，实验台保护装置工作，保护装置控制相应断路器处于分位，绿色分闸指示灯亮。电压源、电流源对应仪表工作。

(2) 按下厂用变压器保护对应断路器合闸按钮，将其断路器合上。断路器处于合位，红色合闸指示灯亮。

(3) 将电压源输出端子 U_A、U_B、U_C、U_N 接至厂用变保护相电压 U_a、U_b、U_c、U_n，接线如图 8－19 所示。

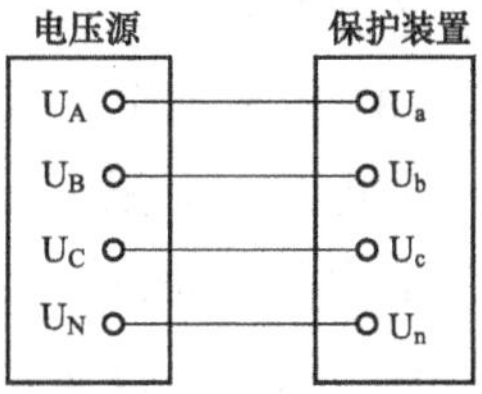

图 8－19　接线图

(4) 检查接线线路正确无误后，按下实验台“启动”按钮，调整三相电压分别至 60 左右，保护显示线电压 100V 左右。

(5) 定值整定。通过对保护装置的操作，设置以下定值：

低电压定值　　80V

低电压时限　　1s

(6) 连接片投入。通过对保护装置的操作，将低电压保护连接片投入，其他相关保护连接片退出。(操作可参考保护装置说明书)。逐渐减小电压至微机保护装置跳闸断路器，查看保护装置故障动作信息，并记录。

8.11.3　WCB－821 微机厂用变非电量保护

1. 实训目的

(1) 熟悉 WCB－821 微机厂用变非电量保护的原理。

(2) 掌握非电量保护的逻辑组态。

2. 实训原理

WCB－821 微机厂用变保护装置设置有三路非电量保护，三路非电量保护均可以由软连接片控制投退，出口时间可以整定。非电量可以通过控制字选择动作于跳闸或告警。非电量机电保护原理如图 8－20 所示。

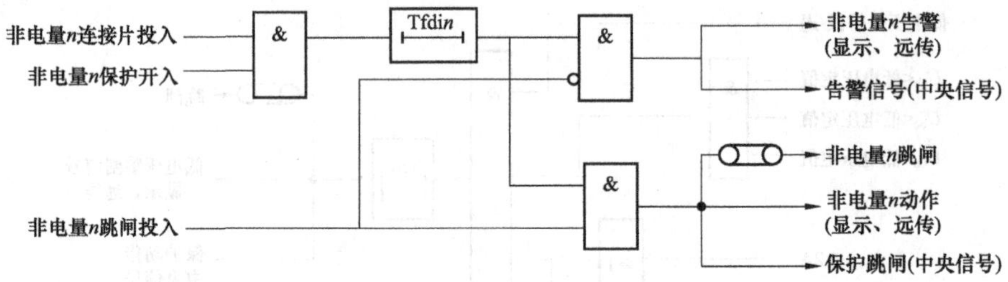

图 8-20 非电量机电保护原理

Tfdl*n*—非电量延时（$n=1\sim3$）

3. 实验内容

(1) 电源投入。合上实验台漏电断路器，实验台保护装置工作，保护装置控制相应断路器处于分位，绿色分闸指示灯亮。电压源、电流源对应仪表工作。

(2) 连接片投入。通过对保护装置的操作，将非电量 1 保护连接片投入，其他相关保护连接片退出。(操作可参考保护装置说明书)

(3) 定值整定。通过对保护装置的操作，设置以下定值：

非电量 1 时限	2s
非电量 1 跳闸	1

(4) 按下厂用变压器保护对应断路器合闸按钮，将其断路器合上。断路器处于合位，红色合闸指示灯亮。

(5) 将厂用变保护"非电量"硬连接片置为合位，微机保护装置跳闸断路器，查看保护装置故障动作信息，并记录。

(6) 同理，进行非电量 2，非电量 3 实验。

思考题

8-1 写出 DL 电流继电器测试过程，进行数据分析。

8-2 进行移动真空断路器操作，写出操作过程。

8-3 操作图 8-9 供配电系统，写出送电与断电工作票。

8-4 测量图 8-9 电压互感器输出的调节范围，确定保护值。

8-5 测量图 8-9 电流互感器输出的调节范围，确定保护值。

8-6 在 WCB-631A 微机厂用变保护装置上，设定定时保护值，进行跳闸实验，进行数据分析。

8-7 在 WCB-650A 微机电动机保护装置上，设定速断保护值，进行跳闸实验，进行数据分析。

8-8 在 WCB-640A 微机电容器保护装置上，设定三段保护值，进行跳闸实验，进行数据分析。

8-9　在 WCB-821 微机厂用变保护装置上，设定定时保护值，进行跳闸实验，进行数据分析。

8-10　在 WCB-821 微机保护装置上，对非电量保护的逻辑组态进行设置，进行数据分析。

附录 供配电相关数值

供配电相关数值见附表1～附表17。

附表1　　用电设备组的需要系数、二项式系数及功率因数值

用电设备组名称	需要系数 K_d	二项式系数		最大设备台数 x	$\cos\varphi$	$\tan\varphi$
		b	c			
小批生产的金属冷加工机床电动机	0.16～0.2	0.14	0.4	5	0.5	1.73
大批生产的金属冷加工机床电动机	0.18～0.25	0.14	0.5	5	0.5	1.73
小批生产的金属热加工机床电动机	0.25～0.3	0.24	0.4	5	0.6	1.33
大批生产的金属热加工机床电动机	0.3～0.35	0.26	0.5	5	0.65	1.17
通风机、水泵、空压机及电动发电机组电动机	0.7～0.8	0.65	0.25	5	0.8	0.75
非联锁的连续运输机械及铸造车间整砂机械	0.5～0.6	0.4	0.2	5	0.75	0.88
联锁的连续运输机械及铸造车间整砂机械	0.65～0.7	0.6	0.2	5	0.75	0.88
锅炉房和机修、机加工、装配等类车间的吊车（$\varepsilon=25\%$）	0.1～0.15	0.06	0.2	3	0.5	1.73
铸造车间的吊车（$\varepsilon=25\%$）	0.15～0.25	0.09	0.3	3	0.5	1.73
自动连续装料的电阻电炉设备	0.75～0.8	0.7	0.3	2	0.95	0.33
实验室用的小型电热设备（电阻炉、干燥箱等）	0.7	0.7	0	—	1.0	0
工频感应电炉（未带无功补偿设备）	0.8	—	—	—	0.35	2.68
高频感应电炉（未带无功补偿设备）	0.8	—	—	—	0.6	1.33
电弧熔炉	0.9	—	—	—	0.87	0.57
点焊机、缝焊机	0.35	—	—	—	0.6	1.33
对焊机、铆钉加热机	0.35	—	—	—	0.7	1.02
自动弧焊变压器	0.5	—	—	—	0.4	2.29
单头手动弧焊变压器	0.35	—	—	—	0.35	2.68
多头手动弧焊变压器	0.4	—	—	—	0.35	2.68
单头弧焊电动发电机组	0.35	—	—	—	0.6	1.33
多头弧焊电动发电机组	0.7	—	—	—	0.75	0.88
生产厂房办公室、阅览室、实验室照明	0.8～1	—	—	—	1.0	0
变配电所，仓库照明	0.5～0.7	—	—	—	1.0	0
宿舍（生活区）照明	0.6～0.8	—	—	—	1.0	0
室外照明、应急照明	1	—	—	—	1.0	0

附表 2　　部分企业的全厂需要系数、功率因数及年最大有功负荷利用小时

企业名称	需要系数 K_d	功率因数 $\cos\varphi$	年最大有功负荷利用小时（h）	企业名称	需要系数 K_d	功率因数 $\cos\varphi$	年最大有功负荷利用小时（h）
汽轮机制造厂	0.38	0.88	5000	量具刃具制造厂	0.26	0.60	3800
锅炉制造厂	0.27	0.73	4500	工具制造厂	0.34	0.65	3800
柴油机制造厂	0.32	0.74	4500	电机制造厂	0.33	0.65	3000
重型机械制造厂	0.35	0.79	3700	电气开关制造厂	0.35	0.75	3400
重型机床制造厂	0.32	0.71	3700	电线电缆制造厂	0.35	0.73	3500
机床制造厂	0.20	0.65	3200	仪器仪表制造厂	0.37	0.81	3500
石油机械制造厂	0.45	0.78	3500	滚珠轴承制造厂	0.28	0.70	5800

附表 3　　无功补偿率 Δq_C

补偿前的功率因数	补偿后的功率因数				补偿前的功率因数	补偿后的功率因数		
	0.85	0.9	0.92	0.95		0.85	0.9	0.92
0.5	1.112	1.248	1.306	1.403	0.76	0.235	0.371	0.429
0.55	0.899	1.034	1.092	1.19	0.78	0.183	0.318	0.376
0.6	0.714	0.849	0.907	1.005	0.8	0.13	0.266	0.324
0.65	0.549	0.685	0.743	0.84	0.82	0.078	0.214	0.272
0.68	0.459	0.594	0.652	0.749	0.84	0.026	0.162	0.22
0.7	0.4	0.536	0.594	0.691	0.86	—	0.109	0.167
0.71	0.344	0.48	0.538	0.625	0.88	—	0.056	0.114
0.74	0.289	0.425	0.483	0.58	0.9	—	—	0.058

附表 4　　BW 系列并联电容器的主要技术数据

型　　号	额定容量（kvar）	额定电容（μF）	型　　号	额定容量（kvar）	额定电容（μF）
BW0.4	12	240	BW0.4-13-3	13	259
BW0.4	12	240	BW0.4-14-1	14	280
BW0.4	13	259	BW0.4-14-3	14	280
BW6.3-12-TH	12	0.964	BW6.3-100-1W	100	8
BW6.3-12-1W	12	0.964	BW6.3-120-1W	120	9.63
BW6.3-16-1W	16	1.28	BW10.5-22-1W	22	0.64
BW10.5-12-1W	12	0.35	BW10.5-25-1W	25	0.72
BW10.5-16-1W	16	0.46	BW10.5-30-1W	30	0.87
BW6.3-22-1W	22	1.76	BW10.5-40-1W	40	1.151
BW6.3-25-1W	25	2	BW10.5-50-1W	50	1.44
BW6.3-30-1W	30	2.4	BW10.5-100-1W	100	2.89
BW6.3-40-1W	40	3.2	BW10.5-120-1W	120	3.47
BW6.3-50-1W	50	4			

附表 5　　部分高压断路器的主要技术数据

型号	额定电压（kV）	额定电流（A）	额定断路电流（kA）	额定断路容量（MVA）	极限通过电流（kA）		热稳定电流（kA）	热稳定时间（s）	固有分闸时间（s）	合闸时间（s）	操动机构型号
					峰值	有效值					
少油断路器											
SN10－10Ⅰ	10	630	16	300	40		16	4	0.06	0.15	CD10，CS2
SN10－10Ⅱ	10	1000	31.5	500	80		31.5	4	0.06	0.2	CT8
SN10－10Ⅲ	10	1250	40	750	125		40	4	0.07	0.15	CD10Ⅲ
	10	4000	40	750	125		40	4	0.07	0.15	
SN10G/500	10	5000	105	1800	300	173	105	5	0.15	0.65	
SN10－35	35	1000	16	1000	40		16	5	0.06	0.25	
SW2－35Ⅰ/Ⅱ	35	1000	24.8	1500	63.4	39.2	24.8	4	0.06	0.4	CD3－XG
SW2－110G	110	1200	15.8	3000	41		15.8	4	0.07	0.4	CD5－XG
SW6－110	110	1200	21	4000	55	32	21	4	0.04	0.2	CY3
真空断路器											
ZN－10	10	600	8.7	150	22	12.7	8.7	4	0.05	0.2	CD25
	10	1000	17.3	390	44	25.4	17.3	4	0.05	0.2	CD35
	10	1250	31.5		80		31.5	2	0.06	0.1	CT
ZNG－10	10	630	12.5	216					0.05	0.2	CD40
	10	1250	20	350					0.05	0.2	CD40
ZN3－10	10	600	8.7	150	22	12.7	8.7	4	0.05	0.2	CD10 等
	10	1000	17.3	300	44	25.4	17.3	4	0.05	0.2	CD10 等
ZN4－10	10	600	8.7	150	22	12.7	8.7	4	0.05	0.2	CD10 等
	10	1250	20		50		20	4	0.05	0.2	CD
ZN5－10	10	630	20		50		20	2	0.05	0.1	CD
	10	1000	20		50		20	2	0.05	0.1	CD
	10	1250	25		63		25	2	0.05	0.1	CD
ZN－35	35	630	8	135	20		8	2	0.06	0.2	CT12
ZW－10/400	10	400	6.3		15.8		6.3	4			
六氟化硫（SF_6）断路器											
LN2－10	10	1250	25		63		25	4	0.06	0.15	CT12I
LN2－35	35	1250	16		40		16	4	0.06	0.15	CT12I
LW7－35	35	1600	25		63		25	4	0.06	0.1	CT14I

附表 6　　导体在正常时和短时的最高允许温度和热稳定系数

导体种类和材料			最高允许温度（℃）		热稳定系数 C
			正常（长期）时	短时	（$A \cdot s^{\frac{1}{2}}/mm^2$）
母线	铜		70	300	171
	铝		70	200	87
油浸纸绝缘电缆	铜芯	1～3kV	80	250	148
		6kV	65（80）	250	145
		10kV	60（65）	175	148
		35kV	50（65）	175	—
	铝芯	1～3kV	80	200	84
		6kV	65（80）	200	90
		10kV	60（65）	200	92
		35kV	50（65）	175	—

续表

导体种类和材料		最高允许温度（℃）		热稳定系数 C
		正常（长期）时	短时	$(A\cdot s^{\frac{1}{2}}/mm^2)$
橡皮绝缘导线和电缆	铜芯	65	150	112
	铝芯	65	150	74
聚氯乙烯绝缘导线和电缆	铜芯	65	130	100
	铝芯	65	130	65
交联聚乙烯绝缘电缆	铜芯	90（80）	250	140
	铝芯	90（80）	250	84
含有锡焊中间接头的电缆	铜芯	—	160	—
	铝芯	—	160	—

注　1. 表中“油浸纸绝缘电缆”中加括号的数字，适用于“不滴流纸绝缘电缆”。

2. 表中“交联聚乙烯绝缘电缆”中加括号的数字，适用于 10kV 以上的电缆。

附表 7　　BLV、BV 绝缘电线明敷及穿管时的载流量

型号		BLV、BV														
额定电压（kV）		0.45/0.75														
导体工作温度（℃）		70														
环境温度（℃）		30	35	40	30				35				40			
导线排列		O—S—O—S—O														
导线根数					2～4	5～8	9～12	>12	2～4	5～8	9～12	>12	2～4	5～8	9～12	>12
标称截面（mm^2）		明敷载流量（A）			导线穿管敷设载流量（A）											
BLV	2.5	24	23	21	13	10	8	7	13	9	8	7	12	9	7	6
	4	32	30	28	18	14	11	10	16	12	10	9	16	12	10	9
	6	41	39	36	24	18	15	13	22	17	14	12	21	15	13	11
	10	56	53	49	33	25	21	19	31	23	19	17	29	21	18	16
	16	76	71	66	47	35	29	26	43	32	27	24	40	30	25	22
	25	104	97	90	65	48	40	36	60	45	37	33	55	41	34	31
	35	127	119	110	81	60	50	45	74	56	46	42	69	51	43	38
	50	155	146	135	99	74	62	56	91	68	57	51	84	63	52	47
	70	201	189	175	127	95	79	71	117	88	73	66	108	81	67	60
	95	247	232	215	160	120	100	90	148	111	92	83	136	102	85	76
	120	288	270	250	189	141	118	106	174	131	109	98	160	120	100	90
	150	334	313	290	217	162	135	122	200	150	125	112	184	138	115	103
	185	385	362	335	254	191	159	143	235	176	147	132	216	162	135	121
	240	460	432	400	307	230	191	172	283	212	177	159	260	195	162	146

续表

标称截面（mm^2）		明敷载流量（A）			导线穿管敷设载流量（A）											
BV	1.5	23	22	20	13	9	8	7	12	9	7	6	11	8	7	6
	2.5	31	29	27	17	13	11	10	16	12	10	9	15	11	9	8
	4	41	39	36	24	18	15	13	22	17	14	12	21	15	13	17
	6	53	50	46	31	23	19	17	29	21	18	16	20	20	16	15
	10	74	69	64	44	33	28	25	41	31	26	23	38	29	24	21
	16	99	93	86	60	45	38	34	57	42	35	32	52	39	32	29
	25	132	124	115	83	62	52	47	77	57	48	43	70	53	44	39
	35	161	151	140	103	77	64	58	96	72	60	54	88	66	55	49
	50	201	189	175	127	95	79	71	117	88	73	66	108	81	67	60
	70	259	243	225	165	123	103	92	152	114	95	85	140	105	87	78
	95	316	297	275	207	155	129	116	192	144	120	108	176	132	110	99
	120	374	351	325	245	184	153	138	226	170	141	127	208	156	130	117
	150	426	400	370	288	216	180	162	265	199	166	149	244	183	152	137
	185	495	464	430	335	251	209	188	309	232	193	174	284	213	177	159
	240	592	556	515	396	297	247	222	366	275	229	226	336	252	210	189

附表 8　　常用的电流互感器的主要技术数据

型号	额定电流比（A/A）	级次组合	准确度	二次负载值（Ω）					10%倍数	1s 热稳定倍数	动稳定倍数
				0.5级	1	3	B	二次负载（Ω）	倍数		
LQJ-10	5/5，10/5，15/5，20/5，30/5， 40/5，50/5，60/5，75/5，100/5， 160/5，200/5，315/5，400/5	0.5/3		0.4	0.6	1.2			6	75	160
LA-10	5/5，10/5，15/5，20/5，30/5，40/5，50/5， 75/5，100/5，150/5，200/5，300/5， 400/5，500/5，600/5，750/5，1000/5								10 10 10	90 75 50	160 135 90
LFZ1-10 LFX-10	5～200/5，300～400/5， 5～400/5	0.5/1 0.5/3 1/3	0.5 1 3	0.4	0.4	0.6		0.4 0.6	2.5～10 2.5～10	90 75 60	160 130
LFX-10	5～200/5，300/5，400/5， 500/5，600/5，700/5									90 75 50	225 160 90
FZB6-10 LFZJB6-10 LFSQ-10	5～300/5 100～300/5 5～200/5 400～1500/5			0.4 0.4 0.4 0.8			0.6 0.6 0.6 1.2			150～80 80 150 42	103 103 230 60
LFZJ	5～150/5 200～800/5 1000～3000/5	0.5/B		0.4 0.6 0.8	0.2		0.6 0.8 1.0		10 10 10	106 40 20	180 70 35
LZZB6-10 LZZJB6-10	5～300/5 100～300/5 400～800/5 1000/5，1200/5，1500/5			0.4 0.4 0.4 0.4			0.6 0.6 0.6 0.6		-15 15 15 15	150～80 150～80 55 27	103 103 70 35

续表

型号	额定电流比（A/A）	级次组合	准确度	二次负载值（Ω）					10%倍数	1s热稳定倍数	动稳定倍数
				0.5级	1	3	B	二次负载（Ω）	倍数		
LZZQB6－10	100～300/5	0.5/B		0.6	0.2		0.8		15	148	188
	400～800/5			0.8			1.2		15	55	70
	1000～1500/5			1.2			1.6		15	40	50
LDZB6－10 LDJ－10	400～1500/5			0.8			1.2		15	28	52
	5～150/5			0.4			0.6			106	188
	200～3000/5			0.4			0.6			100～13	23
LMZB6－10	1500～4000/5			2			2		15	35	45
LMZB1－10	150～1250/5			0.4			0.8				

附表9　　常用电压互感器的主要技术数据

型号	额定电压（kV）			二次额定容量（VA）			最大容量（VA）
	一次绕组	二次绕组	剩余绕组	0.5级	1级	3级	
JDZ6－0.38	0.38	0.1		15	25	60	100
JDZ6－3	3	0.1		25	40	100	200
JDZ6－6	6	0.1		50	80	200	400
JDZ6－10	10	0.1		50	80	200	400
JDZ6－35	35	0.1		150	250	500	1000
JDZ6－3	$3/\sqrt{3}$	$0.1/\sqrt{3}$	0.1/3	25	40	100	200
JDZ6－6	$6/\sqrt{3}$	$0.1/\sqrt{3}$	0.1/3	50	80	200	400
JDZ6－10	$10/\sqrt{3}$	$0.1/\sqrt{3}$	0.1/3	50	80	200	400
JDZ6－35	$35/\sqrt{3}$	$0.1/\sqrt{3}$	0.1/3	150	250	500	1000
JDJ－3	3	0.1		30	50	120	240
JDJ－6	6	0.1		50	80	200	400
JDJ－10	10	0.1		80	150	320	640
JDJ－13.8	13.8	0.1		80	150	320	640
JDJ－15	15	0.1		80	150	320	640
JDJ－35	35	0.1		150	250	600	1200
JSJB－3	3	0.1		50	80	200	400
JSJB－6	6	0.1		80	150	320	640
JSJB－10	10	0.1		120	200	480	960
JSJW－3	$3/\sqrt{3}$	0.1	0.1/3	50	80	200	400
JSJW－6	$6/\sqrt{3}$	0.1	0.1/3	80	150	320	640
JSJW－10	$10/\sqrt{3}$	0.1	0.1/3	120	200	480	960
JSJW－13.8	$13.8/\sqrt{3}$	0.1	0.1/3	120	200	480	960
JSJW－15	$15/\sqrt{3}$	0.1		120	200	480	960
JDJJ1－35	$35/\sqrt{3}$	$0.1/\sqrt{3}$	0.1/3	150	250	600	1000
JCC－60	$60/\sqrt{3}$	$0.1/\sqrt{3}$	0.1/3		500	1000	2000
JCC1－110	$110/\sqrt{3}$	$0.1/\sqrt{3}$	0.1/3		500	1000	2000
JCC1－110	$110/\sqrt{3}$	$0.1/\sqrt{3}$	0.1/3		500	1000	2000
JCC2－110	$110/\sqrt{3}$	$0.1/\sqrt{3}$	0.1/3		500	1000	2000
JCC2－220	$220/\sqrt{3}$	$0.1/\sqrt{3}$	0.1/3		500	1000	1000
JCC1－220	$220/\sqrt{3}$	$0.1/\sqrt{3}$	0.1/3		500	1000	2000

附表 10　　部分低压断路器的主要技术数据

型号	壳架等级电流（A）	脱扣器额定电流 $I_{N \cdot OR}$（A）	长延时动作整定电流（A）	瞬时动作整定电流（A）	单相接地短路动作电流	极限分断能力（kA）
DW15－400	400	200	128～200	600～2000 1600～4000		25
		300	192～300			
		400	256～400	3200～8000		
DW16－630	630	100，160，200，250，315，400，630	（0.64～1）$I_{N \cdot OR}$	（3～6）$I_{N \cdot OR}$	0.5$I_{N \cdot OR}$	30（380V） 20（660V）
DW16－2000	2000	800，1000，1600，2000				50
DW16－4000	4000	2500，3200，4000				80

附表 11　　DZ10 型低压断路器的主要技术数据

型号	额定电压（V）	额定电流（A）	脱扣器类别	复式脱扣器		电磁脱扣器		极限分断电流（峰值）（kA）	
				额定电流（A）	电磁脱扣器动作电流整定倍数	额定电流（A）	动作电流整定倍数	交流 380V	交流 500V
DZ10－100	直流 220	100	复式、电磁式、热脱扣器或无脱扣	15		15		7	6
				20		20		9	7
				25 30 40 50	10	25 30 40 50	10	12	10
				60 80 100		100	6～10		
DZ10－250	交流 500	250		100	5～10		2～6 2.5～8 3～10	30	25
				120	4～10				
				140 170 200 250	3～10				
DZ10－600		600		200	3～10	400	2～7 2.5～8 3～10	50	40
				250 300 350 400 500 600		600			

附表 12　　RT0 型低压熔断器的主要技术数据和保护特性曲线

1. 主要技术数据

型号	熔管额定电压（V）	额定电流（A）		最大分断电流（kA）
		熔管	熔体	
RT0－100	交流 380 直流 440	100	30，40，50，60，80，100	50 （$\cos\varphi$＝0.1～0.2）
RT0－200		200	（80，100），120，150，200	
RT0－400		400	（150，200），250，300，350，400	

续表

型号	熔管额定电压（V）	额定电流（A）		最大分断电流（kA）
		熔管	熔体	
RT0－600	支流 380 直流 440	600	（350，400），450，500，550，600	50 （cosφ＝0.1～0.2）
RT0－1000		1000	700，800，900，1000	

2. 保护特性曲线

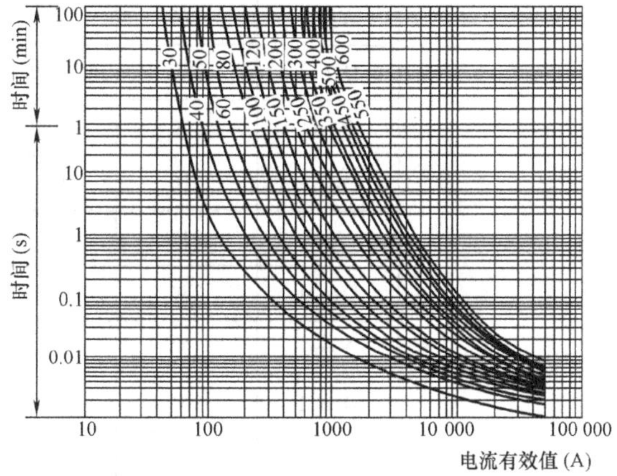

注　表中括号内的熔体电流尽量不采用。

附表 13　　　RM10 型低压熔断器的主要技术数据和保护特性曲线

1. 主要技术数据

型号	熔管额定电压（V）	额定电流（A）		最大分断能力	
		熔管	熔体	电流（kA）	cosφ
RM10－15	交流 220，380，500 直流 220，440	15	6，10，15	1.2	0.8
RM10－60		60	15，20，25，35，45，60	3.5	0.7
RM10－100		100	60，80，100	10	0.35
RM10－200		200	100，125，160，200	10	0.35
RM10－350		350	200，225，260，300，350	10	0.35
RM10－600		600	350，430，500，600	10	0.35

2. 保护特性曲线

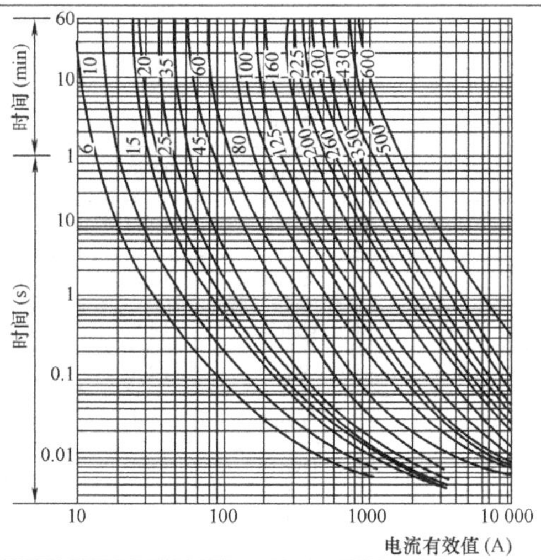

附表 14　　S9 系列低损耗电力变压器的主要技术数据

额定容量（kVA）	额定电压（kV）		联结组标号	损耗（W）		空载电流（%）	阻抗电压（%）
	一次侧	二次侧		空载	负载		
30	11，10.5，10，6.3，6	0.4	Yyn0	130	600	2.1	4
50			Yyn0	170	870	2.0	
			Dyn11	175	870	4.5	
63			Yyn0	200	1040	1.9	
			Dyn11	210	1030	4.5	
80			Yyn0	240	1250	1.8	
			Dyn11	250	1240	4.5	
100			Yyn0	290	1500	1.6	
			Dyn11	300	1470	4.0	
125			Yyn0	340	1800	1.6	
			Dyn11	360	1720	4.0	
160			Yyn0	400	2200	1.4	
			Dyn11	430	2100	3.5	
200			Yyn0	480	2600	1.3	
			Dyn11	500	2500	3.5	
250			Yyn0	560	3050	1.2	
			Dyn11	600	2900	3.0	
315			Yyn0	670	3650	1.1	
			Dyn11	720	3450	3.0	
400			Yyn0	800	4300	1.0	
			Dyn11	870	4200	3.0	
500			Yyn0	960	5100	1.0	
			Dyn11	1030	4950	3.0	
	11，10.5，10	6.3	Yd11	1030	4950	1.5	4.5
630	11，10.5，10，6.3，6	0.4	Yyn0	1200	6200	0.9	4.5
			Dyn11	1300	5800	1.0	5
	11，10.5，10	6.3	Yd11	1200	6200	1.5	4.5
800	11，10.5，10，6.3，6	0.4	Yyn0	1400	7500	0.8	4.5
			Dyn11	1400	7500	2.5	5
	11，10.5，10	6.3	Yd11	1400	7500	1.4	5.5

续表

额定容量 (kVA)	额定电压 (kV)		联结组标号	损耗 (W)		空载电流 (%)	阻抗电压 (%)
	一次侧	二次侧		空载	负载		
1000	35	0.4	Yyn0	1750	12 000	1.0	6.5
		10.5，6.3，3.15	Yd11	1750	11 000	1.0	
1250		0.4	Yyn0	2100	14 500	0.9	
		10.5，6.3，3.15	Yd11	2100	14 500	0.9	
1600		0.4	Yyn0	2500	17 500	0.8	
		10.5，6.3，3.15	Yd11	2500	16 500	0.8	
2000		10.5，6.3，3.15	Yd11	3200	16 800	0.8	
2500		10.5，6.3，3.15	Yd11	3800	19 500	0.8	
3150	38.5，35	10.5，6.3，3.15	Yd11	4500	22 500	0.8	7
4000				5400	27 000	0.8	7
5000				6500	31 000	0.7	7
6300				7900	34 500	0.7	7.5

附表 15　　DL 系列电磁式电流继电器技术数据

型号	电流整定范围 (A)	线圈串联	
		额定电流 (A)	长期允许电流 (A)
DL-21C	0.0125～0.05 0.05～0.2	0.08 0.3	0.08 0.3
DL-22C	0.15～0.6 0.5～2	1 3	1 4
DL-23C	1.5～6 2.5～10	6 10	6 10
DL-24C	5～20 12.5～50	10 15	15 20
DL-25C	25～100 50～200	15 15	20 20
DL-31	0.0125～0.05 0.05～0.2	0.08 0.3	0.08 0.3
DL-32	0.15～0.6 0.5～2	1 3	1 4
DL-33	1.5～6 2.5～10	10 10	10 10
DL-34	5～20 12.5～50 25～100 50～200	10 15 15 15	15 20 20 20

附表 16　GL 型电流继电器主要技术数据

型号	额定电流（A）	整定值		速断电流倍数	返回系数
		动作电流（A）	10 倍动作电流的动作时间（s）		
GL－11/10 GL－21/10	10	4，5，6，7，8，9，10	0.5，1，2，3，4	2～8	0.85
GL－11/15 GL－21/5	5	2，2.5，3，3.5，4，4.5，5			
GL－15/10 GL－25/10	10	4，5，6，7，8，9，10	0.5，1，2，3，4		0.8
GL－15/5 GL－25/5	5	2，2.5，3，3.5，4，4.5，5			

附表 17　电气设备常用新旧文字符号对照表

序号	新符号	中文含义	旧符号	序号	新符号	中文含义	旧符号
1	A	装置，设备	—	23	HL	指示灯，信号灯	XD
2	AAT	备用电源自动投入装置	BZT	24	HR	热脱扣器	RT
3	AAR	自动重合闸装置	ZCH	25	K	继电器，接触器	J；JC
4	ACP	并联电容器屏	BCP	26	KA	电流继电器	LJ
5	AD	直流配电屏	ZP	27	KRC	重合闸继电器	CHJ
6	AEL	应急照明配电箱	SMX	28	KF	闪光继电器	SGJ
7	AEP	事故电源配电箱	SDX	29	KG	气体继电器	WSJ
8	AH	高压开关柜	GKG	30	KR	热继电器	RJ
9	AL	低压配电屏	DP	31	KM	中间继电器	ZJ
10	ALD	照明配电箱	MX	32	KM	接触器	JC，C
11	APD	动力配电箱	DX	33	KC	合闸继电器	HC
12	C	电容，电容器	C	34	KS	信号继电器	XJ
13	EL	照明器	ZMQ	35	KT	时间继电器	SJ
14	F	避雷器	BL	36	KV	电压继电器	YJ
15	FE	排气式避雷器	GB	37	L	电感，电感线圈	L
16	FG	保护间隙	JX	38	L	电抗器	DK
17	FMO	金属氧化物避雷器	—	39	M	电动机	D
18	FU	熔断器	RD	40	N	中性线	N
19	FV	阀式避雷器	FB	41	PA	电流表	A
20	G	发电机	F	42	PE	保护线	—
21	GB	蓄电池	XDC	43	PEN	保护中性线	N
22	HG	绿色指示灯	LD	44	PP	功率表	W

续表

序号	新符号	中文含义	旧符号	序号	新符号	中文含义	旧符号
45	PPA	相位表	φ	67	V	电子管，晶体管	—
46	PJ	电能表	Wh	68	VD	二极管	D
47	PF	功率因数表	$\cos\varphi$	69	VE	电子管	
48	PV	电压表	V	70	VT	晶体（三极）管	T
49	Q	电力开关	K	71	W	母线，导线	M，XL
50	QDF	熔断器式开关	DR	72	WA	辅助小母线	FM
51	QF	断路器（含自动开关）	DL（ZK）	73	WAS	事故音响信号小母线	SYM
52	QK	刀开关	DK	74	WB	母线	M
53	QL	负荷开关	FK	75	WC	控制小母线	KM
54	QS	隔离开关	GK	76	WF	闪光信号小母线	SM
55	R	电阻，电阻器	R	77	WFS	预告信号小母线	YBM
56	HR	红色指示灯	HD	78	WL	灯光信号小母线	DM
57	RP	电位器	W	79	WL	线路	XL
58	S	电力系统	XT	80	WO	合闸电源小母线	HM
59	S	启辉器	S	81	WS	信号电源小母线	XM
60	SA	控制开关，选择开关	KK，XK	82	WV	电压小母线	YM
61	SB	按钮	AN	83	X	端子板	—
62	T	变压器	B	84	XB	连接片，切换片	LP，QP
63	TA	电流互感器	LH	85	YA	电磁铁	DC
64	TAN	零序电流互感器	LLH	86	HY	黄色指示灯	UD
65	TV	电压互感器	YH	87	YC	合闸线圈	HQ
66	U	变流器，整流器	BL，ZL	88	YR	跳闸线圈，脱扣器	TQ

参 考 文 献

[1] 刘介才. 工厂供电. 3 版. 北京：机械工业出版社，2000.
[2] 苏文成. 工厂供电. 2 版. 北京：机械工业出版社，2006.
[3] 李玉海. 电力系统主设备继电保护试验. 北京：中国电力出版社，2008.
[4] 路文梅. 变电站综合自动化技术. 2 版. 北京：中国电力出版社，2007.